转型发展系列教材

建筑构造

主　编　柯　龙　赵　睿

副主编　江旻路　李　雪　赵　影

西南交通大学出版社

·成　都·

图书在版编目（CIP）数据

建筑构造 / 柯龙，赵睿主编. —成都：西南交通大学出版社，2019.2（2021.12 重印）
转型发展系列教材
ISBN 978-7-5643-6727-5

Ⅰ. ①建… Ⅱ. ①柯… ②赵… Ⅲ. ①建筑构造－高等学校－教材 Ⅳ. ①TU22

中国版本图书馆 CIP 数据核字（2019）第 018039 号

转型发展系列教材
建筑构造

主　编 / 柯　龙　赵　睿
责任编辑 / 姜锡伟
封面设计 / 严春艳

西南交通大学出版社出版发行
（四川省成都市二环路北一段 111 号西南交通大学创新大厦 21 楼　610031）
发行部电话：028-87600564　028-87600533
网址：http://www.xnjdcbs.com
印刷：成都中永印务有限责任公司

成品尺寸　185 mm × 260 mm
印张　14.75　字数　365 千
版次　2019 年 2 月第 1 版
印次　2021 年 12 月第 2 次

书号　ISBN 978-7-5643-6727-5
定价　49.80 元

课件咨询电话：028-81435775
图书如有印装质量问题　本社负责退换

总 序

教育部、国家发展改革委、财政部《关于引导部分地方普通本科高校向应用型转变的指导意见》指出：

“当前，我国已经建成了世界上最大规模的高等教育体系，为现代化建设作出了巨大贡献。但随着经济发展进入新常态，人才供给与需求关系深刻变化，面对经济结构深刻调整、产业升级加快步伐、社会文化建设不断推进特别是创新驱动发展战略的实施，高等教育结构性矛盾更加突出，同质化倾向严重，毕业生就业难和就业质量低的问题仍未有效缓解，生产服务一线紧缺的应用型、复合型、创新型人才培养机制尚未完全建立，人才培养结构和质量尚不适应经济结构调整和产业升级的要求。

“贯彻党中央、国务院重大决策，主动适应我国经济发展新常态，主动融入产业转型升级和创新驱动发展，坚持试点引领、示范推动，转变发展理念，增强改革动力，强化评价引导，推动转型发展高校把办学思路真正转到服务地方经济社会发展上来，转到产教融合校企合作上来，转到培养应用型技术技能型人才上来，转到增强学生就业创业能力上来，全面提高学校服务区域经济社会发展和创新驱动发展的能力。”

高校转型的核心是人才培养模式，因为应用型人才和学术型人才是有所不同的。建立应用型技术技能型人才培养模式，就是要建立以提高实践能力为引领的人才培养流程，建立产教融合、协同育人的人才培养模式，实现专业链与产业链、课程内容与职业标准、教学过程与生产过程对接。

应用型技术技能型人才培养模式的实施，必然要求进行相应的课程改革，我们这套“转型发展系列教材”就是为了适应转型发展的课程改革需要而推出的。

希望教育集团下属的院校，都是以培养应用型技术技能型人才为职责使命的，人才培养目标与国家大力推动的转型发展的要求高度契合。在办学过程中，围绕培养应用型技术技能型人才这个目标，教师们在不同的课程教学中进行了卓有成效的探索与实践。为此，我们将经过教学实践检验的、较成熟的讲义陆续整理出版，一来与兄弟院校共同分享这些教改成果，二来也希望兄弟院校对于其中的不足之处进行指正。

让我们共同携起手来，增强转型发展的历史使命感，大力培养应用型技术技能型人才，使其成为产业转型升级的“助推器”、促进就业的“稳定器”、人才红利的“催化器”！

汪辉武

2016年6月

前 言

建筑业是国民经济中的重要支柱产业，特别是改革开放以来，已经为国家创造了大量财富，为提高人民生活水平做出了巨大的贡献。随着建筑技术的不断发展进步，新材料、新结构、新技术在建筑中不断涌现，建筑构造和细部已经成为评判建筑品质优劣的重要标准。本书及时紧跟建筑业发展，去除陈旧的内容，补充新的理论和技术知识，密切结合国家有关建筑设计的新规范、新标准及新政策，反映了我国近年来的建筑科技成就。

本书共分为 10 章，以大量性民用建筑构造为主要内容，包括绪论、地基与基础、墙体、楼地层、楼梯、屋顶、门和窗、变形缝、建筑节能、装饰装修。所有章节的内容都引入较多案例，强调启发式引导。柯龙副教授负责制定整本书的编写纲要，规范本书编写的原则和要求，并在编写完成后对全书进行审核，以确保质量。

本书编写分工如下：第 1 章由赵睿和赵影编写，第 2、4 章由江旻路编写，第 3、5、8 章由赵睿编写，第 6 章由赵影编写，第 7、9、10 章由李雪编写。全书由赵睿统稿，并负责出版相关事宜。

本书可作为全日制高等学校的建筑学、土木工程等专业的建筑构造课程教材，也可供从事建筑设计与建筑施工的技术人员和土建专业成人高等教育师生参考。

本书得到希望教育集团精品课程建设基金资助。此次编写，历经两年寒暑，为确保编写质量，编者多次自我校对和相互校对进行完善，并广泛征求了同行的意见和建议。各位编者在繁忙的工作之余，利用个人时间查阅大量文献，付出了辛勤的劳动。在此，对各位编者的敬业精神表示感谢。在本书编写过程中，各级领导和相关部门大力支持，并提出了许多宝贵的意见和建议，亦在此表示感谢。

虽经多次修改完善，鉴于编者水平有限，本书难免有不尽完善之处，敬请读者和专家批评指正，以帮助编者再版时呈现更好的成果。相关意见和建议欢迎发送至邮箱 zhaoruisara@163.com。

赵 睿

2018 年 11 月于成都

目　录

第 1 章　绪　论……1
1.1　民用建筑的构造组成及作用……1
1.2　建筑分类及建筑分级……3
1.3　影响建筑构造的因素……5
1.4　建筑构造设计原则……6
1.5　建筑模数协调统一标准……7
1.6　抗震设防……10
习　题……12
第 2 章　地基与基础……14
2.1　地基与基础概述……14
2.2　基础的埋置深度……16
2.3　基础的类型与构造……19
2.4　地下室……24
习　题……32
第 3 章　墙　体……33
3.1　墙体概述……33
3.2　块材墙构造……39
3.3　隔墙构造……54
习　题……61
第 4 章　楼地层……63
4.1　楼地层的基础知识……63
4.2　地面构造……66
4.3　钢筋混凝土楼板构造……72
4.4　顶棚构造……80
4.5　阳台与雨篷……83
习　题……88
第 5 章　楼　梯……90
5.1　楼梯概述……90
5.2　楼梯尺度……96
5.3　现浇整体式钢筋混凝土楼梯……106
5.4　装配式钢筋混凝土楼梯……109

5.5 踏步和栏杆扶手构造 …… 113
5.6 台阶和坡道 …… 117
5.7 电梯与自动扶梯 …… 119
习 题 …… 123
第 6 章 屋 顶 …… 125
6.1 屋顶概述 …… 125
6.2 屋顶的排水 …… 129
6.3 卷材防水屋面 …… 135
6.4 刚性防水屋面 …… 142
6.5 涂膜防水屋面 …… 147
6.6 屋顶的保温和隔热 …… 150
习 题 …… 161
第 7 章 门和窗 …… 164
7.1 门窗的类型和设计要求 …… 164
7.2 门窗的形式与尺度 …… 168
7.3 特殊门窗简介 …… 171
7.4 遮阳设施 …… 172
习 题 …… 174
第 8 章 变形缝 …… 176
8.1 变形缝概述 …… 176
8.2 变形缝的分类和构造特征 …… 180
8.3 不设变形缝对抗变形 …… 186
习 题 …… 188
第 9 章 建筑节能 …… 189
9.1 建筑节能概述 …… 189
9.2 墙体节能构造 …… 191
9.3 屋面节能构造 …… 197
9.4 门窗节能 …… 201
习 题 …… 203
第 10 章 装饰装修 …… 204
10.1 墙面装饰构造 …… 204
10.2 地面装修构造 …… 213
10.3 顶棚装修构造 …… 218
习 题 …… 222
参考文献 …… 224
附 录 …… 225

第1章 绪 论

建筑构造是研究建筑物的构造组成以及各构成部分的组合原理与构造方法的学科。其主要任务是：在建筑设计过程中综合考虑使用功能、艺术造型、技术经济等诸多方面的因素，并运用物质技术手段，适当地选择并正确地决定建筑的构造方案和构配件组成以及进行细部节点构造处理等。

1.1 民用建筑的构造组成及作用

建筑的物质实体一般由承重结构、围护结构、饰面装修及附属部件组合构成。承重结构可分为基础、承重墙体（在框架结构建筑中，承重墙体则由柱、梁代替）、楼板、屋面板等。围护结构可分为外围护墙、内墙（在框架结构建筑中为框架填充墙和轻质隔墙）等。饰面装修一般按其部位分为内外墙面、楼地面、屋面、顶棚等饰面装修。附属部件一般包括楼梯、电梯、自动扶梯、门窗、遮阳、阳台、栏杆、隔断、花池、台阶、坡道、雨篷等。建筑的构造组成如图1-1和图1-2所示。

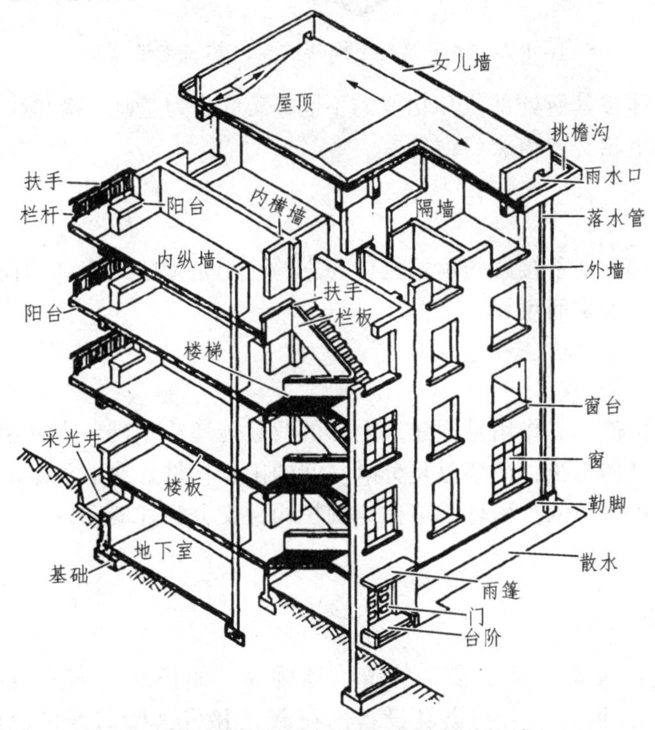

图1-1 墙体承重结构的建筑构造组成

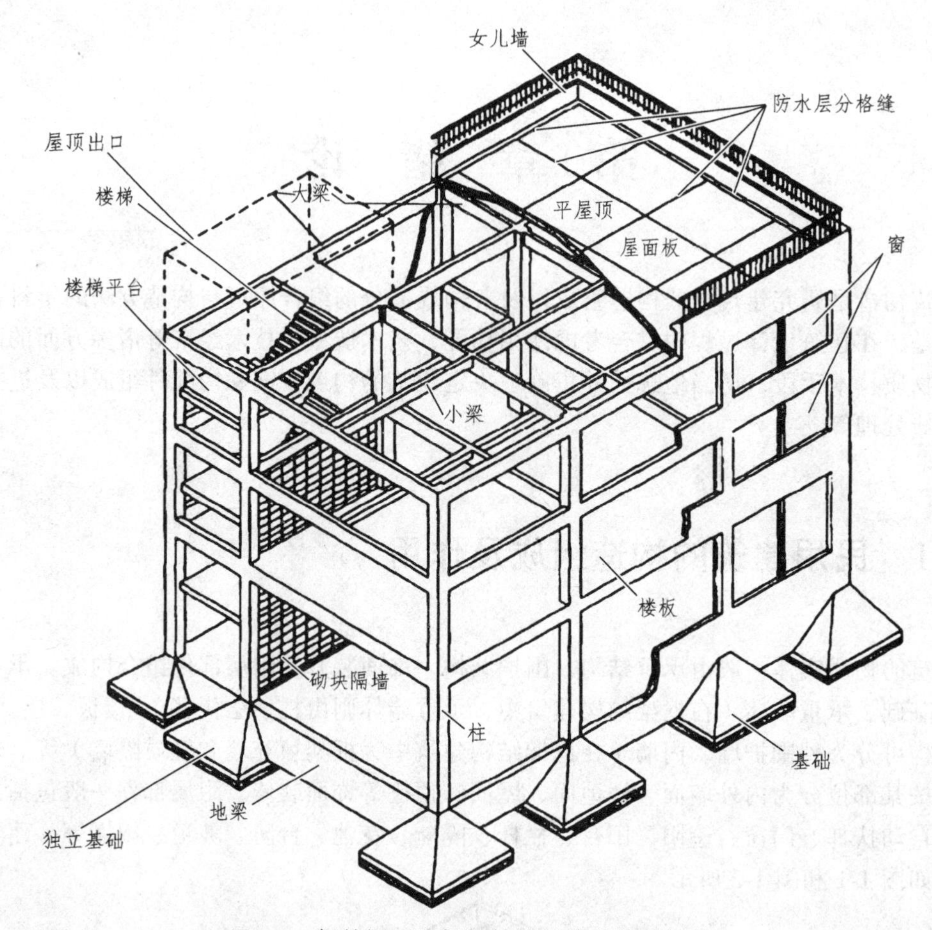

图 1-2 钢筋混凝土框架结构的建筑构造组成

建筑的物质实体按其所处部位和功能的不同，又可分为基础、墙和柱、楼盖层和地坪层、饰面装修、楼梯和电梯、屋盖、门窗等。

1. 基 础

基础是建筑底部与地基接触的承重构件，它的作用是把建筑上部的荷载传递给地基。因此，基础必须坚固、稳定而可靠。

2. 墙和柱

墙体作为承重构件，其作用是把建筑上部的荷载传递给基础。在框架承重的建筑中，柱和梁形成框架承重结构系统，而墙仅是分隔空间的围护构件。在墙承重的建筑中，墙体既可以是承重构件，又可以是围护构件。墙作为围护构件又分为外墙和内墙，其性能应满足使用和围护的要求。

3. 楼盖层和地坪层

楼盖层通常包括楼板、梁、设备管道、顶棚等。楼板既是承重构件，又是分隔楼层空间的围护构件。楼板支承人和家具设备的荷载，并将这些荷载传递给承重墙或梁柱，因此楼板应有足够的承载力和刚度。楼盖层的性能应满足使用和围护的要求。当建筑底层未用楼板架空时，地坪层作为底层空间与地基之间的分隔构件。它支承着人和家具设备的荷载，并将这些荷载传递给地基。它应有足够的承载力和刚度并需均匀传力及具有防潮功能。

4. 饰面装修

饰面装修是依附于内外墙、柱、顶棚、楼板、地坪等之上的面层装饰或附加表皮，其主要作用是美化建筑表面、保护结构构件、提高建筑物理性能等。饰面装修应满足美观、坚固、热工、声学、光学、卫生等要求。

5. 楼梯和电梯

楼梯是建筑中人们步行上下楼层的交通联系部件。根据需要，楼梯还应满足发生紧急事故时的人员疏散要求。楼梯应有足够的通行能力，并做到坚固耐久和满足消防疏散安全的要求。自动扶梯则是楼梯中的机电化形式，用于传送人流但不能用于消防疏散。电梯是建筑中的垂直运输工具，应有足够的运送能力和方便快捷的性能。消防电梯则用于发生紧急事故时的消防扑救，需满足消防安全要求。

6. 屋 盖

屋盖通常包括防水层、屋面板、梁、设备管道、顶棚等。屋面板既是承重构件，又是分隔顶层空间与外部空间的界面。屋面板支承屋面设施及风霜雨雪荷载，并将这些荷载传递给承重墙或梁柱。屋面板应有足够的强度和刚度。其面层性能应能抵御风霜雨雪的侵袭和太阳辐射热的影响。上人屋面还需满足使用的要求。

7. 门 窗

门主要用于开闭室内外空间并通行或阻隔人流，应满足交通、消防疏散、防盗、隔声、热工等要求。窗主要用于采光和通风，并应满足防水、隔声、防盗、热工等要求。

除上述七部分以外，建筑还有一些附属部分，如阳台、雨篷、台阶、坡道、气囱等。所有组成建筑的各个部分起着不同的作用。在设计工作中，人们还把建筑的各组成部分划分为建筑构件和建筑配件。建筑构件主要指墙、柱、梁、楼板、屋架等承重结构；而建筑配件则是指屋面、地面、墙面、门窗、栏杆、花格、细部装修等。

1.2 建筑分类及建筑分级

建筑的类型在宏观上习惯分为民用建筑、工业建筑和农业建筑。民用建筑按照使用功能、修建数量和规模大小、层数多少、耐火等级、耐久年限有不同的分类方法。不同类型的建筑又有不同的构造设计特点和要求。

1.2.1 按使用功能分类

1. 居住建筑

居住建筑指供人们日常居住生活使用的建筑物，如住宅、集体宿舍等。

2. 公共建筑

公共建筑指供人们进行各种公共活动的建筑，如行政办公建筑、文教建筑、托幼建筑、医疗建筑、商业建筑、观演建筑、体育建筑、展览建筑、旅馆建筑、交通建筑、通信建筑、园林建筑、纪念性建筑等。

1.2.2 按建筑的修建量和规模大小分类

1. 大量性建筑

大量性建筑指量大面广、与人们生活密切相关的建筑，如住宅、学校、商店、医院等。这些建筑在大中小城市和村镇都是不可少的，修建量大，故称为大量性建筑。

2. 大型性建筑

大型性建筑指规模宏大的建筑，如大型办公楼、大型体育馆、大型剧院、大型火车站和航空港、大型博览馆等。这些建筑规模大、耗资大，与大量性建筑比起来，其修建量是有限的，但这类建筑对城市面貌影响较大。

1.2.3 按建筑的层数分类

1. 低层建筑

低层建筑一般指 1 ~ 3 层的建筑。

2. 多层建筑

多层建筑一般指高度在 24 m 以下的 3 ~ 9 层的建筑。在住宅建筑中，人们又将 7 ~ 9 层界定为中高层住宅建筑。

3. 高层建筑

世界上对高层建筑的界定，各国规定各不相同。我国现行建筑专业规范规定：除住宅建筑之外的民用建筑高度不大于 24 m 者为单层和多层建筑，大于 24 m 者为高层建筑（不包括建筑高度大于 24 m 的单层公共建筑）；高层建筑根据其使用性质、火灾危险性、疏散和扑救难度等，又分为一类高层建筑、二类高层建筑和超高层建筑。

1.2.4　民用建筑的耐火等级

民用建筑的耐火等级可分为一、二、三、四级，一级的耐火性能最好，四级最差。耐火等级根据其建筑高度、使用功能、重要性和火灾扑救难度等确定，并应符合下列规定：

（1）地下或半地下建筑(室)和一类高层建筑的耐火等级不应低于一级。

（2）单、多层重要公共建筑和二类高层建筑的耐火等级不应低于二级。

1.2.5　民用建筑的耐久年限

以主体结构确定的建筑耐久年限分为四级：

一级建筑：耐久年限为100年以上，适用于重要的建筑和高层建筑。

二级建筑：耐久年限为50～100年，适用于一般性建筑。

三级建筑：耐久年限为25～50年，适用于次要的建筑。

四级建筑：耐久年限为15年以下，适用于临时性建筑。

1.3　影响建筑构造的因素

1.3.1　外界环境的影响

影响建筑构造的外界因素很多，归纳起来大致可分为以下几个方面。

1. 外力作用的影响

作用在建筑物上的外力称为荷载。荷载有静荷载和动荷载之分。动荷载又称活荷载，如人流、家具、设备、风以及地震荷载等。荷载的大小是结构设计的主要依据，也是结构选型的重要基础。它决定着构件的尺度和用料，而构件的选材、尺寸、形状等又与构造密切相关。所以，在确定建筑构造方案时，必须考虑外力的影响。在外荷载中，风力的影响不可忽视。风力往往是高层建筑水平荷载的主要因素，特别是沿海地区影响更大。

2. 自然气候的影响

我国幅员辽阔，各地区地理环境不同，大自然的条件也多有差异。由于我国南北纬度相差较大，从炎热的南方到寒冷的北方，气候差异很大。因此，气温的变化，太阳的辐射，自然界的风、雨、雪等均构成了影响建筑物使用功能和建筑构件使用质量的因素。有因材料热胀、冷缩而开裂使建筑物遭到严重破坏的，有出现渗、漏水现象的，还有由于室内过冷或过热而影响工作的，等等，都影响到建筑物的正常使用。为防止由于大自然条件的变化而造成建筑物构件的破坏和保证建筑物的正常使用，在建筑构造设计时，人们往往针对所受影响的性质和程度，对各有关部位采取必要的防范措施，如防潮、防水、保温、隔热、设变形缝、设置蒸气层等等，以防患于未然。

3. 人为因素和其他因素的影响

人们所从事的生产活动和生活，往往会对建筑物造成影响，如机械振动、化学腐蚀、战争、爆炸、火灾、噪声等，都属于人为因素的影响。因此，在进行建筑构造设计时，必须针对各种可能的因素，从构造上采取隔振、防腐、防爆、防火、隔声等相应的措施，以避免建筑物及其使用功能遭受不应有的损失和影响。

另外，鼠、虫等也能对建筑物的某些构、部件造成危害，如白蚁对木结构的影响等，因此，也必须引起重视。

1.3.2 使用者的需求

在建筑构造设计中，满足使用者的生理和心理需求非常重要。使用者的生理需求主要是人体活动对构造实体及空间环境与尺度的需求，如门洞、窗台及栏杆的高度，走道、楼梯、踏步的高宽，家具设备尺寸以及建筑构造所形成的内部使用空间热、声、光物理环境和尺度等要求。使用者的心理需求则主要是使用者对构造实体、细部和空间尺度的审美心理需求。

1.3.3 建筑技术条件

建筑技术条件指建筑所处地区的建筑材料技术、结构技术和施工技术等条件。随着社会的发展，建筑构造技术也在进步。建筑构造做法不能脱离一定的建筑技术条件。根据地区的不同，应注意在采取先进技术的同时采取适宜的建筑技术。

1.3.4 建筑经济因素

建筑经济因素对建筑构造的影响，主要是指特定建筑的造价要求对建筑装修标准和建筑构造的影响。标准高的建筑，其装修质量和档次要求高，构造做法考究；反之，建筑构造只能采取一般的简单做法。因此，建筑的构造方式、选材、选型和细部做法需根据装修标准的高低来确定。一般来讲：大量性建筑多属一般标准的建筑，构造方法往往也是常规的做法；而大型性的公共建筑，标准则要求高，构造做法上对美观也更考究。

1.4 建筑构造设计原则

影响建筑构造的因素繁多，错综复杂的因素交织在一起，设计时需分清主次和轻重，权衡利弊而求得妥善处理。一般说来，建筑构造设计应符合以下原则：

1. 坚固实用

建筑构造设计在构造方案上首先应考虑坚固实用，以保证建筑的整体承载力和刚度满足要求，安全可靠，经久耐用。构造细部则需在保证满足强度、刚度要求和安全可靠的同时，满足使用者的使用要求。

2. 技术适宜

建筑构造设计应该从地域技术条件出发，在引入先进技术的同时，注意因地制宜，不能脱离实际。

3. 经济合理

建筑构造设计处处都应考虑经济合理，在选用材料上要注意就地取材，注意节约材料，降低能耗，并在保证质量的前提下降低造价。

4. 美观大方

建筑构造设计要考虑美观大方，注意局部与整体的关系，注意细部的美学表达。

1.5　建筑模数协调统一标准

为了实现建筑工业化大规模生产，使不同材料、不同形状和不同制造方法的建筑构配件（或组合件）具有一定的通用性和互换性，在建筑业中，设计师们必须共同遵守《建筑模数协调标准》（GB/T 50002—2013）。

1.5.1　模　数

模数是选定的标准尺度单位，作为尺寸协调中的增值单位。所谓尺寸协调，是指在房屋构配件及其组合的建筑中与协调尺寸有关的规则。协调尺寸可供建筑设计、建筑施工、建筑材料与制品、建筑设备等采用，其目的是使构配件安装吻合，并有互换性。

1.5.2　基本模数

基本模数是模数协调中选用的基本尺寸单位，数值规定为 100 mm，符号为 M，即 1 M=100 mm。建筑物和建筑部件以及建筑组合件的模数化尺寸，应是基本模数的倍数，目前世界上绝大部分国家均采用 100 mm 为基本模数。

1.5.3 导出模数

导出模数分为扩大模数和分模数，其基数应符合下列规定：

（1）扩大模数，指基本模数的整倍数，扩大模数的基数为 3 M、6 M、12 M、15 M、30 M、60 M，共 6 个，其相应的尺寸分别为 300 mm、600 mm、1 200 mm、1 500 mm、3 000 mm、6 000 mm。

（2）分模数，指整数除以基本模数的数值，分模数的基数为 M/10、M/5、M/2，共 3 个，其相应的尺寸为 10 mm、20 mm、50 mm。

1.5.4 模数数列

模数数列是以基本模数、扩大模数、分模数为基础扩展成的一系列尺寸。模数数列在各类型建筑的应用中，其尺寸的统一与协调应减少尺寸的范围，但又应使尺寸的叠加和分割有较大的灵活性。模数数列的幅度应符合下列规定：

（1）水平基本模数的数列幅度为 1 ~ 20 M。

（2）竖向基本模数的数列幅度为 1 ~ 36 M。

（3）水平扩大模数数列的幅度：3 M 为 3 ~ 75 M，6 M 为 6 ~ 96 M，12 M 为 12 ~ 120 M，15 M 为 15 ~ 120 M；30 M 为 30 ~ 360 M；60 为 60 ~ 360 M，必要时幅度不限。

（4）竖向扩大模数数列的幅度不受限制。

（5）分模数数列幅度：M/10 为 M/10 ~ 2 M；M/5 为 M/5 ~ 4 M；M/2 为 M/2 ~ 10 M。

模数数列的适用范围如下：

（1）水平基本模数数列：主要用于门窗洞口和构配件断面尺寸。

（2）竖向基本模数数列：主要用于建筑物的层高、门窗洞口、构配件等尺寸。

（3）水平扩大模数数列：主要用于建筑物的开间或柱距、进深或跨度、构配件尺寸和门窗洞口尺寸。

（4）竖向扩大模数数列：主要用于建筑物的高度、层高、门窗洞口尺寸。

（5）分模数数列：主要用于缝隙、构造节点、构配件断面尺寸。

1.5.5 模数协调

为了使建筑在满足设计要求的前提下，尽可能减少构配件的类型，使其达到标准化、系列化、通用化，充分发挥投资效益，对大量性建筑中的尺寸关系进行模数协调是必要的。

1. 模数化空间网格

把建筑看作三向直角坐标空间网格的连续系列，当三向均为模数尺寸时称为模数化空间网格，网格间距应等于基本模数或扩大模数，如图 1-3 所示。

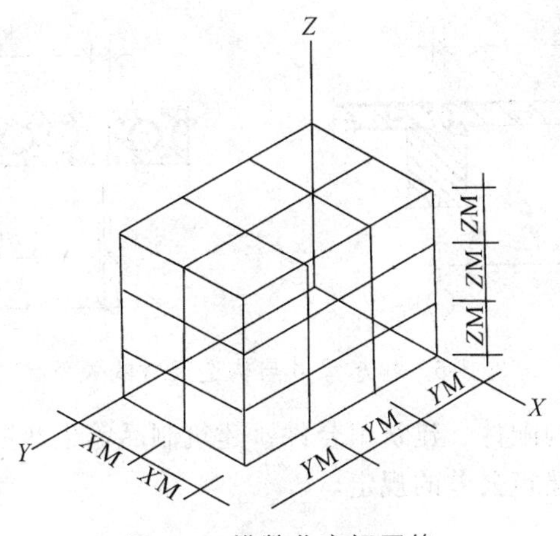

图 1-3　模数化空间网络

2. 定位轴线

在模数化网格中，确定主要结构位置关系的线，如确定开间或柱距、进深或跨度的线，称为定位轴线。除定位轴线以外的网格线为定位线，定位线用于确定模数化构件尺寸，如图 1-4 所示。

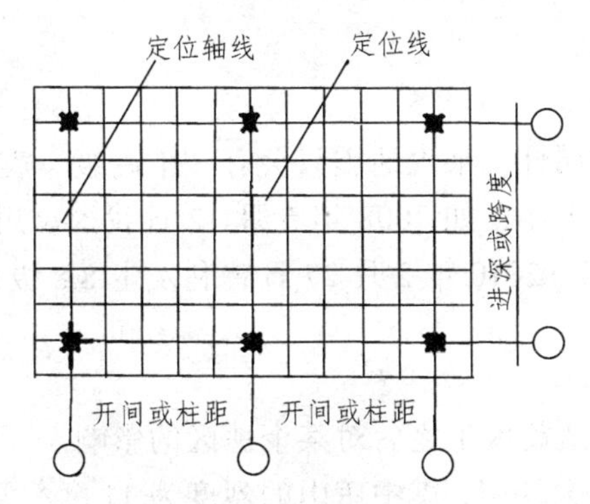

图 1-4　定位轴线和定位线

定位轴线分为单轴线和双轴线：一般常用的连续的模数化网格采用单轴线定位；当模数化网格需加间隔而产生中间区时，可采用双轴线定位。采用单轴线还是双轴线需根据建筑设计、施工要求和构件生产等条件综合决定。不同的建筑结构类型如墙承重结构、框架结构等对定位轴线有不同的特殊要求，目的都是使其尽可能标准化、系列化、通用化，充分发挥投资效益。

3. 标志尺寸、构造尺寸、实际尺寸

（1）标志尺寸：应符合模数数列的规定，用以标注建筑定位轴线、定位线之间的距离（开间或柱距、进深或跨度、层高等），以及建筑构配件、建筑组合件、建筑制品、设备等界限之间的尺寸。

（2）构造尺寸：建筑构配件、建筑组合件、建筑制品等的设计尺寸。一般情况下标志尺寸扣除预留缝隙即为构造尺寸，如图 1-5 所示。

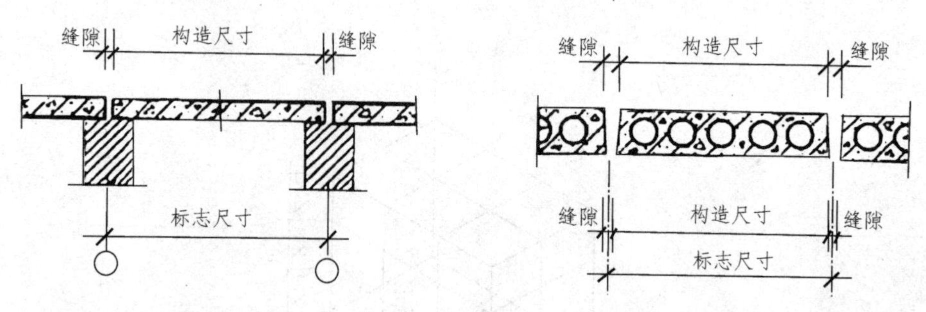

图 1-5 标志尺寸与构造尺寸的关系

（3）实际尺寸：建筑构配件、建筑组合件、建筑制品等生产制作后的尺寸。实际尺寸与构造尺寸间的差数应符合建筑公差的规定。

1.6 抗震设防

1.6.1 地震基本概念

1. 地震震级

地震震级是某次地震的属性，某次地震只会有一个震级。震级衡量的是地震的大小，或者说，地震所释放的能量的大小，如 2008 年 5 月 12 日我国汶川发生 8.0 级地震，2010 年 1 月 12 日海地发生 7.3 级地震，2010 年 2 月 27 日智利发生 8.8 级地震。

2. 地震烈度

地震烈度衡量的是某次地震发生之后对某个地区的影响。

比如，1976 年我国唐山大地震，震中唐山的烈度为 11 度，天津的烈度为 8 度，北京为 6 度，石家庄为 5 度。通常情况下，越靠近震中地震烈度越大，越远离震中越小。

3. 抗震设防烈度

按国家规定的权限批准作为一个地区抗震设防的地震烈度称为抗震设防烈度，一般情况，取 50 年内超越概率为 10%的地震烈度。抗震设防烈度是某个地区的属性，比如北京的抗震设防烈度是 8 度，上海的抗震设防烈度是 7 度，成都的抗震设防烈度是 7 度。

抗震设防烈度在 6 度以上地区的建筑，必须进行抗震设计。

1.6.2 地震对建筑构造产生的不利影响

当发生地震灾害时，地震从地表震动波及周围建筑物，并且由建筑工程底层开始震动，其所产生的波动作用会对整个建筑工程造成巨大的冲击，并严重影响建筑结构原有平衡，甚至导致建筑工程坍塌。地震是由地壳运动造成的。地震波以纵波、横波、混合波的方式传播，对建筑结构造成破坏。其中：纵波会造成建筑工程发生上下震动，对建筑工程的破坏作用比较小；横波会造成建筑工程左右摇晃，是造成建筑工程破坏的主要因素；混合波则是纵波与横波的综合，会使建筑物上下左右晃动，也会对建筑工程造成严重危害。除此以外，当发生地震灾害时，地震动使建筑工程产生的力与建筑工程重力共同作用，导致合力不定向，会对建筑工程造成巨大冲击，进而会造成建筑工程坍塌。

抗震设防目标为“小震不坏，中震可修，大震不倒”。

1.6.3　抗震设防类别

根据《建筑工程抗震设防分类标准》（GB 50223—2008）的规定，抗震设防类别按建筑破坏造成的人员伤亡、经济损失、社会影响，建筑所在城镇或企业规模，建筑功能失效后影响范围、对抗震救灾的影响、恢复难易程度，建筑的不同区段，不同行业的建筑等五个方面的因素，划分为特殊设防类（简称甲类）、重点设防类（简称乙类）、标准设防类（简称丙类）和适度设防类（简称丁类）四个等级。一般来讲，绝大多数建筑工程的抗震设防类别都为丙类，防灾救灾建筑，重要行业，生命线建筑，建筑规模大、人员密集、使用人员自救能力相对差的建筑抗震设防类别为乙类。需要明确的是：抗震设防类别为特殊设防类（甲类）的建筑需经有关主管部门批准，补充进行场地的地震安全性评价，并需专门研究制定单项工程的抗震设计标准。

钢筋混凝土房屋应根据设防类别、烈度、结构类型和房屋高度采用不同的抗震等级，并应符合相应的计算和构造措施要求。丙类建筑抗震等级应按表 1-1 确定。

表 1-1　现浇钢筋混凝土房屋的抗震等级

<table>
<tr><th colspan="3" rowspan="2">结构类型</th><th colspan="12">设防烈度</th></tr>
<tr><th colspan="2">6</th><th colspan="4">7</th><th colspan="4">8</th><th colspan="2">9</th></tr>
<tr><td rowspan="3">框架结构</td><td colspan="2">高度/m</td><td>≤24</td><td>>24</td><td colspan="2">≤24</td><td colspan="2">24</td><td colspan="2">≤24</td><td colspan="2">>24</td><td colspan="2">≤24</td></tr>
<tr><td colspan="2">框架</td><td>四</td><td>三</td><td colspan="2">三</td><td colspan="2">二</td><td colspan="2">二</td><td colspan="2">一</td><td colspan="2">一</td></tr>
<tr><td colspan="2">大跨度框架</td><td colspan="2">三</td><td colspan="4">二</td><td colspan="4">一</td><td colspan="2">一</td></tr>
<tr><td rowspan="3">框架-抗震墙结构</td><td colspan="2">高度/m</td><td>≤60</td><td>>60</td><td><24</td><td colspan="2">25～60</td><td>>60</td><td><24</td><td colspan="2">25～60</td><td>>60</td><td>≤24</td><td>25～50</td></tr>
<tr><td colspan="2">框架</td><td>四</td><td>三</td><td>四</td><td colspan="2">三</td><td>二</td><td>三</td><td colspan="2">二</td><td>一</td><td>二</td><td>一</td></tr>
<tr><td colspan="2">抗震墙</td><td colspan="2">三</td><td>三</td><td colspan="3">二</td><td>二</td><td colspan="3">一</td><td colspan="2">一</td></tr>
<tr><td rowspan="2">抗震墙结构</td><td colspan="2">高度/m</td><td>≤80</td><td>>80</td><td>≤24</td><td colspan="2">25～80</td><td>>80</td><td><24</td><td colspan="2">25～80</td><td>>80</td><td>≤24</td><td>25～60</td></tr>
<tr><td colspan="2">剪力墙</td><td>四</td><td>三</td><td>四</td><td colspan="2">三</td><td>二</td><td>三</td><td colspan="2">二</td><td>一</td><td>二</td><td>一</td></tr>
<tr><td rowspan="3">部分框支抗震墙结构</td><td colspan="2">高度/m</td><td>≤80</td><td>>80</td><td>≤24</td><td colspan="2">25～80</td><td>>80</td><td>≤24</td><td colspan="2">25～80</td><td rowspan="3">—</td><td colspan="2" rowspan="3">—</td></tr>
<tr><td rowspan="2">抗震墙</td><td>一般部位</td><td>四</td><td>三</td><td>四</td><td colspan="2">三</td><td>二</td><td>三</td><td colspan="2">二</td></tr>
<tr><td>加强部位</td><td>三</td><td>二</td><td>三</td><td colspan="2">二</td><td>二</td><td>二</td><td colspan="2">一</td></tr>
</table>

续表

结构类型		设防烈度						
		6		7		8		9
部分框支抗震墙结构	框支层框架	二		二	一	一		
框架-核心筒结构	框架	三		二		一		一
	核心筒	二		二		一		一
筒中筒结构	外筒	三		二		一		一
	内筒	三		二		一		一
板柱-抗震墙结构	高度/m	≤35	>35	≤35	>35	≤35	>35	—
	框架、板柱的柱	三	二	二	二	一		
	抗震墙	二	二	二	一	二	一	

注：① 建筑场地为Ⅰ类时，除6度外应允许按表内降低一度所对应的抗震等级采取抗震构造措施，但相应的计算要求不应降低。

② 接近或等于高度分界时，应允许结合房屋不规则程度及场地、地基条件确定抗震等级。

③ 大跨度框架指跨度大于18 m的框架。

④ 高度不超过60 m的框架-核心筒结构按框架-抗震墙结构的要求设计时，应按表中框架-抗震墙结构的规定确定其抗震等级。

习　题

一、单选题

1. 以下哪个选项属于构筑物？（　　）

A. 公园　　B. 三峡水电站　　C. 学校　　D. 体育馆

2. 以下哪个选项不属于民用建筑？（　　）

A. 水立方　　B. 苏州园林　　C. 华西医院　　D. 京东仓库

3.《建筑设计防火规范》（GB 50016—2018）把建筑物的耐火等级划分为（　　）级。

A. 3　　B. 4　　C. 5　　D. 6

4. 木结构房屋一般为（　　）级耐火等级。

A. 1　　B. 2　　C. 3　　D. 4

5. 以下哪个选项不属于建筑的组成部分？（　　）

A. 地基　　B. 基础　　C. 勒脚　　D. 隔墙

6. 基本模数的数值 1 M 表示（　　）。

A. 1 mm　　B. 1 mm　　C. 1 dm　　D. 1 m

7. 以下哪一个选项不是水平扩大模数基数？（　　）

A. 3 M、5 M　　B. 12 M、15 M　　C. 30 M、60 M　　D. 3 M、6 M

8. 以下哪一个选项不是国家制定《建筑模数协调标准》（GB 50002—2013）的原因？（　　）

A. 设计的个性化　　B. 大规模生产
C. 提高施工质量　　D. 降低造价

9. 以下关于震级描述正确的是（　　）。
A. 汶川发生8.0级地震　　B. 成都的震级是7.0级
C. 一次地震的震级不止一个　　D. 我国震级分为12级

10. 希望学院抗震设防类别属于（　　）。
A. 甲类　　B. 乙类　　C. 丙类　　D. 丁类

11. 以下哪一项对地震烈度的描述是错误的？（　　）
A. 与震级有关
B. 与场地土质类型有关
C. 我国地震烈度表将烈度划分为10度
D. 指地震破坏的程度

12. 以下哪一个选项描述错误？（　　）
A. 抗震设防类别为甲类的建筑应按高于本地区抗震设防烈度提高一度的要求加强其抗震措施
B. 抗震设防类别为乙类的建筑应按高于本地区抗震设防烈度提高一度的要求加强其抗震措施
C. 抗震设防类别为丙类的建筑应按本地区抗震设防烈度确定其抗震措施
D. 抗震设防类别为丁类的建筑抗震设防烈度为6度时应适当降低其抗震措施

二、简答题

1. 简述建筑构造设计的主要任务。
2. 简述建筑物的构造组成。
3. 简述建筑的分类。
4. 简述影响建筑构造的因素和设计原则。
5. 简述模数、基本模数、扩大模数的概念。
6. 简述标志尺寸、构造尺寸与实际尺寸的关系。
7. 简述抗震设防类别。

第 2 章　地基与基础

建筑最基本的部位就是基础，是建筑的底层和保障。由于地基与基础具有隐蔽性，出现问题难以补救，所以这部分的分类和构造尤为重要。在建筑设计与建造中，地基与基础也是最先开始的地方。

2.1　地基与基础概述

2.1.1　地基与基础的基本概念

如图 2-1 所示，在建筑工程中，位于建筑物的最下端，埋入地下并直接作用在土壤层上的承重构件称为基础。它是建筑物的重要组成部分。支撑在基础下面的土壤层称为地基。地基不是建筑物的组成部分，是承受建筑物荷载的土壤层。建筑物的全部荷载最终是由基础底面传给地基的。其中，具有一定的地耐力（地基允许承载力）、直接承受建筑荷载并需进行力学计算的土层称为持力层。持力层下的土层称为下卧层。

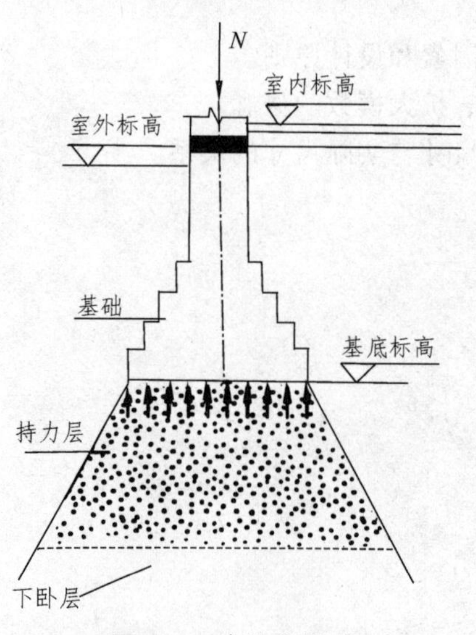

图 2-1　建筑物基础

由于基础是建筑物的重要承重构件，又是埋在地下的隐蔽工程，易受潮，很难观察、维修、加固和更换，因此，在构造形式上必须使其具有足够的强度和与上部结构相适应的耐久性。

每平方米地基所能承受的最大压力称为地基允许承载力，也称为地耐力。它是由地基土本身的性质决定的，不同的地区建筑下部的地基土各有不同。当基础传给地基的压力超过了地耐力时，地基就会出现较大的沉降变形或失稳，甚至会出现地基土滑移，从而引起建筑物的开裂、倾斜，直接威胁到上部建筑的安全。因此，地基必须具备较高的承载力。建筑选场时应尽可能选在承载力高且分布均匀的地段，如岩石类、碎石类、砂性土类和黏性土类等地段。

地基承受的由基础传来的压力包括上部结构至基础顶面的竖向荷载、基础自重及基础上部土层的重量。若基础传给地基的压力用 N 来表示，基础底面积用 A 来表示，地基允许承载力用 f 来表示，则它们三者的关系为：

$$A \geqslant N / f$$

由此可见，基础底面积是根据建筑总荷载和建筑地点的地基允许承载力来确定的。当地基允许承载力 f 不变时，传给地基的压力 N 越大，基础底面积 A 也越大（图 2-2）；当建筑总荷载不变时，地基允许承载力 f 越小，则基础底面积 A 越大。

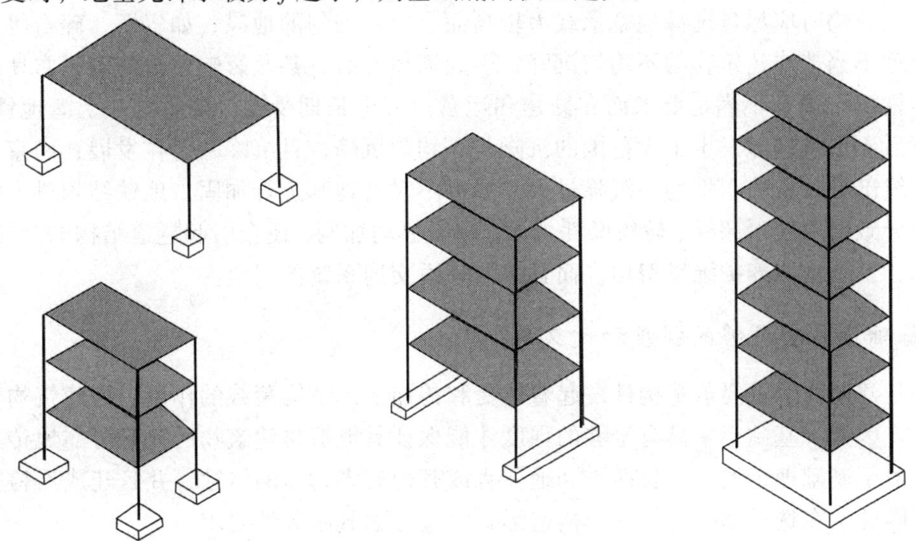

图 2-2　基础底面积与建筑总荷载的关系

2.1.2　地基的分类

按土层性质的不同，地基分为天然地基和人工地基两大类。

天然地基是指天然状态下土层具有足够的承载力，不需要经过人工改良或加固，即可直接在上面建造房屋的地基。天然地基包括岩石、碎石、砂土和黏性土等地基。

当建筑物上部的荷载较大或地基土层的承载能力较弱，缺乏足够的稳定性时，必须预先对土壤进行人工补强和加固，才能在上面建造房屋，这样的地基称为人工地基。人工加固地基通常采用预压法、换土法、化学加固法和强夯法等。

（1）预压法是指在建筑基础施工前，对地基土预先进行加载预压，使地基土被预先压实，从而提高地基土的强度和抵抗沉降的能力的地基土加固方法。

（2）换土法是指用砂石、素土、灰土、工业废渣等强度较高的材料置换地基浅层的软弱土，并在回填土的同时采用机械逐层压实的地基土加固方法。

（3）化学加固法是指在地基处理中，将化学溶液或胶结剂灌入土中，使土胶结，以提高地基强度、减少沉降量的地基土加固方法。

（4）强夯法是指利用强大的夯击功迫使深层土因液化和动力固结而密实的地基加固方法。强夯对地基土有加密、固结和预加变形的作用，可以提高地基的承载力，降低压缩性。

2.1.3 地基与基础的设计要求

地基承受着建筑物的全部荷载，基础是建筑物的主要承重构件，两者质量的好坏直接关系着建筑物的安全。因此，在建筑设计时，合理地设计地基和基础极为重要。

1. 地基应具有足够的强度和刚度

规划建筑物时应尽量选择地基承载力较高而且土质均匀的地段，如岩石、碎石等，避免因基础处理不当造成建筑物的不均匀沉降，引起墙体开裂，甚至影响建筑物的正常使用。

如地铁由于地基不满足要求而在修建和运营过程中长期受到沉降影响：上海地铁 1、2 号线运营后不久结构即发生了大范围的沉降与不均匀沉降，且沉降一直在发展；南京地铁 1 号线西延线部分区段由于不均匀沉降过大而不得不对其地基进行加固。地铁结构过大的不均匀沉降会导致轨道变形超标、轮轨磨耗加大、车轨振动加剧，还会引起隧道结构的开裂破损、渗水漏泥，不但增加养护维修费用，而且危及轨道交通系统的安全。

2. 基础应具有足够的强度和耐久性

基础是建筑物的重要承重构件，起着承受和传递上部结构荷载的作用，是建筑物安全的重要保证，因此，基础必须具有足够的强度才能保证其能够将建筑物的荷载可靠地传递给地基。同时由于基础埋于地下，长期受到地下水或其他有害物质的侵蚀，并且建成后检查和维修困难，因此，在选择基础的材料与构造形式时应考虑其耐久性要求。

3. 经济性要求

基础工程占建筑工程总造价的 10%~40%，故降低基础工程的造价是减少建筑总投资的有效方法。这就要求：选择土质好的地段，以减少地基处理的费用；合理选择基础的材料和构造形式，降低工程造价。

2.2 基础的埋置深度

2.2.1 基础埋置深度的概念

室外设计地面至基础底面的垂直距离称为基础的埋置深度，简称基础的埋深，如图 2-3

所示。埋深≥5 m 的基础称为深基础，埋深＜5 m 的称为浅基础，当基础直接做在地表面上时则称为不埋基础。在保证安全使用的前提下，优先选用浅基础可以降低工程造价。但当基础埋深过小时，地基受到压力后可能会把基础四周的土挤出，使基础产生滑移而失去稳定，同时埋深较小的基础易受到自然因素的侵蚀和影响而破坏。所以，基础的埋深一般情况下不应小于 0.5 m。

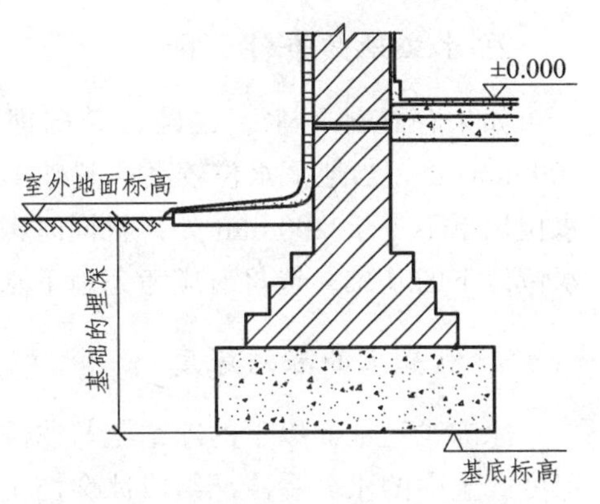

图 2-3　基础的埋置深度

2.2.2　基础埋深的影响因素

基础埋深的大小关系到地基是否可靠、施工的难易程度及造价的高低。影响基础埋深的因素很多，下面做简单介绍。

1. 工程地质条件

基础应建造在坚实可靠的地基上，而不能埋置在承载力低、压缩性高的软弱土层上。

在满足地基稳定和变形要求的前提下，基础应尽量浅埋，但通常不浅于 0.5 m，如图 2-4（a）所示。如浅层土作持力层不能满足要求时，可考虑深埋，但应与其他方案做比较。地基软弱土层在 2 m 内、下卧层为压缩性低的土时，一般应将基础埋在下卧层上，如图 2-4（b）所示；当软弱土层为 2～5 m 时，低层轻型建筑应争取将基础埋于表层软弱土层内，可加宽基础，必要时也可用换土、压实等方法进行地基处理；当软弱土层大于 5 m 时，低层轻型建筑应尽量浅埋于软弱土层内，必要时可加强上部结构或进行地基处理，如图 2-4（c）所示；当地基土由多层土组成且均属于软弱土层或上部荷载很大时，常采用深基础方案，如桩基等，如图 2-4（d）所示。按地基条件选择埋深时，还需要从减少不均匀沉降的角度来考虑，当土层分布明显不均匀或各部分荷载差别很大时，同一建筑物可采用不同的埋深来调整不均匀沉降量。

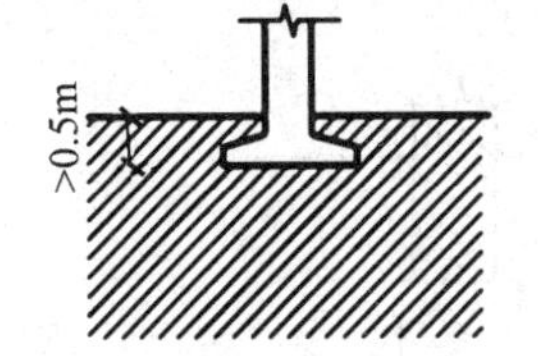

（a）地基土为好土，且基础埋深小于 0.5 m

（b）软弱土层厚度小于 2 m 时

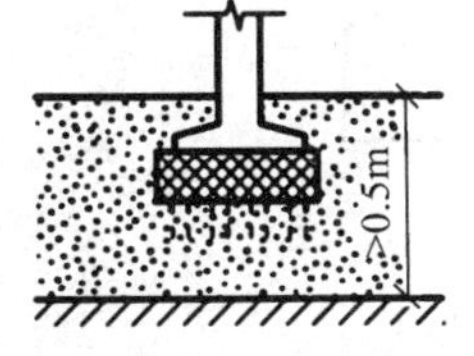

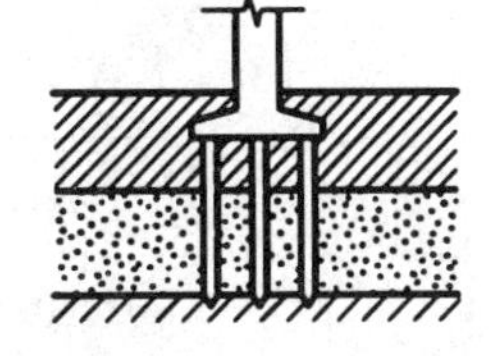

（c）软弱土层厚度大于 5 m 时

（d）下卧层为软弱土时

坚实土
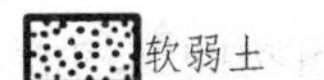
软弱土

换土

图 2-4　工程地质条件对基础埋深的影响

2. 水文地质条件

如果存在地下水，在确定基础埋深时一般应考虑将基础埋于最高地下水以上不小于 200 mm 处。当地下水位较高，基础不能埋置在地下水位以上时，宜将基础埋置在最低地下水位以下不少于 200 mm 处，且同时考虑施工时基坑的排水和坑壁的支护等因素。对于地下水位以下的基础，选材时应考虑地下水是否对基础有腐蚀，如有，则应采取防腐措施。

3. 地基土的冻结深度

冰冻线是地面以下的冻结土与非冻结土的分界线，从地面到冰冻线的距离即为土的冻结深度。土中的水分受冷冻结成冰会使土体产生冻胀现象，这称为土的冻结。地基土冻结后，基础会被抬起，而解冻后基础又将下沉。在这个过程中，冻融不均匀使得建筑物处于不均匀的升降状态中，导致建筑物产生变形、开裂、倾斜等一系列的冻害。

土壤冻胀现象的严重程度与地基土的颗粒粗细、含水量、地下水位高低等因素有关。碎石、卵石、粗砂、中砂等土壤由于颗粒较粗，颗粒间隙较大，水的毛细作用不明显，因此冻胀作用就不明显，可以不考虑冻胀的影响。粉砂、粉土的颗粒较细，孔隙小，毛细作用显著，具有明显的冻胀性，此类土壤称为冻胀土。冻胀土的含水率越大，冻胀越严重；地下水位越高，冻胀越强烈。

一般来说，基础应埋置在冰冻线以下约 200 mm 处。当冻结深度小于 500 mm 时，基础埋深不受影响。

4. 相邻建筑的影响

在原有建筑物附近建造新的建筑物时，要考虑新建建筑的荷载对原有建筑物基础的影响。一般情况下，新建建筑的基础埋深应浅于相邻的原有建筑基础的埋深，以免扰动原有建筑的地基土壤。当新建建筑基础的埋深大于原有建筑基础的埋深时，两基础间应保持一定的水平距离，其数值应根据荷载的大小和性质等情况而定，一般为相邻两基础底面高差的 1.5～2.0 倍，如图 2-5 所示。当不能满足此条件时，可通过对新建建筑的基础进行处理来解决，如在新基础上做挑梁，支撑与原有建筑物相邻的墙体。

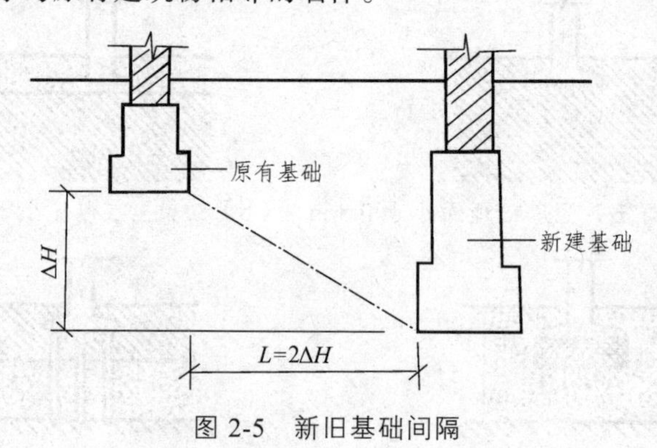

图 2-5　新旧基础间隔

基础的埋深除受以上几种因素的影响外，还要考虑新建建筑物是多层建筑还是高层建筑、有无地下室、建筑物的设备基础、建筑物的结构类型和地下管沟等因素。一般来说，高层建筑的基础埋深是地下建筑物总高度的 1/14～1/10，而多层建筑则依据地下水位及冻结深度来确定埋深。另外，当地面有较多腐蚀性液体作用时，基础的埋深应不小于 1.5 m，必要时需对基础做防护处理。为保护基础，一般要求基础顶面低于室外设计地面不少于 0.1 m。

根据《建筑地基基础设计规范》（GB 50007—2011）的规定，基础的埋置深度，应按下列条件确定：

（1）建筑物的用途，有无地下室、设备基础和地下设施，基础的形式和构造。

（2）作用在地基上的荷载大小和性质。

（3）工程地质和水文地质条件。

（4）相邻建筑物的基础埋深。

（5）地基土冻胀和融陷的影响。

2.3　基础的类型与构造

基础的类型很多，主要根据建筑物的结构类型、体量高度、荷载大小、水文地质和地方材料供应等因素来确定。

2.3.1　按所用材料及受力特点分类

1. 刚性基础

凡是由刚性材料建造、受刚性角限制的基础都称为刚性基础，如砖、毛石、灰土与三合土、素混凝土、毛石混凝土建造的基础等。这类基础的大放脚（基础的扩大部分）较高、体积较大、埋置较深。刚性基础有利于使用地方材料，成本较低，施工简便，应用很广，一般用于建造土质较均匀、地下水位较低、6 层以下的砖墙承重建筑。

（1）砖基础。砖基础一般用强度等级不低于 MU7.5 的砖和强度等级不低于 M5 的砂浆砌筑而成。为了满足刚性角的限制，砖基础台阶的宽高比应不小于 1∶1.5，一般采用每 2 皮砖挑出 1/4 砖或每 2 皮砖挑出 1/4 砖与每 1 皮砖挑出 1/4 砖相间的砌筑方法，俗称“大放脚”，如图 2-6 所示。

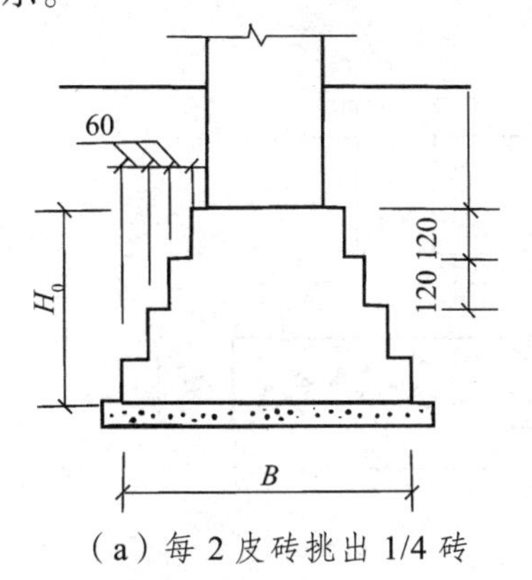

（a）每 2 皮砖挑出 1/4 砖

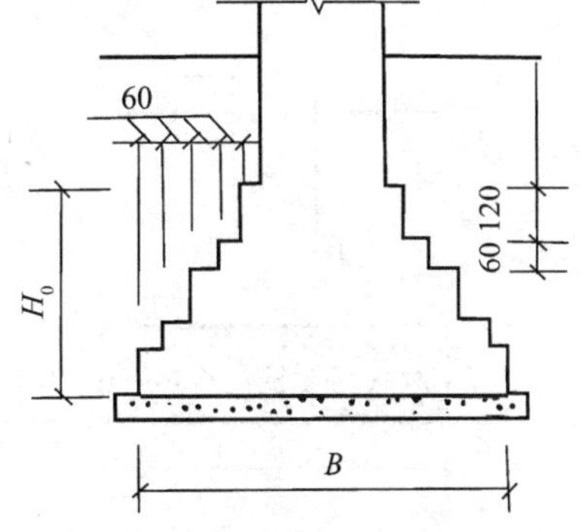

（b）每 2 皮砖与每 1 皮砖挑出 1/4 砖相间

图 2-6　砖基础*

* 编者注：本书图中单位未注明者，除标高为“米”外，其余皆为“毫米”。

砖基础具有取材容易、价格低廉、施工方便等特点。由于砖的强度及耐久性较差，故砖基础常用于地基土质较好、地下水位较低、5层以下的砖混结构中。

（2）毛石基础。毛石基础是由未经加工的石材和强度等级不低于M5的砂浆砌筑而成的。由于石材抗压强度高，抗冻、抗水、抗腐蚀性能好，因此毛石基础可用于地下水位较高、冻结深度较大的低层或多层民用建筑中，但其整体性欠佳，故有振动的房屋不宜采用。

毛石基础的剖面形式多为阶梯形，如图2-7所示。基础顶面要比墙或柱每边宽出100 mm，基础的宽度、每个台阶挑出的高度均不宜不小于 400 mm，每个台阶挑出的宽度不应大于200 mm。为满足刚性角的限制，其台阶的宽高比应小于1∶1.50。当基础底面宽度小于700 mm时，毛石基础可做为矩形截面。

图2-7　毛石基础

（3）灰土与三合土基础。灰土基础是由粉状的石灰与松散的粉土加适量水拌和而成的，石灰与粉土的体积比一般为3∶7或4∶6。灰土基础施工时应逐层铺设，每层夯实前虚铺220 mm厚，夯实后的厚度为150 mm。灰土基础的抗冻、耐水性差，适用于地下水位较低的建筑。

三合土基础是用石灰、砂、骨料（碎石、碎砖或矿渣）按1∶3∶6或1∶2∶4的体积比加水拌和而成的，其总厚度大于300 mm，宽度大于600 mm。三合土基础适用于4层以下的建筑，与灰土基础一样，应埋在地下水位以上，顶面应在冰冻线以下。灰土与三合土基础如图2-8所示。

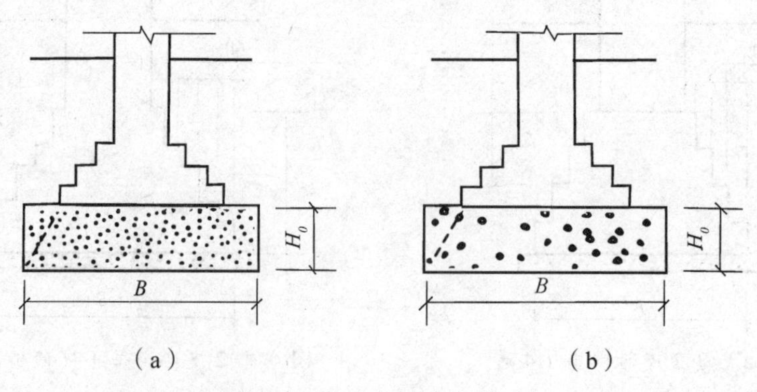

（a）　　　　（b）

图2-8　灰土与三合土基础

（4）素混凝土基础。素混凝土基础具有坚固、耐久、耐腐蚀和耐水等特点，与前几种基础相比，其刚性角较大，可用于地下水位较高和易受冰冻的地方。由于混凝土的可塑性强，故基础断面可做成矩形、阶梯形和锥形。为了方便施工，当基础宽度小于 350 mm 时，多做成矩形；当基础宽度大于 350 mm 时，多做成阶梯形；当基础底面宽度大于 2 000 mm 时，还可做成锥形。锥形断面能节约混凝土，减轻基础自重。

（5）毛石混凝土基础。为节约水泥用量，对于体积较大的混凝土基础，可以在浇筑混凝土时加入 20%～30%的粒径不超过 300 mm 的毛石，这种基础称为毛石混凝土基础。所用毛石尺寸应小于基础宽度的 1/3，且毛石在混凝土中应均匀分布。当基础埋深较大时，也可将毛石混凝土基础做成台阶形。如果地下水对普通水泥有侵蚀作用，则应采用矿渣水泥或火山灰水泥拌制混凝土。

2. 柔性基础

钢筋混凝土基础称为柔性基础。钢筋混凝土基础的宽度可不受刚性角的限制，具有很好的抗弯和抗剪能力，适用于荷载较大、地基承载力较小的情况。

钢筋混凝土柔性基础可尽量浅埋，相当于一个倒置的悬臂板，所以它的根部厚度较大，配筋较多，两侧板厚度较小（但不应小于 200 mm），钢筋也较少。钢筋的用量通过计算而定，但直径不宜小于 8 mm，间距不宜小于 20 mm。混凝土的强度等级也不宜低于 C20。当用等级较低的混凝土做垫层时，为使基础底面受力均匀，垫层厚度一般为 60～100 mm，如图 2-9 所示。为保护基础钢筋不受锈蚀，当有垫层时，保护层厚度不宜小于 35 mm；不设垫层时，保护层厚度不宜小于 70 mm。

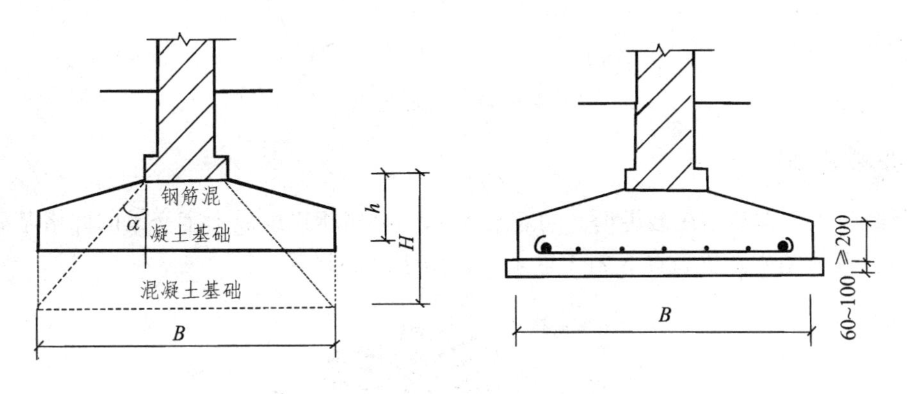

图 2-9　柔性基础

2.3.2　按基础的构造形式分类

1. 独立基础

当建筑物为柱承重且柱距较大时，宜采用独立基础，柱间墙体可支撑在基础梁上。这种做法土方量较小、施工简便，但基础与基础之间无构件连接，个别基础如发生不均匀沉降，相互不能制约。因此，独立基础适合于地质均匀、荷载均匀的装配式框架结构建筑，如图 2-10 所示。

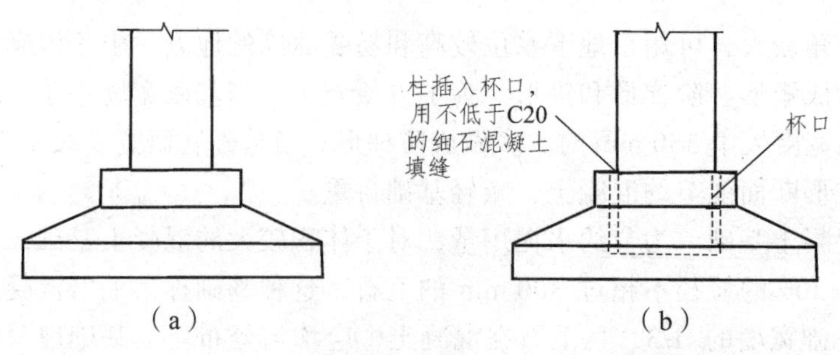

图 2-10 独立基础

2. 条形基础

在连续的墙下或密集的柱下，宜采用条形基础，如图 2-11 所示。这种基础的纵向整体性好，可减缓局部不均匀下沉，多用于砖混结构建筑，并多采用地方材料，用途极广。其缺点是土方量大，施工场地需开挖纵横槽沟，搬运不便。

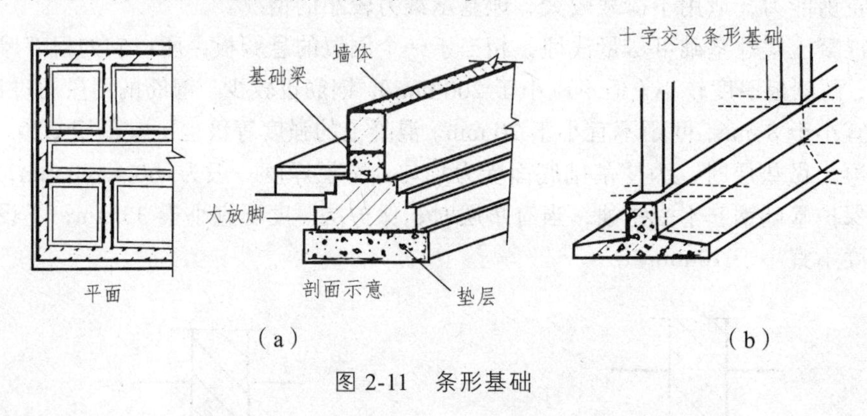

图 2-11 条形基础

3. 井格基础

当荷载较大、地质情况较差时，可将柱下基础纵横相连组成十字交叉的井格基础，如图 2-12 所示。井格基础造价较高，施工复杂，多用于高层建筑。

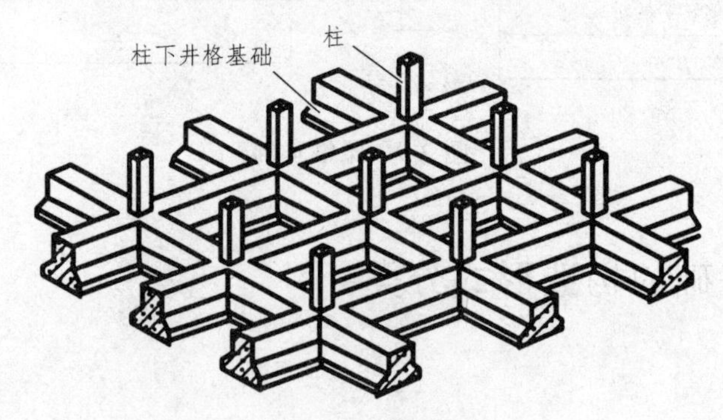

图 2-12 井格基础

4. 筏形基础

筏形基础又称为满堂基础，由整片的钢筋混凝土板承受整个建筑物的荷载并传给地基，如图 2-13 所示。筏形基础按结构形式可分为板式结构和梁板式结构两大类：前者板的厚度较大、构造简单；后者板的厚度较小，但增加了双向梁，构造复杂。筏形基础适用于地基承载力较差、荷载较大的房屋，如高层建筑。

图 2-13　筏板基础（梁板式筏形基础）

5. 箱式基础

将筏形基础的四周和顶部用钢筋混凝土浇筑成盒装的整体基础称为箱式基础，也称之为箱形基础，如图 2-14 所示。这种做法既可提高建筑物和基础的刚度，又可将内部空间用作地下室，并避免了大体积土方的回填。箱式基础适用于总荷载很大，浅层地质情况较差，需要大幅度的埋深，并需设一层或多层地下室的高层或超高层建筑。

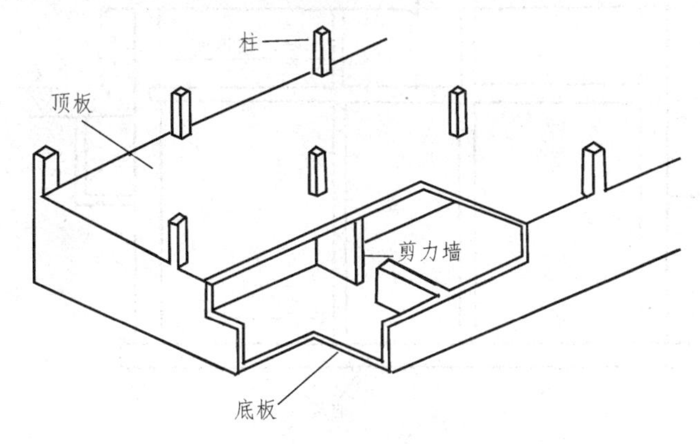

图 2-14　箱形基础

6. 桩基础

当建筑物的上部荷载较大，地基的软弱土层较厚，浅层地基承载力不能满足要求时，可采用桩基础。桩基础由多根设置在土壤中的桩和承接上部结构荷载的承台两部分组成，其类型很多，如图 2-15。

基础的构造形式还有许多，更多更深入的内容同学们将会在“工程地质与土力学”这门课中学到。

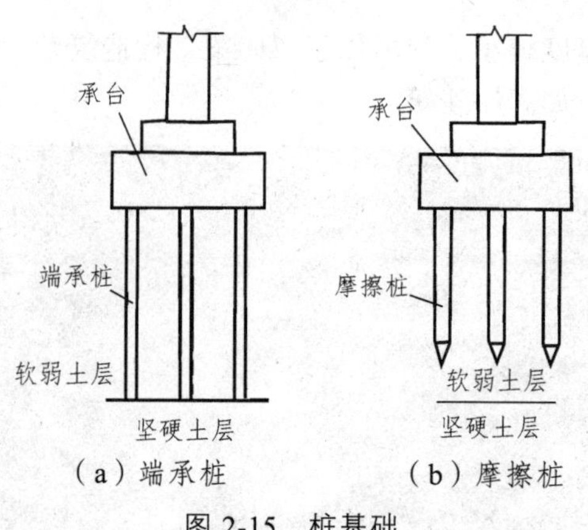

图 2-15 桩基础

2.4 地下室

2.4.1 地下室的组成

建筑物首层下面的地下使用空间称为地下室。地下室一般由墙体、顶板、底板、采光井等部分组成，如图 2-16 所示。地下室可以用作设备间、储藏间、车库、商场及战备人防工程等。在城市用地日益紧张的情况下，建筑物向上、下两个空间发展，高层建筑常利用箱式基础建造一层或多层地下室，以达到在有限的占地面积内增加建筑物的使用空间，提高建筑用地利用率的目的。

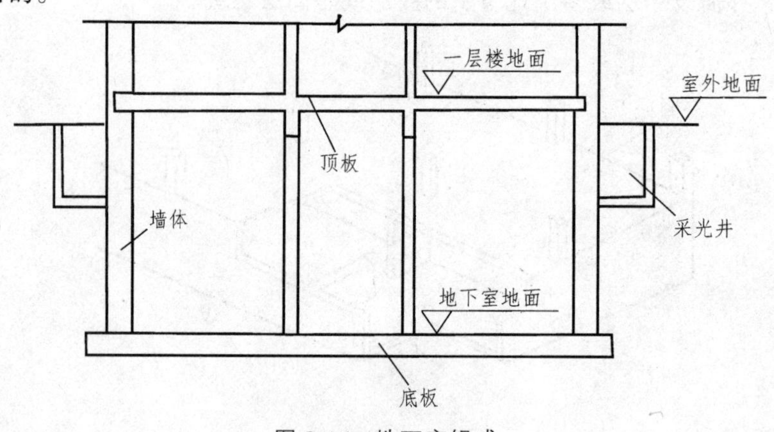

图 2-16 地下室组成

1. 墙 体

地下室的外墙不仅要承受垂直荷载的作用，还要承受土地、地下水和土壤冻胀侧压力的作用。如果外墙为钢筋混凝土墙，则其最小厚度除应满足结构的要求外，还应满足抗渗厚度的要求，应不小于 250 mm。同时，外墙还应做防潮或防水处理。

2. 顶 板

通常顶板选用钢筋混凝土预制板或现浇板。若为人防地下室，则必须采用现浇板，并按人防地下室的有关设计规定确定顶板的厚度和混凝土的强度等级。在无采暖的地下室顶板上，即首层地板处，应设置保温层，以保证首层房间的使用舒适性。

3. 底　板

当底板处于最高地下水位以上且无压力产生时，可按一般底面工程处理，即先在垫层上浇筑厚度为 50 ~ 80 mm 的混凝土，再做面层。当底板处于最高地下水位以下时，底板不仅要承受上部垂直荷载，还要承受地下水的浮力荷载，因此应采用钢筋混凝土底板并双层配筋，在底板下的垫层上还应设置防水层，以防渗漏。

4. 采光井

为了充分利用地下室空间，以满足一定的采光和通风要求，人们往往在建筑物地下室外墙一侧设置采光井，一般沿每个开窗部位单独设一个，也可将几个采光井合并在一起。采光井由底板和侧墙构成，底板一般为现浇钢筋混凝土，侧墙可用砖或钢筋混凝土浇筑。采光井的底板应做出 1% ~ 3%的坡度，并将水通过排水口及时排入室外排水管网，如图 2-17 所示。

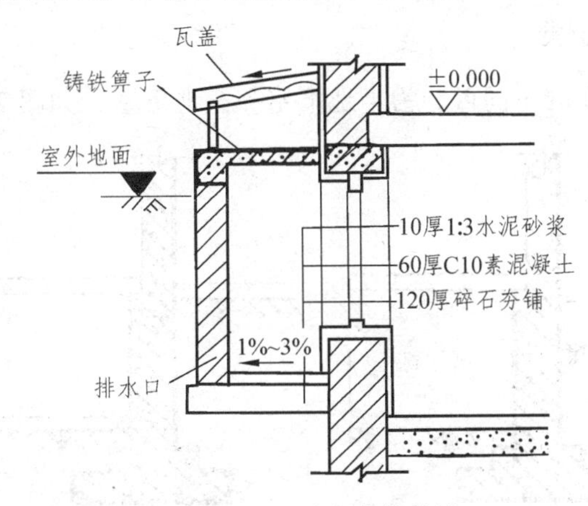

图 2-17　采光井的构造

现也有许多建筑采用地下室采光天窗和室内外景观结合的布置方式，如图 2-18 所示。

图 2-18　采光井

5. 门和窗

普通地下室的门和窗与地上房间的门和窗相同。地下室的外窗若在室外地坪以下，则应设置采光井和防护箅子，以利于室内采光、通风和室外行走安全。人防地下室一般不允许设窗，如需开窗，则应采取战时堵严措施。人防地下室的外门应按等级要求设置相应的防护构造。

6. 楼　梯

楼梯可与地面上的房间结合设置。对于其上楼层不高或用作辅助房间的地下室，可设置单跑楼梯。对有防空要求的地下室，则至少要设置两部楼梯通向地面的安全出口，而且要求其中一个是独立的安全出口。这个安全出口的周围不得有较高的建筑物，以防建筑物因空袭倒塌堵塞出口而影响疏散。

2.4.2 地下室的类型

1. 按埋入地下深度分类

地下室按埋入地下深度的不同可分为半地下室和全地下室，如图 2-19 所示。

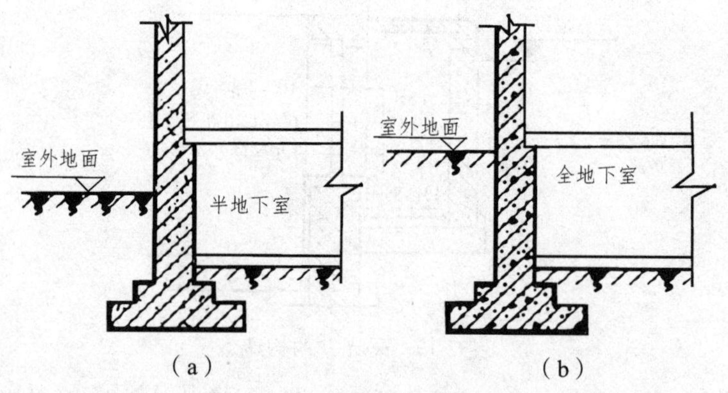

图 2-19　半地下室和全地下室

（1）半地下室。半地下室是指地面与室外地坪的高差为该房间净高的 1/3～1/2 的地下室。半地下室的一部分在地面以上，易于解决采光、通风的问题，可以作为办公室、客房等普通地下室使用。

（2）全地下室。全地下室是指其地面与室外地坪的高差超过该房间净高的 1/2 的地下室。全地下室由于埋入地下较深，通风和采光较困难，一般多用于储藏仓库、设备间等建筑辅助用房；利用其受外界噪声、振动干扰小的特点，也可作为手术室和精密仪表车间使用；利用其受气温变化影响小、冬暖夏凉的特点，又可作为仓库使用；利用其墙体由厚度覆盖，受水平冲击和辐射作用小的特点，可作为人防地下室使用。

2. 按使用功能分类

地下室按使用功能的不同可分为普通地下室和人防地下室。

（1）普通地下室。普通地下室一般用作高层建筑的地下停车库、设备用房，根据用途及结构的需要可分为一、二、三层和多层地下室。

地下室是建筑空间向地下的延伸，一般为单层，但有时根据需要可达数层。由于地下室与地上房间相比有许多弊端，如采光通风不利、容易受潮等，同时又具有受外界气候影响较小的特点，因此，低标准的建筑多将普通地下室作为储藏间、仓库、设备间等建筑辅助用房；高标准的建筑，在采取了机械通风、人工照明和防潮防水措施后，将普通地下室作为商场、餐厅、娱乐场所等各种功能性用房。

（2）人防地下室。人防地下室是结合人防要求设置的地下空间，用以应付战时情况下人员的隐蔽和疏散，并具备保障人身安全的各项技术措施。人防地下室的设计应符合我国对人防地下室的有关建设规定和设计规范。人防地下室一般应设有防护室、防毒通道、通风滤毒室、洗消间及厕所等。《人民防空地下室设计规范》（GB 50038—2005）中规定：防空地下室的每个防护单元不应少于两个出入口（不包括竖井出入口、防护单元之间的连通口），其中至少有一个室外出入口（竖井式除外），战时主要出入口应设在室外；房间出入口应为空门洞，以确保人员安全疏散；必须设门时，应采取防护门、密闭门或防护密闭门。

防空地下室是为战时防空服务的，所以其设计必须满足预定级别的防护要求和战时使用要求。但为了充分发挥其投资效益，一般防空地下室均要求平战结合。平战结合的防空地下室设计不仅应满足其战时要求，而且还应满足平时生产、生活的要求。由于战时与平时的功能要求不同，且往往容易产生一些矛盾，因此，对于量大面广的一般性防空地下室，规范允许采取一些转换措施，使防空地下室不仅能更好地满足平时的使用要求，而且可在临战时通过必要的改造（即防护功能平战转换措施）使其满足战时的防护要求和使用要求。

2.4.3　地下室的防潮、防水构造

地下室的外墙和底板都埋于地下，地下水会通过地下室的围护结构渗入室内，这样不仅会影响地下室的使用，而且如果水中含有酸、碱等腐蚀性物质，还会影响结构的耐久性。因此，防潮、防水是地下室构造处理的关键问题。

当地下水的常年水位和设计最高水位均在地下室地面标高以下时，地下水不可能侵入地下室内部，地下室底板和外墙只受地潮的影响，即只受下渗的地表水和上升的毛细水等无压水的影响，此时，应对地下室的底板和外墙做防潮处理。

当设计最高水位高于地下室地面时，地下室的外墙和底板都浸泡在水中，地下水不仅可以侵入地下室，而且地下室的外墙和底板还分别受到地下水的侧压力和浮力的作用，此时，应对地下室做防水处理。

1. 地下室的防潮处理

地下室防潮的构造要求是：当墙体为混凝土或钢筋混凝土结构时，由于其本身的憎水性，其具有较强的防潮作用，不必再做防潮层；当采用砖砌或石砌墙体时，必须采用强度等级不低于 M5 的水泥砂浆砌筑，且灰缝饱满，此外，还应对地下室外墙做水平和垂直方向的防潮处理。在地下室外墙外面设垂直防潮层的做法一般为：在墙体外表面先抹一层 20 mm 厚的 1∶2.5 水泥砂浆找平，再涂一道冷底子油和两道热沥青；然后在外侧回填低渗透性土壤，并

逐层夯实，土层厚度约为 500 mm，以避免地面雨水或其他地表水的影响。

另外，地下室的所有墙体都应设两道水平防潮层，一道设在地下室地面附近，另一道设在室外地面以上 150 ~ 300 mm 处，使整个地下室的防潮层连成整体，以防地潮沿地下墙身或勒脚处进入室内，如图 2-20（a）所示。

地下室地面层的一般做法是在灰土或三合土垫层上浇筑密实的混凝土。当最高地下水位距地下室地面较近时，应加强地面的防潮效果，一般是在地面面层与垫层间加设防潮层，且与墙身防潮层在同一水平面上，如图 2-20（b）所示。

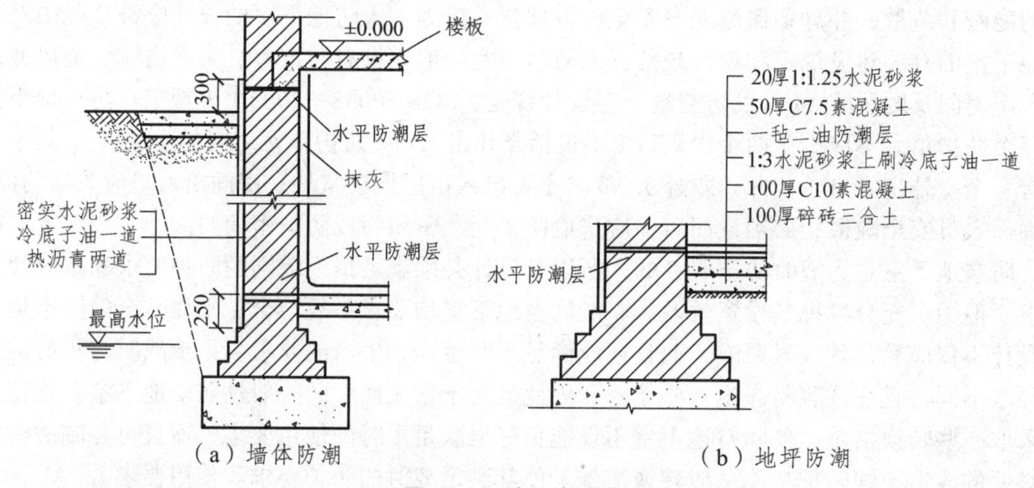

图 2-20 地下室防潮

2. 地下室的防水处理

防水的具体方案和构造措施每个地区各有不同，归纳起来有隔水法、降排水法及综合防水法等。隔水法是利用各种材料的不透水性来隔绝地下室外围水及毛细水的渗透的防水方法；降排水法是指用人工降低地下水或排出地下水，直接消除地下水对地下室作用的防水方法；综合防水法是指采取多种防水措施来提高防水可靠性的一种办法，一般当地下水量较大或地下室防水要求较高时才会采用此种方法。

目前，隔水法是地下室防水处理中采用较多的一种方法，它又分为构件自防水和材料防水两类。构件自防水即用防水混凝土做外墙和底板，使承重、围护、防水功能三合一。采取这种防水措施时施工较为简便。材料防水是在外墙和底板表面敷设防水材料，如卷材、涂料、防水水泥砂浆等，以阻止地下水的渗入。

1）构件自防水

防水混凝土的配制和施工与普通混凝土相同，所不同的是防水混凝土通过不同的混凝土的集料级配来提高混凝土的密实性，或在混凝土中掺入一定量的外加剂等来提高混凝土自身的防水性能，从而达到防水的目的。调整混凝土集料级配主要通过采用不同粒径的骨料进行配料，同时提高混凝土中水泥砂浆的含量，使砂浆充满于骨料之间，从而堵塞因骨料间直接接触而出现的渗水通道，达到防水的目的。掺外加剂是在混凝土中掺入加气剂或密实剂以提高其抗渗性和密实性，使混凝土具有良好的防水性能。

防水混凝土的外墙和底板不宜太薄，一般不应小于 250 mm，迎水面钢筋混凝土保护层的厚度不应小于 50 mm。为防止地下水对混凝土的侵蚀，还应在墙外侧抹水泥砂浆，涂刷冷底子油和热沥青。防水混凝土结构的底板必须连续浇筑，其间不得留施工缝；墙体一般只允许留水平施工缝，其位置通常高出底板表面 300 mm 以上。底板混凝土垫层的强度等级不应小于 C10；厚度不应小于 100 mm，在软弱土中不应小于 150 mm，如图 2-21 所示。

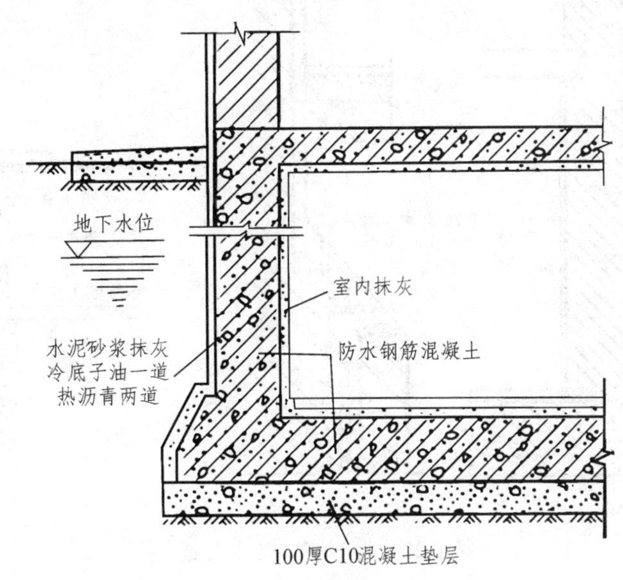

图 2-21　构件自防水（防水混凝土）

2）卷材防水

卷材防水主要包括卷材防水、涂料防水和水泥砂浆防水三种。

（1）卷材防水。地下室采用卷材防水层时，防水层的卷材层数应按地下水的最大计算水头选用，如表 2-1 所示。

表 2-1　防水卷材的层数

最大计算水头/m	卷材所受经常压力/MPa	卷材层数
≤3	0.01 ~ 0.05	3
3 ~ 6	0.05 ~ 0.10	4
6 ~ 12	0.10 ~ 0.20	5
>12	0.20 ~ 0.50	6

注：水头是指最高地下水位至地下室地面的垂直高度，以米为单位。

卷材防水按防水层铺贴位置的不同分为外防水和内防水两种。

① 外防水。外防水是指将防水层贴在地下室外墙的外表面（迎水面），这种方法防水效果好，但维修困难。外防水适用于新建工程。

外防水的具体做法是：先在混凝土垫层上将油毡满铺整个地下室，然后浇筑细石混凝土或水泥砂浆保护层，以便浇筑钢筋混凝土底板。底板防水油毡须留出足够的长度，以便与墙面的垂直防水油毡搭接。墙体防水层的做法是先在外墙外侧抹 20 mm 厚 1 : 2.5 水泥砂浆找平层，涂刷冷底子油一道，然后按选定的油毡层数，以一层油毡一层沥青胶的顺序粘贴防水层。防水卷材须高出最高地下水位 500 ~ 1 000 mm。油毡防水层以上的地下室侧墙应抹水泥砂浆并涂两道热沥青，直至室外散水处。垂直防水层外侧砌半砖厚的保护墙一道，以保护防水层并使防水层均匀受压，在保护墙与防水层之间的缝隙中灌以水泥砂浆，如图 2-22（a）所示。墙身防水层收头处理如图 2-22（b）所示。

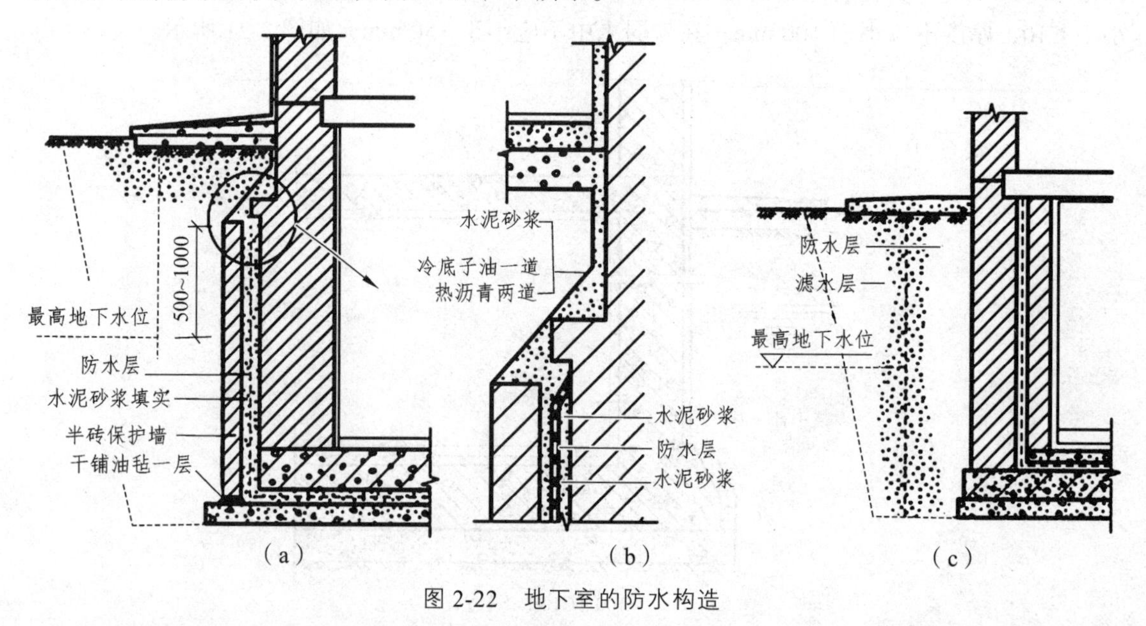

图 2-22 地下室的防水构造

② 内防水。内防水即防水层贴在地下室外墙的内表面，这种方法施工方便，容易维修，但不利于防水，故常用于修缮工程。

内防水的具体做法是：先浇筑厚度约为 100 mm 的混凝土垫层；再以选定的油毡层数在地坪垫层上做防水层，并在防水层上抹 20 ~ 30 mm 厚的水泥砂浆保护层，以便于在上面浇筑钢筋混凝土。地坪防水层必须留出足够的长度包向垂直墙面并转接，如图 2-22（c）所示。同时要做好转折处油毡的保护工作，以免因转折交接处的油毡断裂而影响地下室的防水。

（2）涂料防水。涂料防水是指在施工现场以刷涂、滚涂等方法将无定形液态涂料在常温下涂敷于地下室结构表面的一种防水做法。目前，地下室防水工程应用的防水涂料包括有机防水涂料和无机防水涂料两种。有机防水涂料主要包括合成橡胶类、合成树脂类和橡胶沥青类。有机防水涂料固化成膜后最终形成柔性防水层，适宜做在结构主体的迎水面上，并应在防水层外侧做刚性保护层。无机防水涂料主要包括聚合物改性水泥基防水涂料和水泥基渗透结晶型防水涂料，即在水泥中掺入一定的聚合物，用以不同程度地改变水泥固化后的物理力学性能的涂料。这类防水涂料被认为是刚性防水涂料，故不适用于变形较大或受震动的部位，适宜做在结构主体的背水面。涂料防水的质量、耐老化性能较油毡防水好，故目前在地下室的防水工程中应用广泛。

（3）水泥砂浆防水。水泥砂浆防水是指采用合格的材料，通过严格的多层次交替操作形成多防线整体防水层或掺入适量的防水剂以提高砂浆的密实性的防水方法。水泥砂浆防水层的材料有普通水泥砂浆、聚合物水泥防水砂浆、掺外加剂或掺合料的防水砂浆等，其施工方法有多层涂抹或喷射等。水泥砂浆防水层可用于结构主体的迎水面或背水面。采用水泥砂浆防水层，施工简便、经济，便于检修；但防水砂浆的抗渗性能较弱，对结构变形敏感度大，结构基层略有变形即会开裂，从而失去防水功能。因此，水泥砂浆防水构造适用于结构刚度大、建筑物变形小的混凝土或砌体结构的基层，不适用于环境有侵蚀性、持续振动的地下工程。

3. 地下室降排水

地下室降排水可分为外排水和内排水两种类型。

（1）外排水是指在建筑物周围设置永久性的降排水设施，使高过地下室底板的地下水位在地下室周围回落至其底板标高之下，或者使平时水位在地下室底板之下，但在丰水期有可能上升的地下水位难以达到地下室底板的标高，使得对地下室的有压水变为无压水，以减小其渗透压力。外排水的通常做法是在建筑物四周地下室地面标高以下设盲沟，或者设无砂混凝土管、普通硬塑料管或加筋软式管等渗水管，周围填充可以滤水的砾石及粗砂等材料。其中靠近天然土的是粒径较小的粗砂滤水层，可以使地下水通过，但又不会把细小的土颗粒带走；而靠近渗水管的粒径较大的砾石渗水层，可以使较清的地下水透入渗水管中积聚后流入城市排水管网，如图 2-23 所示。当城市的排水管标高高于盲沟或渗水管时，则需采用人工排水泵将积水排走。

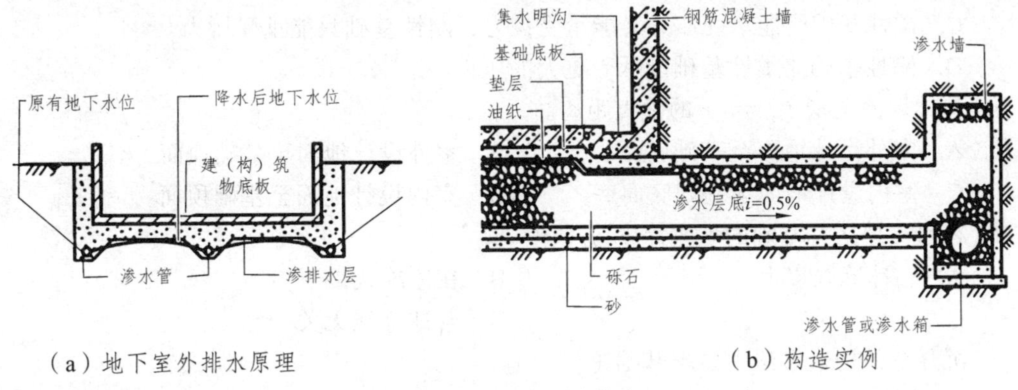

（a）地下室外排水原理　　（b）构造实例

图 2-23　地下室外排水

（2）内排水是指将有可能渗入地下室室内的水，通过永久性自流排水系统（如集水沟）排至集水井，再用水泵排除的方法，其构造做法如图 2-24。内排水通常的做法是将地下室地面架空或设隔水间层，以保持室内墙面或地面的干燥，但应充分考虑因动力中断而引起水位回升的可能性，如图 2-24 所示。为保险起见，对重要的地下室应既做外防水又设置内排水设施。

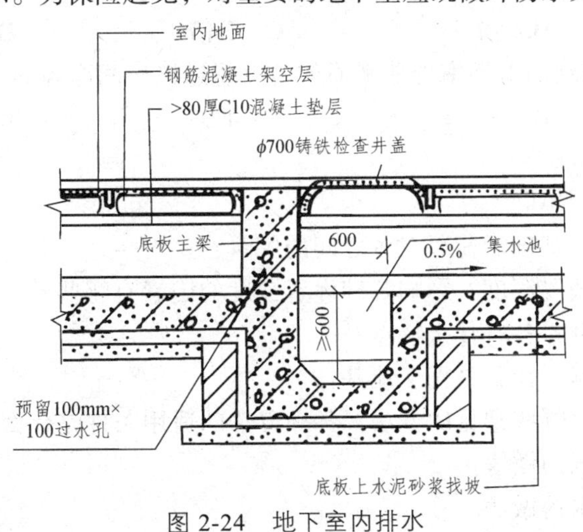

图 2-24　地下室内排水

习 题

一、选择题

1. 刚性基础的受力特点是（ ）。

A. 抗拉强度大、抗压强度小 B. 抗拉、抗压强度均大

C. 抗剪切强度大 D. 抗压强度大、抗拉强度小

2. 深基础是指（ ）。

A. 基础埋深大于 5 m 的基础 B. 基础埋深大于 10 m 的基础

C. 基础埋深≥5 m 的基础 D. 基础埋深小于 5 m 的基础

3. 柔性基础与刚性基础受力的主要区别是（ ）。

A. 柔性基础比刚性基础能承受更大的荷载

B. 柔性基础只能承受压力，刚性基础既能承受拉力，又能承受压力

C. 柔性基础既能承受压力又能承受拉力，刚性基础只能承受压力

D. 刚性基础比柔性基础能承受更大的压力

4. 基础埋深是指（ ）的垂直距离。

A. 室外设计地面至基础底面 B. 室外设计地面至基础顶面

C. 室内设计地面至基础底面 D. 室内设计地面至基础顶面

5. 在寒冷地区，基础的埋置深度应（ ）。

A. 在冰冻线以上 B. 在冰冻线以下

C. 在冰冻线处 D. 与冰冻线无关

6. 沉降缝的构造做法中要求基础（ ）。

A. 断开 B. 不断开 C. 可断开也可不断开 D. 刚性连接

7. 地基中直接承受建筑物荷载的土层称为（ ）。

A. 基础 B. 持力层 C. 地基 D. 下卧层

8.当新建建筑物基础埋深大于原有建筑物基础的埋深时，两基础间应保持的水平距离一般为相邻两基础底面高差的（ ）。

A. 1/2 B.2 倍 C. 3 倍 D. 4 倍

9.全地下室为房间地面低于室外地平面的高度超过该房间净高的（ ）。

A. 1/2 B. 1 C. 1/3 D. 1/4

二、简答题

1. 地基与基础有何不同?
2. 如何理解地基、基础、荷载三者之间的关系?
3. 什么是基础的埋置深度？影响基础埋置深度的因素有哪些?
4. 基础有什么类型？各有什么特点?
5. 什么是天然地基？什么是人工地基?
6. 人工加固地基有哪些常见的方法？各种方法的适用条件是什么?
7. 简述地下室防潮的做法。
8. 简述地下室防水的做法。

第3章　墙　体

3.1　墙体概述

墙体是建筑物的重要组成部分。它的作用是承重、围护或分隔空间。墙体构造取决于选用的结构形式以及它所处的位置。

3.1.1　墙体的设计要求

具有足够的承载力和稳定性

（1）承载力是指墙体承受荷载的能力。大量性民用建筑，一般横墙数量多，空间刚度大，但仍需验算承重墙或柱在控制截面处的承载力。承重墙应有足够的承载力来承受楼板及屋顶竖向荷载。地震区还应考虑地震作用下墙体的承载力，对多层砖混房屋一般只考虑水平方向的地震作用。

（2）墙体的稳定性。墙体的高厚比是保证墙体稳定的重要措施。墙、柱高厚比是指墙、柱的计算高度 H_0 与墙厚 h 的比值。高厚比越大，构件越细长，其稳定性越差。实际工程高厚比必须控制在允许高厚比限值以内。允许高厚比限值结构上有明确的规定，是综合考虑了砂浆强度等级、材料质量、施工水平、横墙间距等诸多因素确定的。

砖墙是脆性材料，变形能力小，如果层数过多，重量就大，砖墙可能破碎和错位，甚至被压垮，特别是地震区，房屋的破坏程度随层数增多而加重，因而相应设计规范对房屋的高度及层数有一定的限制值，见表 3-1。

表 3-1　多层砖房总高（m）和层数限值

最小墙厚	烈度							
	6		7		8		9	
240 mm	高度/m	层数	高度/m	层数	高度/m	层数	高度/m	层数
	24	8	21	7	18	6	12	4

2. 具有必要的保温、隔热性能

建筑在使用中对热工环境舒适性的要求带来一定的能耗，从节能的角度出发，也为了降低建筑长期的运营费用，作为围护结构的外墙应具有良好的热稳定性，使室内温度环境在外界环境气温变化的情况下保持相对稳定，减少对空调和采暖设备的依赖。详细内容见本书第9章。

3. 应满足防火、防潮、防水要求

（1）防火要求。墙体材料应选择燃烧性能和耐火极限符合防火规范规定的材料。在较大的建筑中应设置防火墙，把建筑分成若干区段，以防止火灾蔓延。根据防火规范，一、二级耐火等级建筑防火墙最大间距为150 m，三级为100 m，四级60 m。

（2）防水防潮要求。卫生间、厨房、实验室等有水的房间及地下室的墙应采取防水防潮措施，应选择良好的防水材料以及恰当的构造做法，以保证墙体的坚固耐久性，使室内有良好的卫生环境。

4. 满足隔声要求

墙体隔声主要是隔空气传声和撞击声，在设计时采取以下措施：

（1）密缝，即密实墙体缝隙，在砌筑墙体时，要求砂浆饱满，密实砖缝，并通过墙面抹灰解决缝隙。

（2）增加墙体密实性及厚度，避免噪声穿透墙体及墙体振动。砖墙的隔声能力是较好的，240 mm厚砖墙的隔声量为49 dB。当然，一味地依靠增加墙厚来提高隔声性能是不经济也不合理的。

（3）采用有空气间层或多孔性材料的夹层墙。由于空气或玻璃棉等多孔材料具有减振和吸声作用，采用这些构造可以提高墙体的隔声能力。

（4）在建筑总平面中考虑隔声问题：不怕噪声干扰的建筑靠近城市干道布置，对后排建筑可以起隔声作用；也可选用枝叶茂密、四季常青的绿化带降低噪声。

5. 建筑工业化要求

在大量性民用建筑中，墙体工程量占相当的比重。因此，建筑工业化的关键是墙体改革，必须改变手工生产及操作，提高机械化施工程度，提高工效，降低劳动强度，并应采用轻质高强的墙体材料，以减轻自重、降低成本。

3.1.2 墙的类型

1. 按墙所处的位置及方向分类

墙体按所处的位置分为外墙和内墙。外墙位于房屋的四周，属于围护结构；内墙位于房屋内部，主要起分隔作用。墙体按布置方向又可分为横墙和纵墙，沿建筑物长轴方向布置的叫纵墙，沿短轴方向布置的叫横墙。外横墙又称山墙，它的作用主要是与邻居的住宅隔开和防火。如图3-1。

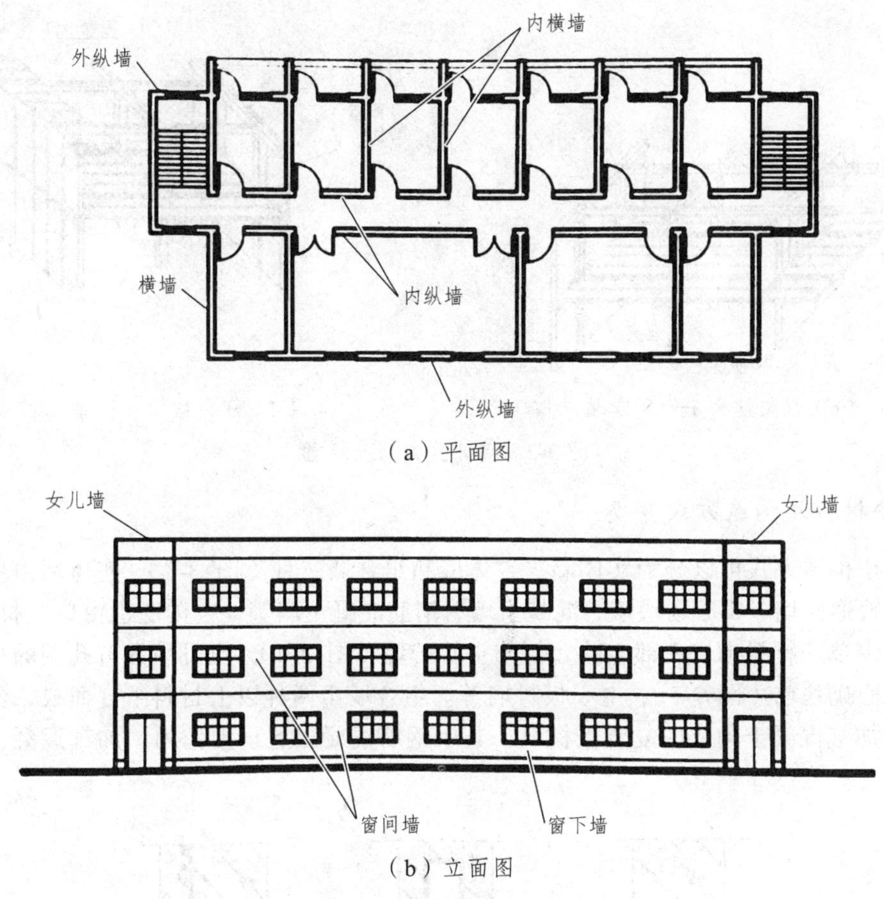

图 3-1　墙体各部分命名

2. 按受力情况分类

墙体按结构竖向受力情况分为承重墙和非承重墙。承重墙直接承受楼板及屋顶传下来的荷载。在砖混结构中，非承重墙可以分为自承重墙和隔墙。自承重墙仅承受自身重量，并把自重传给基础；隔墙则把自重传给楼板层或附加的小梁。在框架结构中，承重结构为梁柱，墙体仅作围护、分隔之用。在剪力墙结构中，钢筋混凝土墙为承重墙，其他均为非承重墙。当墙体悬挂于框架梁柱的外侧起围护作用时，称为幕墙，幕墙的自重由其连接固定部位的梁柱承担。位于高层建筑外围的幕墙，虽然不承受竖向的外部荷载，但受高空气流影响需承受以风力为主的水平荷载，并通过与梁柱的连接将荷载传递给框架系统。墙体按受力情况分类可参见图 3-2。

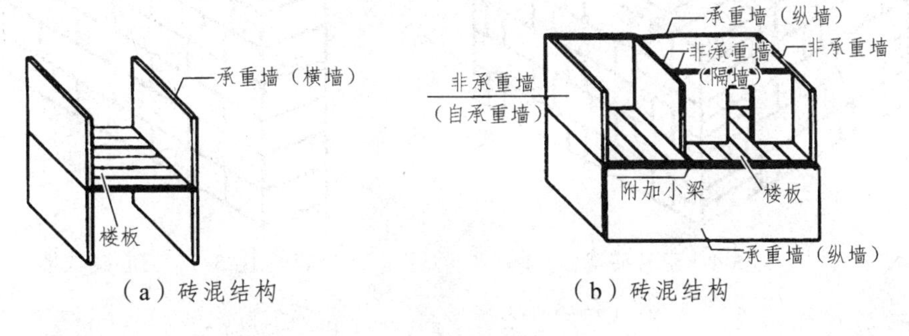

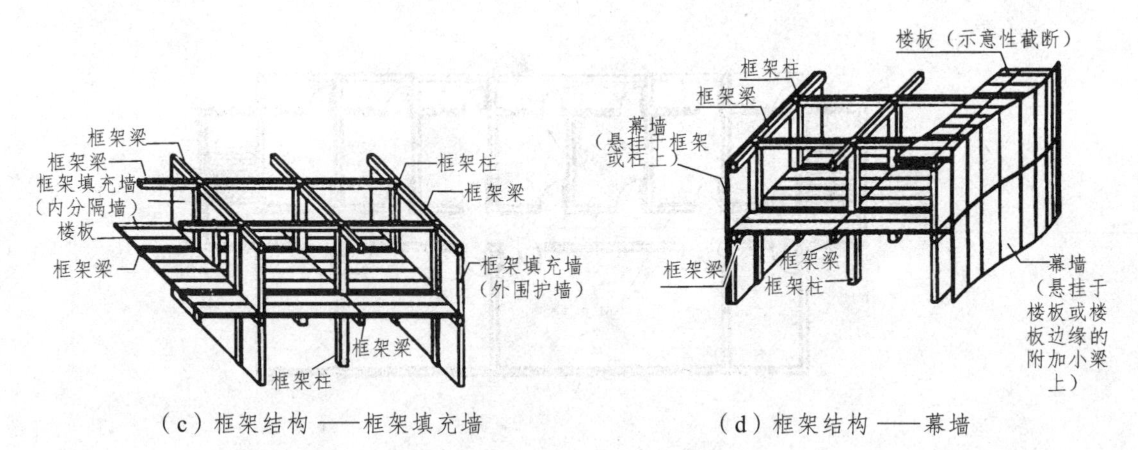

（c）框架结构 ——框架填充墙　　（d）框架结构 ——幕墙

图 3-2　墙体受力情况示意

3. 按材料及构造方式分类

墙体按构造方式可以分为实体墙、空体墙和组合墙三种（图 3-3）。实体墙由单一材料组成，如普通砖墙、实心砌块墙、混凝土墙、钢筋混凝土墙等。空体墙也由单一材料组成，既可以是由单一材料砌成内部空腔，例如空斗砖墙（图 3-4），也可用具有孔洞的材料建造墙，如空心砌块墙（图 3-5）、空心板材墙等。组合墙由两种以上材料组合而成，例如钢筋混凝土和加气混凝土构成的复合板材墙，其中钢筋混凝土起承重作用，加气混凝土起保温隔热作用。

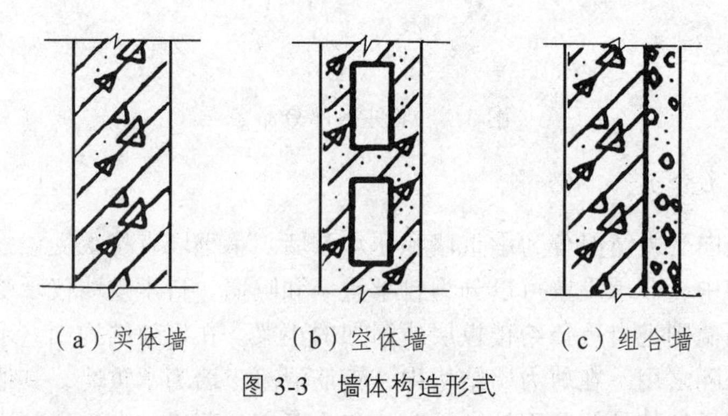

（a）实体墙　（b）空体墙　（c）组合墙

图 3-3　墙体构造形式

图 3-4　空斗砖墙

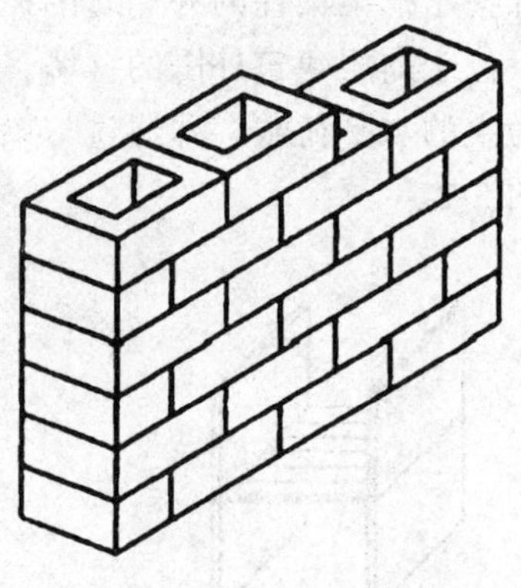

图 3-5　空心砌块墙

4. 按施工方式分类

墙体按施工方法可分为块材墙、板筑墙和板材墙。块材墙是用砂浆等胶结材料将砖、石等块材组砌而成，例如砖墙、石墙及各种砌块墙等。板筑墙是在现场立模板，现浇而成的墙体，例如现浇混凝土墙等。板材墙是预先制成墙板，施工时安装而成的墙，例如预制混凝土大板墙、各种轻质条板内隔墙等。装配式板材墙是将以工业化方式在预制构件厂生产的大型板材构件，在现场进行安装的墙体。这种墙体机械化程度高，施工速度快，工期短，不受气候的影响，是建筑工业化的发展方向。

3.1.3　承重墙体的结构布置

1. 结构布置方案

墙体是多层砖混房屋的围护构件，也是主要的承重构件。墙体布置必须同时考虑建筑和结构两方面的要求，既满足设计的房间布置、空间大小划分等使用要求，又应选择合理的墙体承重结构布置方案，使之安全承担作用在房屋上的各种荷载，坚固耐久、经济合理。

结构布置指梁、板、柱等结构构件在房屋中的总体布局。砖混结构建筑的结构布置方案，通常有横墙承重、纵墙承重、纵横墙双向承重、局部框架承重几种方式（图 3-6）。

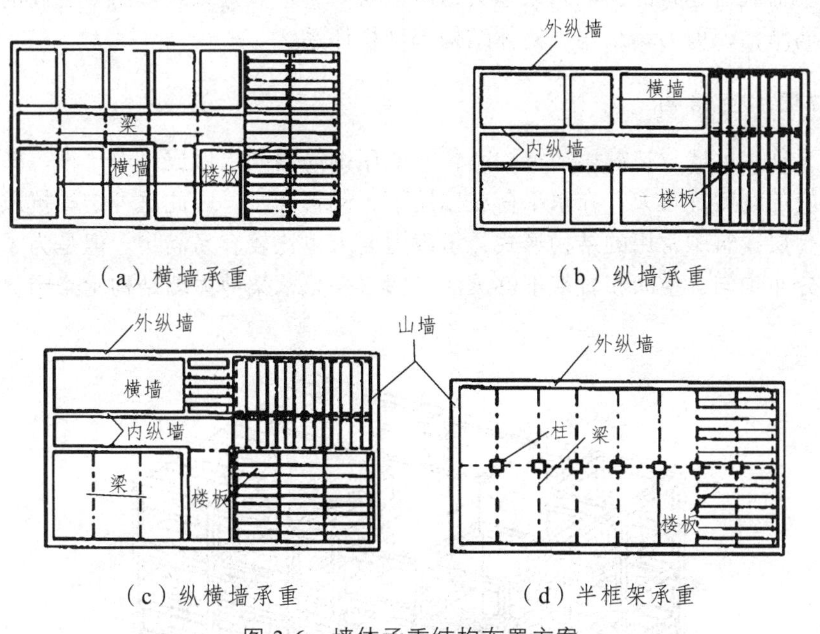

（a）横墙承重　（b）纵墙承重

（c）纵横墙承重　（d）半框架承重

图 3-6　墙体承重结构布置方案

横墙承重方案是将楼板两端搁置在横墙上，纵墙只承担自身的重量。纵墙承重方案是将纵墙作为承重墙搁置楼板，而横墙为自承重墙。两种方式相比较，前者适用于横墙较多且间距较小、位置比较固定的建筑，房屋空间刚度大，结构整体性好。后者的横墙较少，可以满足较大空间的要求，但房屋刚度较差。对于建筑外立面来说，承重墙上开设门窗洞口比在非承重墙上限制要大。将两种方式相结合，根据需要使部分横墙和部分纵墙共同作为建筑的承重墙的布置方式，称为纵横墙承重。该方式可以满足空间组合灵活的需要，且空间刚度也较大。当建筑需要大空间时，采用内部框架承重、四周墙承重的方式，称为半框架承重，该方式中房屋的总刚度主要由框架来保证。

框架结构通过框架梁承担楼板荷载并传递给柱，再向下依次传递给基础和地基。墙不承受荷载，只起围护和分隔作用，因此对于空间的利用更加灵活，图 3-7 为框架结构示意图。

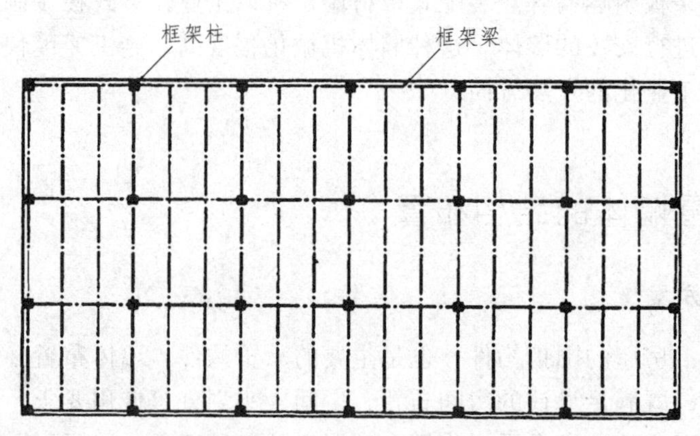

图 3-7　框架结构布置示意

墙承重体系的建筑的墙，抗压性能好，但抗弯、抗剪的性能差。现代建筑的整体高度越来越高，水平荷载对建筑的影响越来越大，所以对垂直承载分系统提出了更高的要求，应采用框架剪力墙结构、剪力墙结构、筒体结构等结构体系。

2. 剪力墙承重结构

剪力墙又称抗风墙、抗震墙或结构墙，一般用钢筋混凝土做成。由于纵、横向剪力墙在其自身平面内的刚度都很大，在水平荷载作用下，侧移较小，因此这种结构抗震及抗风性能都较强，是高层建筑中常用的结构形式，承载力要求也比较容易满足。但是为了尽可能地让结构的刚度分布均匀，空间布置就不够灵活。图 3-8 是框架剪力墙结构示意图，中间的墙体即是剪力墙。

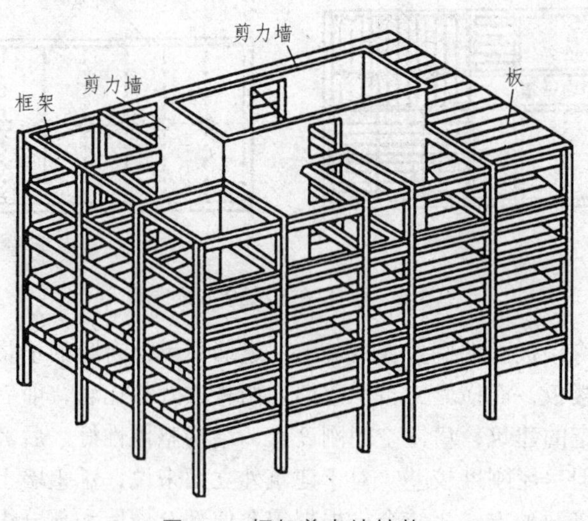

图 3-8　框架剪力墙结构

《高层建筑混凝土结构技术规程》(JGJ 3—2010)中要求，剪力墙布置应符合下列规定：

(1)平面布置宜简单、规则，宜沿两个主轴方向或其他方向双向布置，两个方向的侧向刚度不宜相差过大。抗震设计时，不应采用仅单向有墙的结构布置。

(2)宜自下到上连续布置，避免刚度突变。

(3)门窗洞口宜上下对齐、成列布置，形成明确的墙肢和连梁；宜避免造成墙肢宽度相差悬殊的洞口设置；抗震设计时，一、二、三级剪力墙的底部加强部位不宜采用上下洞口不对齐的错洞墙，全高均不宜采用洞口局部重叠的叠合错洞墙。

3.2　块材墙构造

3.2.1　墙体材料

块材墙是用砂浆等胶结材料将砖、石等块材组砌而成，如砖墙、石墙及各种砌块墙等，也可以简称为砌体(图 3-9)。一般情况下，块材墙具有一定的保温、隔热、隔声性能和承载能力，生产制造及施工操作简单，不需要大型的施工设备，但是现场湿作业较多、施工速度慢、劳动强度较大。

粉煤灰硅酸盐砌块

混凝土空心砌块

图 3-9　块材墙的材料

1. *砖*

砖的种类很多，从材料上看有黏土砖、灰砂砖、页岩砖、煤矸石砖、水泥砖以及各种工业废料砖，如炉渣砖等；从外观上看，有实心砖、空心砖和多孔砖；从其制作工艺看，有采用烧结和蒸压养护成型等方式成型的砖。目前常用的砖有烧结普通砖、蒸压粉煤灰砖、蒸压灰砂砖、烧结空心砖和烧结多孔砖。

烧结普通砖指各种烧结的实心砖，其制作的主要原材料可以是黏土、粉煤灰、煤矸石和页岩等，按功能有普通砖和装饰砖之分。黏土砖是我国传统的墙体材料，以黏土为主要材料，经成型、干燥、焙烧而成，具有较高的强度和热工、防火、抗冻性能。但由于黏土材料占用农田，国家有关部门下了建筑行业施工禁止使用普通黏土烧结砖的禁令，各大中城市已分批逐步停止使用。随着墙体材料改革的进行，在大量性民用建筑中曾经发挥重要作用的黏土砖将逐步退出历史舞台。

蒸压粉煤灰砖是以粉煤灰、石灰、石膏和细集料为原料，压制成型后经高压蒸汽养护制成的实心砖。其强度高，性能稳定，但用于基础或易受冻融及干湿交替作用的部位时对强度等级要求较高。蒸压灰砂砖以石灰和砂子为主要原料，成型后经蒸压养护而成，是一种比烧结砖质量大的承重砖，隔声能力和蓄热能力较好，有空心砖也有实心砖。蒸压粉煤灰砖和蒸压灰砂砖的实心砖都是替代实心黏土砖的产品之一，但都不得用于长期受热 200 °C 以上，有流水冲刷，受急冷、急热和有酸碱介质侵蚀的建筑部位。

烧结空心砖和烧结多孔砖都是以黏土、页岩、煤矸石等为主要原料经焙烧而成的。前者孔洞率≥35%，孔洞为水平孔；后者孔洞率为 15% ~ 30%，孔洞尺寸小而数量多。这两种砖都主要适用于非承重墙体，但不应用于地面以下或防潮层以下的砌体。

我国标准砖的规格为（长×宽×厚）240 mm×115 mm×53 mm，加上砌筑时所需的灰缝尺寸，即长：宽：厚=250：125：63=4：2：1（图 3-10），便于砌筑时互相搭接、组合。由此可计算 1 m^2 砖墙体所用砖的数量，如 24 墙所用砖的数量为 128 块。常用砖的尺寸规格见本书附录 1。

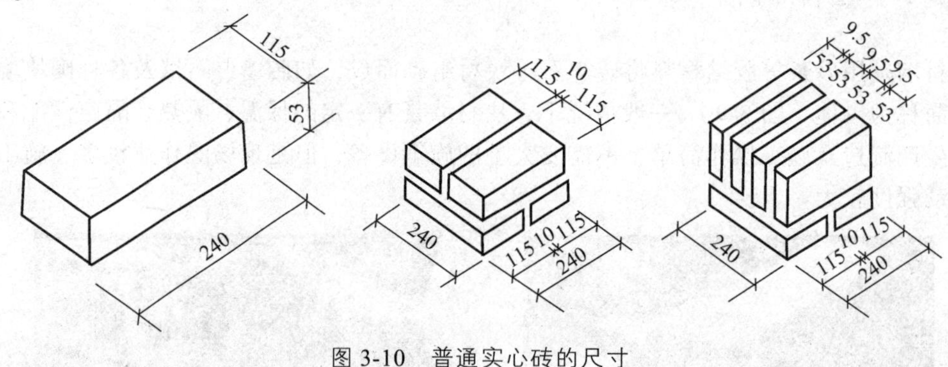

图 3-10　普通实心砖的尺寸

砖的强度等级按其抗压强度平均值分为 MU30、MU25、MU20、MU15、MU10 等（MU30 即抗压强度平均值≥30 N/mm^2）。

2. 砌　块

砌块是利用混凝土、工业废料（炉渣、粉煤灰等）或地方材料制成的人造块材，外形尺寸比砖大，具有设备简单、砌筑速度快的优点，符合了建筑工业化发展中墙体改革的要求。

砌块按尺寸和质量的大小不同分为小型砌块、中型砌块和大型砌块。砌块系列中主规格的高度大于 115 mm 而小于 380 mm 的称作小型砌块，高度为 380 ~ 980 mm 的称为中型砌块，高度大于 980 mm 的称为大型砌块。使用中以中小型砌块居多。

砌块按外观形状可以分为实心砌块和空心砌块。空心砌块有单排方孔、单排圆孔和多排扁孔三种形式（图 3-11）。其中多排扁孔对保温较有利。砌块按其在组砌中的位置与作用可以分为主砌块和各种辅助砌块。本书附录 2 即为某小型空心砌块系列组成。

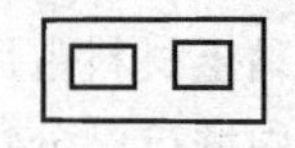

（a）单排方孔

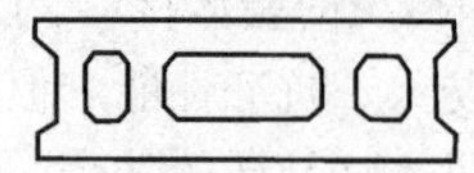

（b）单排方孔

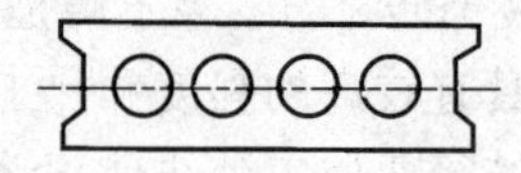

（c）单排圆孔

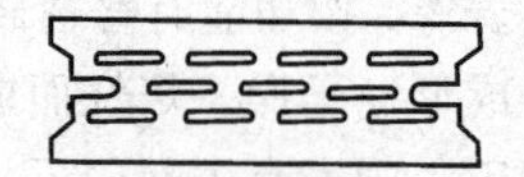

（d）多排扁孔

图 3-11　空心砌块的常见形式

根据材料的不同，常用的砌块有普通混凝土与装饰混凝土小型空心砌块、轻集料混凝土小型空心砌块、粉煤灰小型空心砌块、蒸压加气混凝土砌块和石膏砌块。吸水率较大的砌块不能用于长期浸水、经常受干湿交替或冻融循环的建筑部位。本书附录3简要列举了常用砌块的尺寸规格与特点。

3. 胶结材料

块材需经胶结材料砌筑成墙体，使它传力均匀。同时，胶结材料还起着嵌缝作用，能提高墙体的防寒、隔热和隔声能力。块材墙的胶结材料主要是砂浆。砌筑砂浆要求有一定的强度，以保证墙体的承载能力，还要求有适当的稠度和保水性（即有良好的和易性），以方便施工。

砌筑砂浆通常使用的有水泥砂浆、石灰砂浆和混合砂浆三种。比较砂浆性能的因素主要是强度、和易性、防潮性几个方面。水泥砂浆强度高、防潮性能好，主要用于受力和防潮要求高的墙体中；石灰砂浆强度和防潮性均差，但和易性好，用于强度要求低的墙体；混合砂浆由水泥、石灰、砂拌和而成，有一定的强度，和易性也好，使用比较广泛。

一些块材表面较光滑，如蒸压粉煤灰砖、蒸压灰砂砖、蒸压加气混凝土砌块等，砌筑时需要加强其与砂浆的黏结力，要求采用经过配方处理的专用砌筑砂浆，或采取提高块材和砂浆间黏结力的相应措施。

砂浆的强度等级应按下列规定采用：

（1）烧结普通砖、烧结多孔砖、蒸压灰砂普通砖和蒸压粉煤灰普通砖砌体采用的普通砂浆强度等级为M15、M10、M7.5、M5和M2.5；蒸压灰砂普通砖和蒸压粉煤灰普通砖砌体采用的专用砌筑砂浆强度等级为Ms15、Ms10、Ms7.5、Ms5.0。

（2）混凝土普通砖、混凝土多孔砖、单排孔混凝土砌块和煤矸石混凝土砌块砌体采用的砂浆强度等级为Mb20、Mb15、Mb10、Mb7.5和Mb5。

（3）双排孔或多排孔轻集料混凝土砌块砌体采用的砂浆强度等级为Mb10、Mb7.5和Mb5。

（4）毛料石、毛石砌体采用的砂浆强度等级为M7.5、M5和M2.5。

3.2.2 组砌方式

组砌是指块材在砌体中的排列。组砌的关键是错缝搭接，使上下层块材的垂直缝交错，以保证墙体的整体性。如果墙体表面或内部的垂直缝处于一条线上，即形成通缝，如图3-12所示，则在荷载作用下，通缝会使墙体的强度和稳定性显著降低。

1. 砖墙的组砌

在砖墙的组砌中，把长方向垂直于墙面砌筑的砖叫丁砖，把长度方向平行于墙面砌筑的砖叫顺砖，上下两皮砖之间的水平缝称横缝，左右两块砖之间的缝称竖缝（图3-13）。标准缝宽为10 mm，可以在8 ~ 12 mm进行调节。砖墙要求丁砖和顺砖交替砌筑、灰浆饱满、横平竖直。丁砖和顺砖可以层层交错，也可以根据需要隔一定高度或在同一层内交错，由此带来墙体的图案变化和砌体内错缝程度不同。当墙面不抹灰做清水墙面时，应考虑块材排列方式不同带来的墙面图案效果差异。

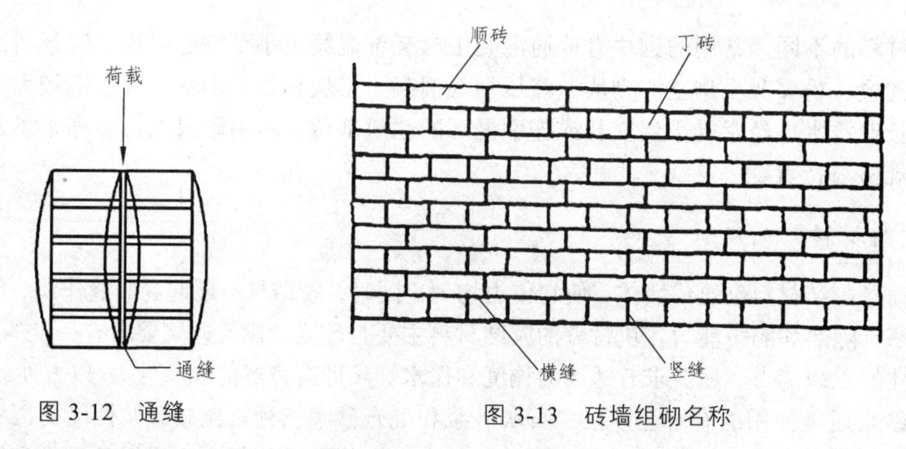

图 3-12 通缝　　图 3-13 砖墙组砌名称

砖墙的组砌方式可分为以下几种（图 3-14）：

1）全顺式

全顺式亦称走砖式，每皮均为顺砖叠砌而成。上下皮搭头互为半砖，适用于半砖墙，如图 3-14（a）所示。

2）一顺一丁式

此种筑砌方式的墙整体性好、强度较高，如图 3-14（b）所示。

3）每皮一顺一丁式

这种砌筑方式的墙整体性好，墙面美观，但施工比较复杂，如图 3-14（c）所示。

4）两平一侧式

这种砌筑方式适用于 18 墙，其有一定的承载能力，比一砖墙省砖，但砌筑速度慢，且侧砖不易密缝，如图 3-14（d）所示。

5）多顺一丁式

多顺一丁式有三顺一丁式和五顺一丁式之分，即多层错位法，如图 3-14（e）。其搭接不如一顺一丁式牢固，如用来砌筑两砖以上的厚墙时，不会影响墙身的强度，却可以提高砌筑速度。

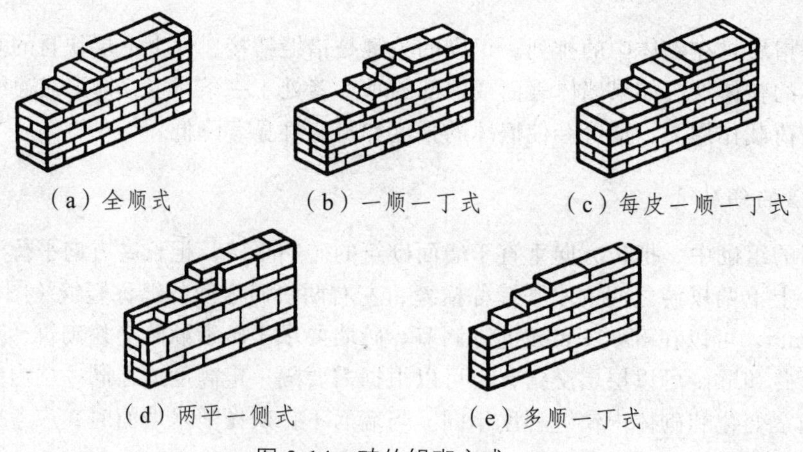

（a）全顺式　（b）一顺一丁式　（c）每皮一顺一丁式

（d）两平一侧式　（e）多顺一丁式

图 3-14 砖的组砌方式

墙厚主要由块材和灰缝的尺寸组合而成。以常用的实心砖规格(240 mm×150 mm×53 mm)为例，用砖的三个方向的尺寸作为墙厚的基数，当错缝或墙厚超过砖块尺寸时，均按灰缝 10 mm 进行砌筑。从尺寸上不难看出，砖长与砖宽加灰缝、砖厚加灰缝形成 4∶2∶1 的比例，组砌很灵活。常见砖墙厚度见表 3-2。

表 3-2　常见砖墙厚度

墙厚	断面图	名称	尺寸/mm	墙厚	断面图	名称	尺寸/mm
1/2	115	12 墙	115	3/2	240　10　115 365	37 墙	365
3/4	53　10　115 178	18 墙	178	2	115　10　240　10　115 490	49 墙	490
1	115　10　115 240	24 墙	240				

2. 砌块墙的组砌

砌块在组砌中与砖墙不同的是，由于砌块规格较多、尺寸较大，为保证错缝以及砌体的整体性，应事先做排列设计，并在砌筑过程中采取加固措施。排列设计就是把不同规格的砌块在墙体中的安放位置用平面图和立面图加以表示。砌块排列设计应满足以下要求：上下皮应错缝搭接，墙体交接处和转角处应使砌块彼此搭接；优先采用大规格砌块并使主砌块的总数量在 70%以上；为减少砌块规格，允许使用极少量的砖来镶砌填缝；采用混凝土空心砌块时，上下皮砌块应孔对孔、肋对肋以保证有足够的接触面。砌块的排列组合如所图 3-15 所示。

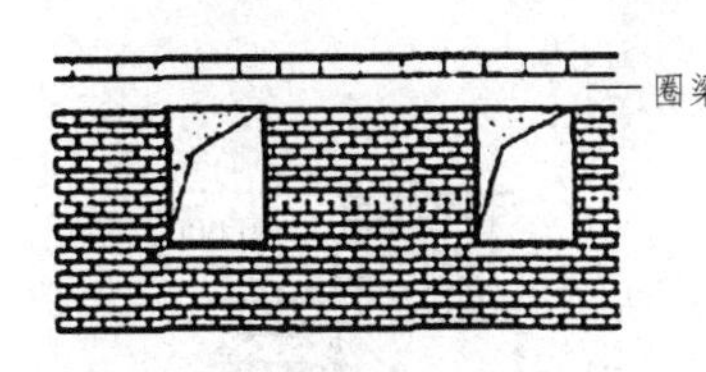

（a）小型砌块排列示例

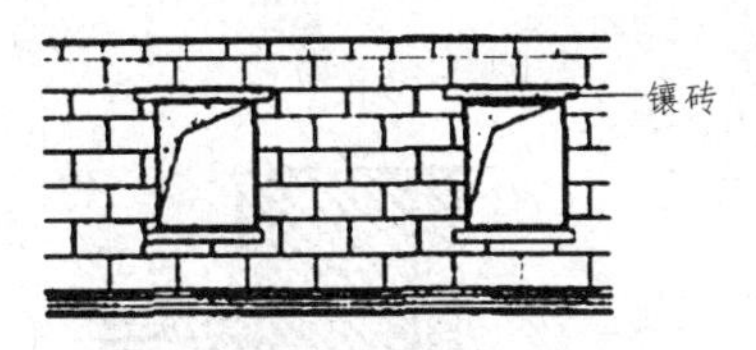

（b）中型砌块排列示例之一

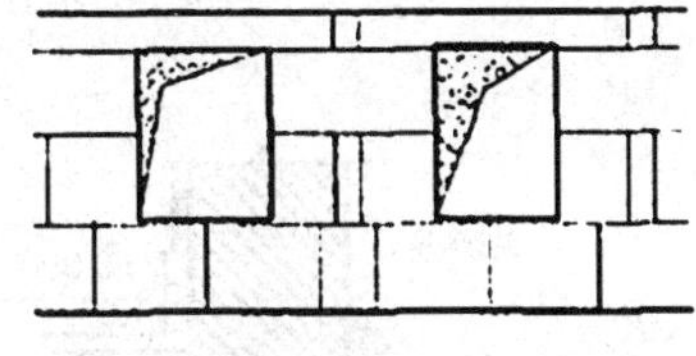
（c）中型砌块排列示例之二

图 3-15　砌块排列示意图

当砌块墙组砌时出现通缝或错缝距离不足 150 mm 时，应在水平缝通缝处加钢筋网片，使之拉结成整体，如图 3-16 所示。

由于砌块规格很多，外形尺寸往往不像砖那样规整，因此砌块组砌时，缝型比较多，有平缝、凹槽缝和高低缝。平缝制作简单，多用于水平缝。凹槽缝灌浆方便，多用于垂直缝。缝宽视砌块尺寸而定，小型砌块为 10 ~ 15 mm，中型砌块为 15 ~ 20 mm。砂浆强度等级不低于 M5。

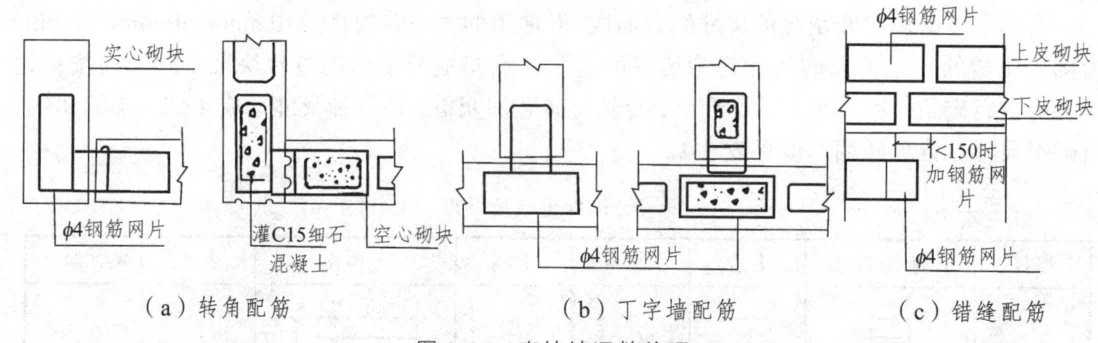

（a）转角配筋　（b）丁字墙配筋　（c）错缝配筋

图 3-16　砌块墙通缝处理

3.2.3　墙身的细部构造

1. 勒　脚

勒脚是外墙的墙脚，它和内墙脚一样，受到土壤中水分的侵蚀，应做相同的防潮层。同时，它还受地表水、机械力等的影响，所以要求勒脚更加坚固耐久和防潮。另外，勒脚的做法、高低、色彩等应结合建筑造型，选用耐久性好的材料或防水性能好的外墙饰面。勒脚一般采用以下几种构造做法（图 3-17、图 3-18）：

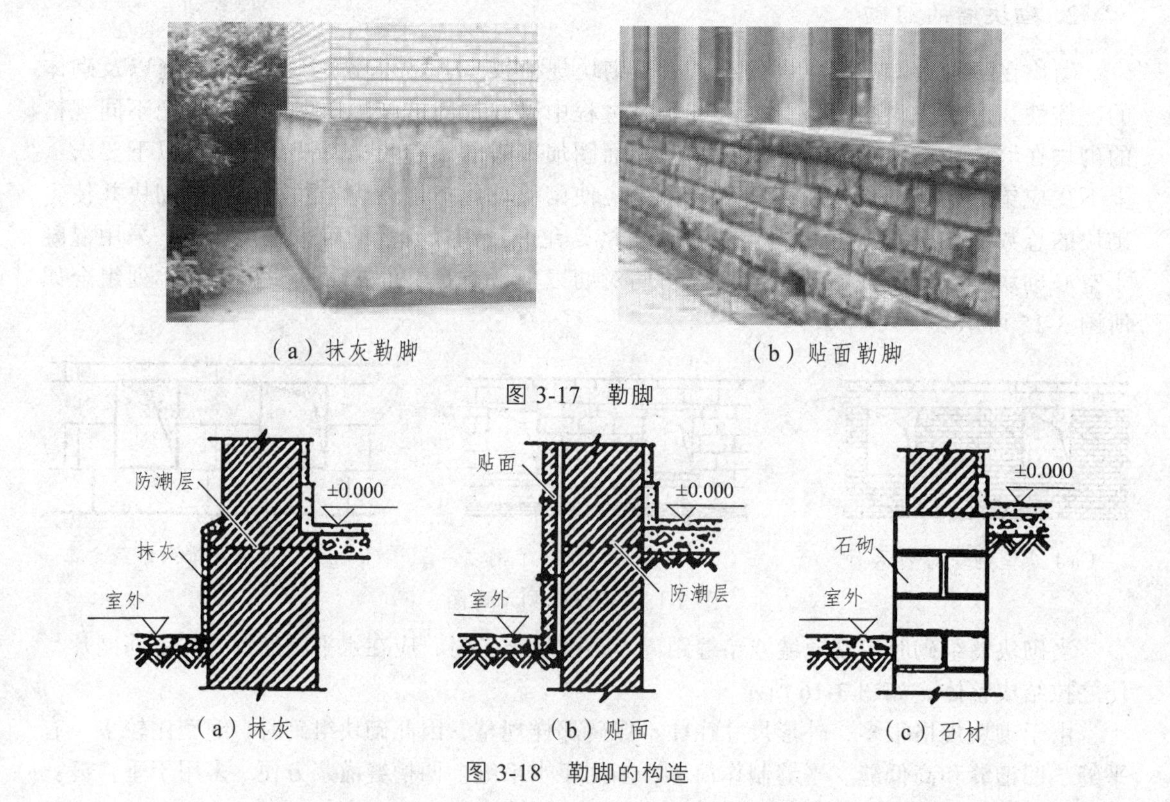

（a）抹灰勒脚　（b）贴面勒脚

图 3-17　勒脚

（a）抹灰　（b）贴面　（c）石材

图 3-18　勒脚的构造

（1）勒脚表面抹灰：可采用 8 ~ 15 mm 厚 1∶3 水泥砂浆打底，12 mm 厚 1∶2 水泥白石子浆水刷石或斩假石抹面。此法多用于一般建筑。

（2）勒脚贴面：可用天然石材或人工石材贴面，如花岗石、水磨石板等。贴面勒脚耐久性强、装饰效果好，用于标准较高的建筑。

（3）勒脚用坚固材料：采用条石、混凝土等坚固耐久的材料做勒脚。

2. **防潮层**

1）作 用

由于毛细管作用，地下土层中的水分从基础墙上升，致使墙身受潮，从而容易引起墙体冻融破坏、墙身饰面发霉、剥落等。因此，为了防止毛细水上升侵蚀墙体，需在内外墙上连续设置水平防潮层，以隔绝地下土层中的水分上升。

2）防潮层位置

水平防潮层位置（图 3-19）与室内地面垫层所采用的材料有关。

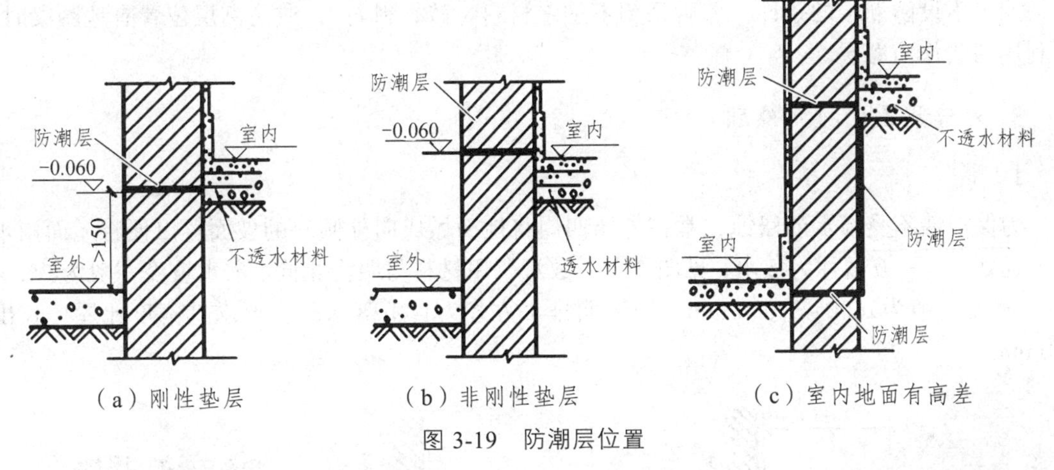

（a）刚性垫层　（b）非刚性垫层　（c）室内地面有高差

图 3-19 防潮层位置

（1）当室内地面垫层为刚性垫层（不透水材料，如混凝土）时，防潮层的位置在地面垫层厚度范围之内，为便于施工，一般在室内首层地坪以下 60 mm。

（2）当室内地面垫层为非刚性垫层（透水材料，如碎石、碎砖）时，防潮层位置应与室内首层地坪齐平或高出室内地面 60 mm。

（3）当室内地面出现高差时，应在不同标高的室内地坪处的墙体上，设置上下两道水平防潮层，在两道水平防潮层之间靠土层的墙面设置一道垂直防潮层。该措施主要是防止土层中的水分从地面高的一侧渗入墙内。

3）防潮层做法

（1）防水砂浆防潮层：在 1∶2 水泥砂浆中，掺入占水泥重量 3%～5%的防水剂，就成了防水砂浆，厚 20～25 mm；或用防水砂浆砌三皮砖形成防潮层。其优点是砂浆防潮层不破坏墙体的整体性，且省工省料；但因砂浆为刚性材料，宜断裂，所以不宜用于地基产生不均匀沉降的建筑。

（2）油毡防潮层：在防潮层位置先用 10～12 mm 厚的 1∶3 水泥砂浆找平，上铺一毡二油；油毡防潮层的防潮效果较好，但油毡夹在墙体内，削弱了墙体的整体性；不宜用于刚度要求较高以及地震地区的建筑中。

（3）细石混凝土防潮层：用 60 mm 厚的 C20 细石混凝土，内配三根ϕ6 钢筋，分布筋中距 200 mm；防潮层不易断裂，防潮效果好；多用于整体刚度要求较高的建筑。

防潮层做法见图 3-20。

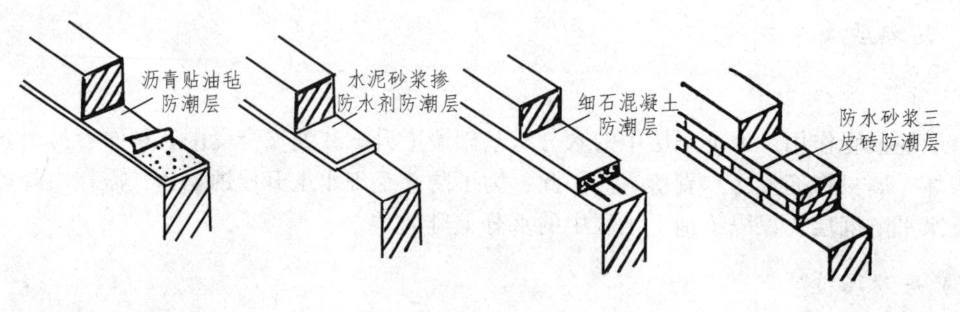

图 3-20 防潮层做法

（4）不设防潮层的条件：墙脚采用不透水材料（砖、料石），或防潮层位置有地圈梁时，可利用圈梁作防潮层。

3. 外墙周围的排水处理

1）散 水

为保护墙不受雨水的侵蚀，常在外墙四周将地面做成向外倾斜的坡面，以便将屋面雨水排至远处，这一坡面称为散水，见图 3-21。散水所用材料与明沟相同。散水坡度一般为 3%～5%，宽度一般为 600～1 000 mm。当屋面排水方式为自由落水时，要求其宽度比屋檐长出 200 mm。

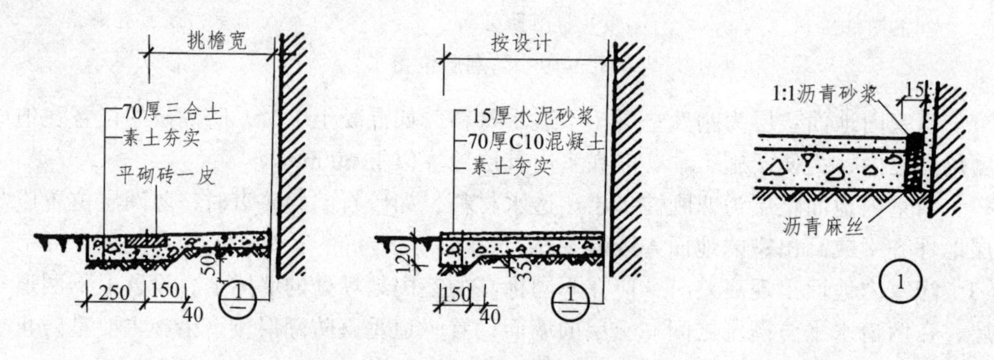

图 3-21 散水构造做法

用混凝土做散水时，为防止散水开裂，每隔 6～12 m 留一条 20 mm 的变形缝，用沥青灌实；在散水与墙体交接处设缝分开，防止外墙下沉时将散水拉裂（图 3-21），嵌缝用弹性防水材料沥青麻丝，上用油膏作封缝处理。

2）明 沟

明沟是设置在外墙四周的将屋面落水有组织地导向地下排水集井的排水沟，其主要目的在于保护外墙墙基。明沟材料一般用素混凝土现浇，外抹水泥砂浆；或用砖砌筑，水泥砂浆抹面，见图 3-22。

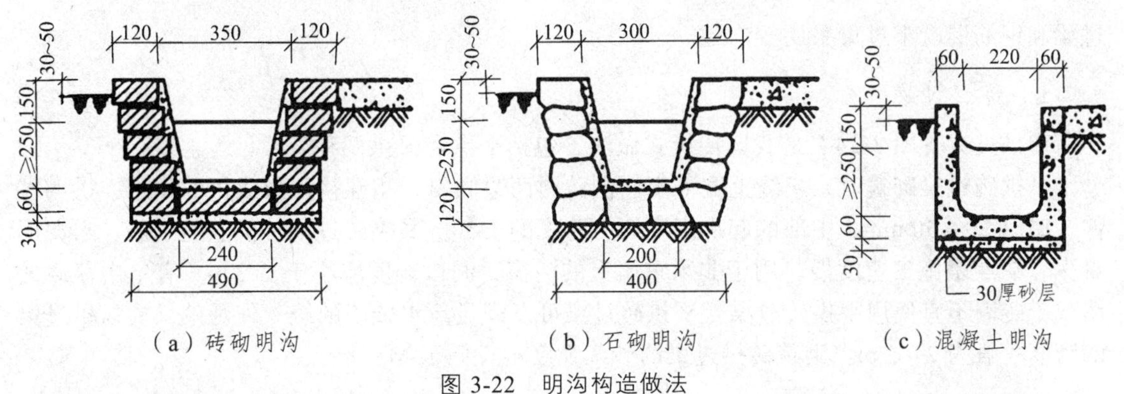

图 3-22 明沟构造做法

4. 窗 台

窗台有内、外窗台之分，外窗台主要是防止窗扇流下的雨水渗入墙内，防止外墙面受到流下雨水的污染，为便于排水一般设置为挑窗台。处于内墙或阳台等处的窗，不受雨水冲刷，可不必设挑窗台。外墙面材料为贴面砖时，墙面易被雨水冲洗干净，也可不设挑窗台。

挑窗台可以用砖砌，也可以用混凝土窗台构件。砖砌挑窗台根据设计要求可分为：60 mm 厚平砌挑砖窗台及 120 mm 厚侧砌挑砖窗台（图 3-23）。

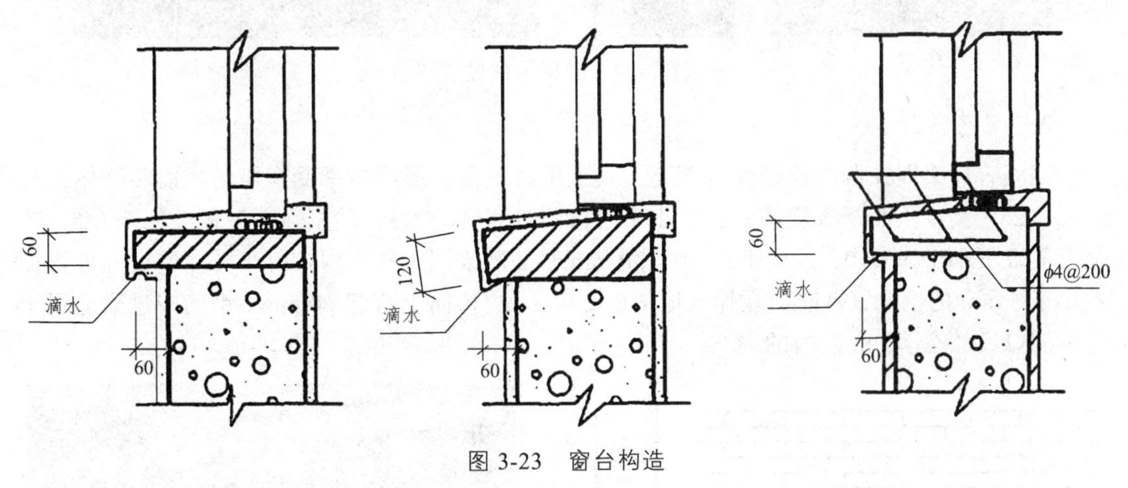

图 3-23 窗台构造

窗台的构造要点是：

（1）悬挑窗台向外出挑 60 mm，窗台长度最少每边应超过窗宽 120 mm。

（2）窗台表面应做抹灰或贴面处理。侧砌窗台可做成水泥砂浆勾缝的清水窗台。

（3）窗台表面应做一定排水坡度，并应注意抹灰与窗下槛的交接处理，防止雨水向室内渗入。

（4）挑窗台下做滴水槽或斜抹水泥砂浆，以引导雨水垂直下落而不致影响窗下墙面。

5. 门窗过梁

墙体上开设门窗洞口时，为了支撑洞口上部砌体所传来的各种荷载，并将这些荷载传给窗间墙，常在门窗洞口中设置横梁，该梁称为过梁。

混凝土过梁的形式较多，可直接用砖砌筑，也可用钢筋混凝土、木材和型钢制作。砖砌过梁和钢筋混凝土过梁采用较广泛。

1）砖拱过梁

砖拱过梁（图 3-24）是我国传统式做法，包括平拱和弧拱两种。

平拱砖过梁砌筑时，灰缝上宽下窄使侧砖向两边倾斜，相互挤压形成拱的作用，拱两端伸入墙内 20 ~ 30 mm，中部的起拱高度约为跨度的 1/50。平拱砖过梁的优点是钢筋、水泥用量少，缺点是施工速度慢，用于非承重墙上的门窗，洞口宽度应小于 1.2 m。有集中荷载的墙或半砖墙不宜使用平拱砖过梁。平拱砖过梁可以满足清水砖墙的统一外观效果。弧拱过梁的跨度一般为 2 ~ 3 m。砌筑砖拱过梁的砂浆强度不宜低于 M5。

图 3-24　砖砌平拱过梁

2）钢筋砖过梁

钢筋砖过梁即在洞口顶部配置钢筋，其上用砖平砌，形成能承受弯矩的加筋砖砌体，参见图 3-25。高度不小于 5 皮砖，且不小于门窗洞口宽度的 1/3，砂浆强度等级不低于 M5，砖强度等级不小于 MU10，过梁下铺 20 ~ 30 mm 厚的砂浆层，砂浆内按每半砖墙厚设一根直径不小于 5 mm 的钢筋，钢筋两端伸入墙内各 240 mm，再向上弯起 60 mm。钢筋砖过梁适用于门窗洞口尺寸在 1.5 m 以内的墙。

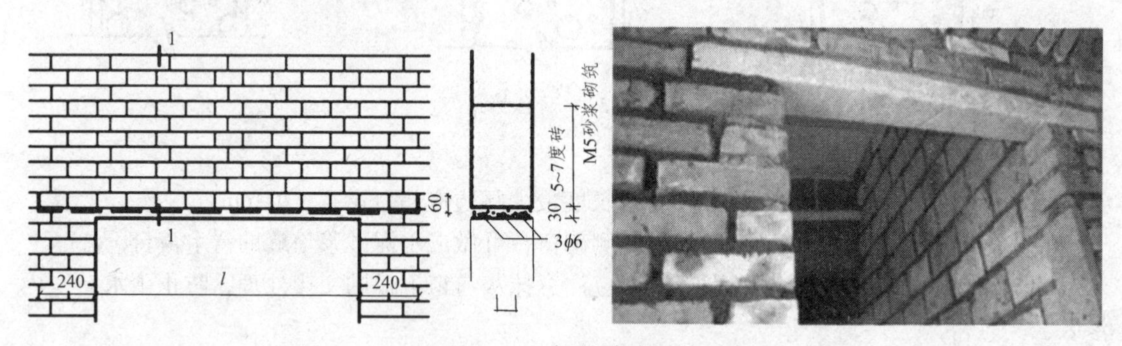

图 3-25　钢筋砖过梁

3）钢筋混凝土过梁

钢筋混凝土过梁承载能力强，可用于较宽的门窗洞口，对房屋不均匀下沉或振动有一定的适应性。预制装配式过梁施工速度快，是最常用的一种。图 3-26 为钢筋混凝土过梁的几种形式。

矩形截面过梁施工制作方便，是常用的形式[图 3-26（a）]。过梁截面宽度一般同墙厚，高度按结构计算确定，但应配合块材的规格，过梁两端伸进墙内的支承长度不小于 240 mm。在立面中往往有不同形式的窗，过梁的形式应相应配合处理。如有窗套的窗，过梁截面则为 L 形，挑出 60 mm[图 3-26（b）]；又如窗带窗楣，过梁可按设计要求出挑，一般可挑 300～500 mm[图 3-26（c）]。

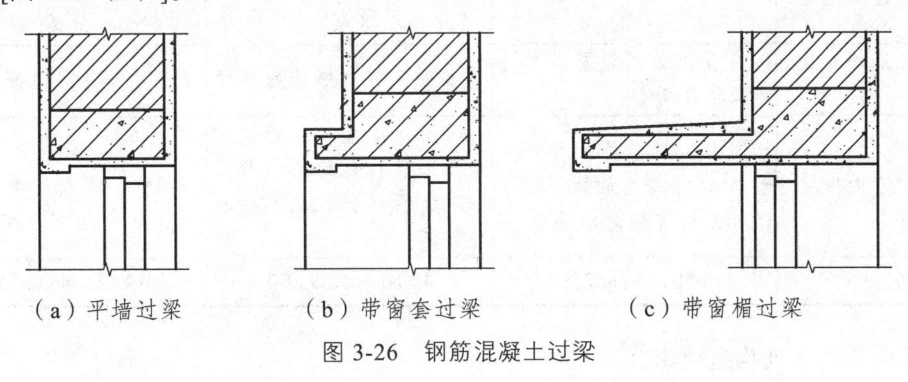

图 3-26　钢筋混凝土过梁

3.2.4　墙的加固

当墙身由于承受集中荷载、开洞及地震因素，墙身稳定性不满足要求时，需要对墙身进行加固。

1. 加壁柱和门垛

当墙体的窗间墙上出现集中荷载，而墙厚又不足以承受时或墙体的长度和高度超过一定限度并影响墙体稳定性时，常在墙身局部适当位置增设凸出墙面的壁柱以提高墙体刚度。壁柱的尺度有 120 mm×370 mm、240 mm×370 mm、240 mm×490 mm 等。

当墙上开设门洞且门洞开在两墙转角处或丁字墙交接处时，为了便于门框的安置和保证墙体的稳定性，在门靠墙的转角部位或丁字交接的一边设置门垛。

2. 加圈梁

圈梁的作用是增加房屋的整体刚度和稳定性，减轻地基不均匀沉降对房屋的破坏，抵抗地震力的影响，见图 3-27。圈梁设在房屋四周外墙及部分内墙中，处于同一水平高度，其上表面与楼板面平，像箍一样把墙箍住。

图 3-27　圈梁

根据《砌体结构设计规范》(GB 50003—2011)，圈梁设置要求如表 3-3。

表 3-3 多层砖砌体房屋圈梁设置要求

圈梁设置及配筋		设计烈度		
		7 度	8 度	9 度
圈梁设置	沿外墙及内纵墙	屋盖处必须设置，楼层处隔层设置	屋盖处及每层楼盖处设置	屋盖处及每层楼盖处设置
	沿内横墙	同上，屋盖处间距不大于 7 m，楼盖处间距不大于 15 m，构造柱对应部位	同上，屋盖处沿所有横墙且间距不大于 7 m，楼盖处间距不大于 7 m，构造柱对应部位	同上，各层所有横墙
配筋		4Φ8，Φ6@250	4Φ10，Φ6@200	4Φ12，Φ6@150

圈梁应符合下列构造要求：

(1) 圈梁宜连续地设在同一水平面上，并形成封闭状；当圈梁被门窗洞口截断时，应在洞口上部增设相同截面的附加圈梁。附加圈梁与圈梁的搭接长度不应小于其中到中垂直间距的 2 倍，且不得小于 1 m(图 3-28)。

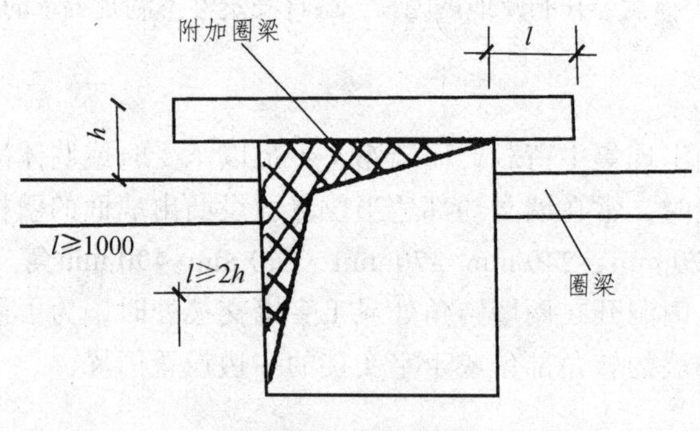

图 3-28 附加圈梁

(2) 纵、横墙交接处的圈梁应可靠连接。刚弹性和弹性方案房屋，圈梁应与屋架、大梁等构件可靠连接。

(3) 混凝土圈梁的宽度宜与墙厚相同，当墙厚不小于 240 mm 时，其宽度不宜小于墙厚的 2/3。圈梁高度不应小于 120 mm。其纵向钢筋数量不应少于 4 根，直径不应小于 10 mm，绑扎接头的搭接长度按受拉钢筋考虑，箍筋间距不应大于 300 mm。

(4) 圈梁兼作过梁时，过梁部分的钢筋应按计算面积另行增配。

圈梁有钢筋砖圈梁和钢筋混凝土圈梁两种。钢筋混凝土圈梁整体刚度好，应用广泛，分整体式和装配整体式两种施工方法。圈梁截面宽度同墙厚；其高度与块材尺寸相对应，如砖墙中一般为 180 mm、240 mm。钢筋砖圈梁用 M5 砂浆砌筑，高度不小于 5 皮砖，在圈梁中设置 4Φ6 的通长钢筋，分上下两层布置。钢筋混凝土圈梁截面的宽度一般与墙同厚，但在寒冷地区，由于钢筋混凝土导热系数较大，要避免“热桥现象”，局部应做保温处理。

圈梁的高度一般不小于 120 mm，常见的为 180 mm、240 mm、300 mm。当遇到门窗洞口使圈梁不能闭合时，应在洞口上部设置一道不小于圈梁截面的附加圈梁。附加圈梁与圈梁的搭接长度应不小于2倍圈梁高度，亦不小于1 000 mm。

3. 设构造柱

抗震设防地区，为了增加建筑物的整体刚度和稳定性，使用块材墙承重的房屋墙体，还需设置钢筋混凝土构造柱，使之与各层圈梁连接，形成空间骨架，加强墙体抗弯、抗剪能力，使墙体在破坏过程中具有一定的延伸性，减缓墙体的酥碎。构造柱是防止房屋倒塌的一种有效措施（图3-29）。

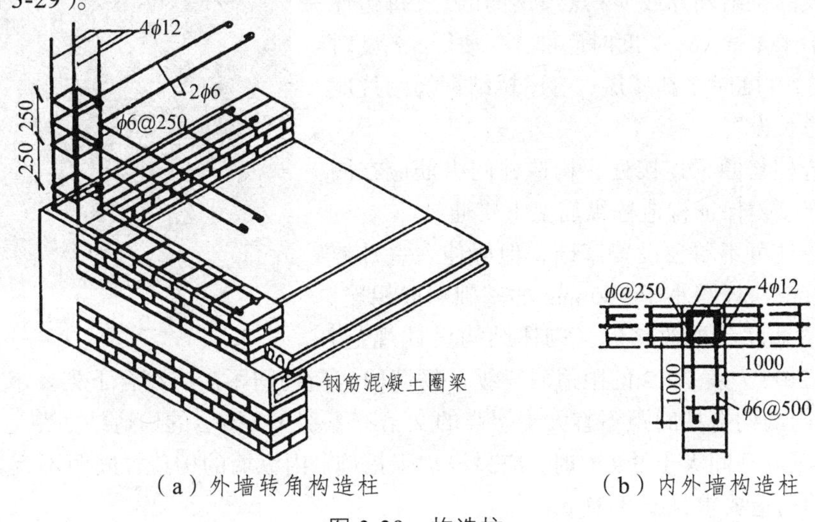

（a）外墙转角构造柱　　（b）内外墙构造柱

图3-29　构造柱

多层砖房构造柱的设置部位是：外墙四角、错层部位横墙与外纵墙交接处、较大洞口两侧、大房间内外墙交接处。除此之外，根据房屋的层数和抗震设防烈度不同，构造柱的设置要求如表3-4。

表3-4　多层砖砌体房屋构造柱设置要求

<table>
<tr><th colspan="4">房屋层数</th><th colspan="2" rowspan="2">设置部位</th></tr>
<tr><th>6度</th><th>7度</th><th>8度</th><th>9度</th></tr>
<tr><td>四、五</td><td>三、四</td><td>二、三</td><td></td><td rowspan="3">楼、电梯四角，楼梯斜梯段上下端对应的墙体处；
外墙四角和对应转角；
错层部位横墙与纵墙交接处；
大房间内外墙交接处；
较大洞口两侧</td><td>隔12 m或单元横墙与外纵墙交接处；
楼梯间对应的另一侧内横墙与外纵墙交接处</td></tr>
<tr><td>六</td><td>五</td><td>四</td><td>二</td><td>隔开间横墙（轴线）与外墙交接处；
山墙与内纵墙交接处</td></tr>
<tr><td>七</td><td>≥六</td><td>≥五</td><td>≥三</td><td>内墙（轴线）与外墙交接处；
内墙局部较小墙垛处；
内纵墙与横墙（轴线）交接处</td></tr>
</table>

注：1. 较大洞口，内墙指不小于2.1 m的洞口；外墙在内外墙交接处已设置构造柱时允许适当放宽，但洞侧墙体应加强；

2. 当按《砌体结构设计规范》（GB 50003—2011）第10.2.3条第2～5款规定确定的层数超出本表范围，构造柱设置要求不应低于表中相应烈度的最高要求且宜适当提高。

多层砖砌体房屋的构造柱应符合下列构造要求：

（1）构造柱最小截面可采用 180 mm×240 mm（墙厚 190 mm 时为 180 mm×190 mm），纵向钢筋宜采用 4Φ12，箍筋间距不宜大于 250 mm，且在柱上下端应适当加密；6、7 度时超过六层、8 度时超过五层和 9 度时，构造柱纵向钢筋宜采用 4Φ14，箍筋间距不应大于 200 mm；房屋四角的构造柱应适当加大截面及配筋。

（2）构造柱与墙连接处应砌成马牙槎（图 3-30），沿墙高每隔 500 mm 设 2Φ6 水平钢筋和 Φ4 分布短筋平面内点焊组成的拉结网片或 Φ4 点焊钢筋网片，每边伸入墙内不宜小于 1 m。6、7 度时底部 1/3 楼层，8 度时底部 1/2 楼层，9 度时全部楼层，上述拉结钢筋网片应沿墙体水平通长设置。

图 3-30 马牙槎

（3）构造柱与圈梁连接处，构造柱的纵筋应在圈梁纵筋内侧穿过，保证构造柱纵筋上下贯通。

（4）构造柱可不单独设置基础，但应伸入室外地面下 500 mm，或与埋深小于 500 mm 的基础圈梁相连。

（5）房屋高度和层数接近《砌体结构设计规范》（GB 50003—2011）表 7.1.2 的限值时，纵、横墙内构造柱间距尚应符合下列要求：

① 横墙内的构造柱间距不宜大于层高的 2 倍；下部 1/3 楼层的构造柱间距适当减小；

② 当外纵墙开间大于 3.9 m 时，应另设加强措施。内纵墙的构造柱间距不宜大于 4.2 m。

构造柱的构造要求见图 3-31。

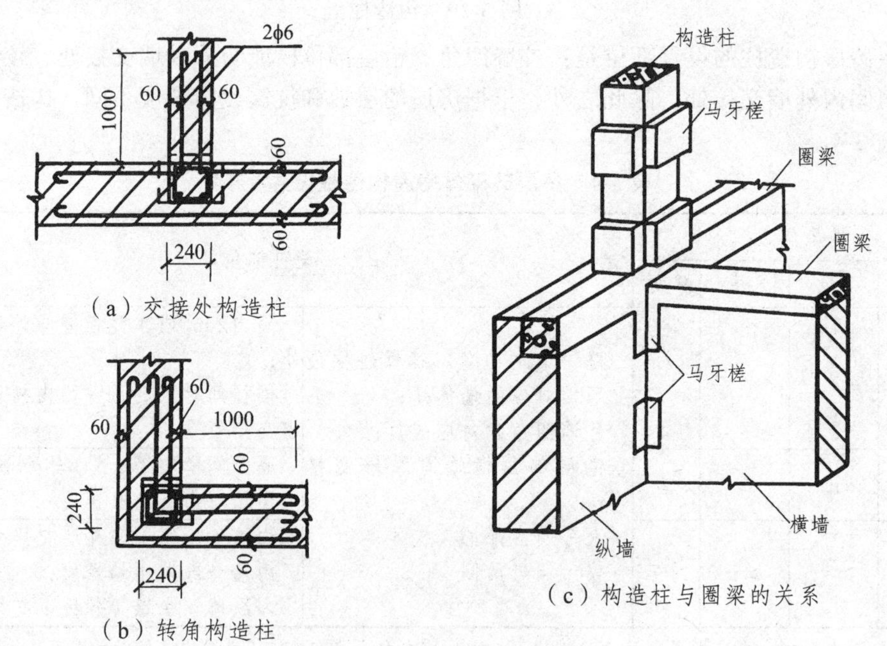

图 3-31 构造柱的构造

3.2.5 墙体图的读图方法及步骤

某墙墙身剖面详图见图 3-32。

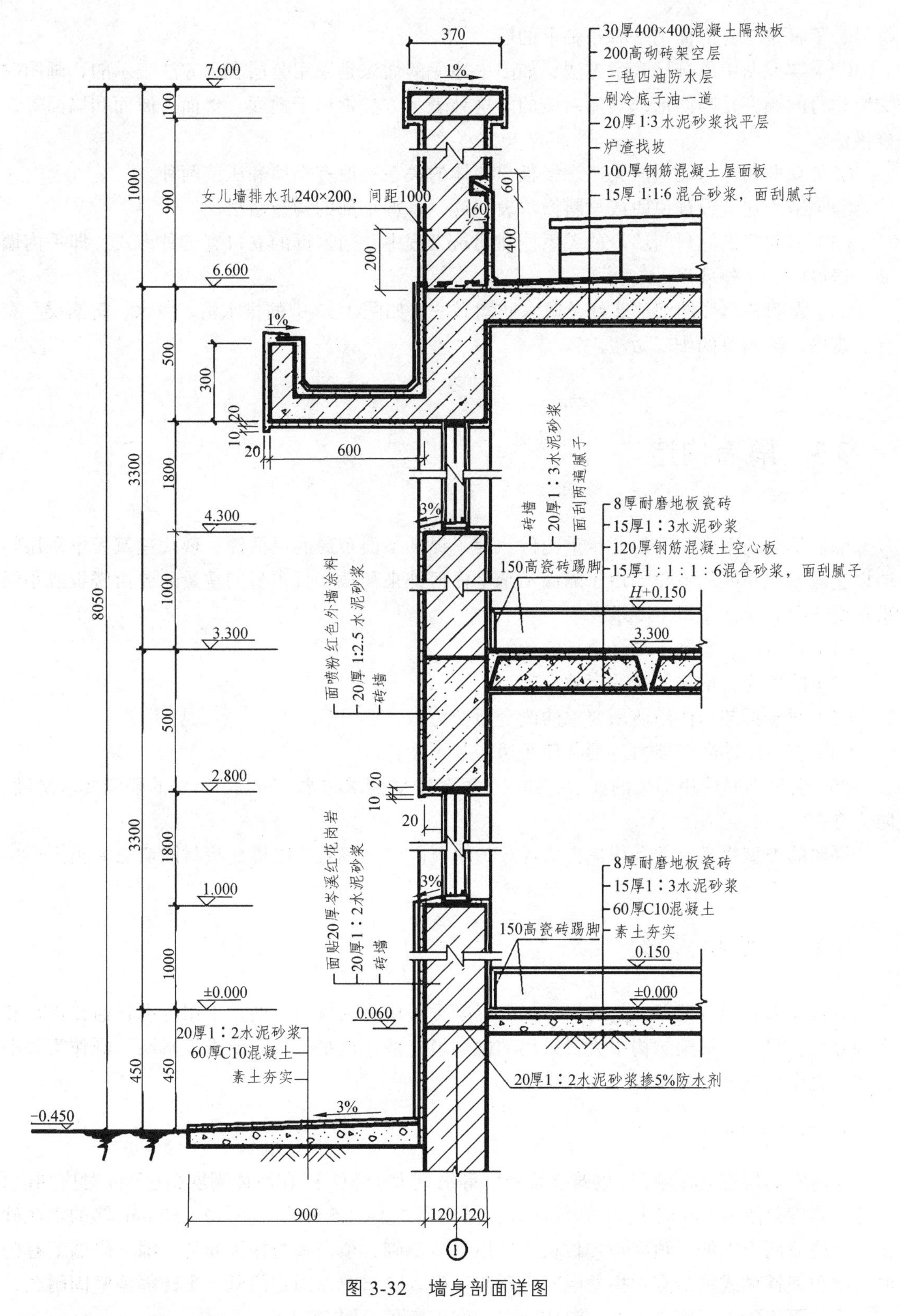

图 3-32 墙身剖面详图

（1）掌握墙身剖面图所表示的范围。读图（图 3-32）时应结合首层平面图所标注的索引符号，了解该墙身剖面图是哪条轴上的墙。

（2）掌握图中的分层表示方法，如图中地面的做法是采用分层表示方法表示的，画图时文字注写的顺序是与图形的顺序对应的。这种表示方法常用于地面、楼面、屋面和墙面等装修做法。

（3）掌握构件与墙体的关系。楼板与墙体的关系一般有靠墙和压墙两种。

（4）结合建筑设计说明或材料做法表阅读，掌握细部的构造做法。

（5）表明门窗立口与墙身的关系。在建筑工程中，门窗框的立口有三种方式，即平内墙面、居墙中、平外墙面。

（6）表明各部位的细部装修及防水防潮做法，如图 3-32 中的排水沟、散水、防潮层、窗台、窗檐、天沟等的细部做法。

3.3 隔墙构造

隔墙是分隔室内空间的非承重构件。为了提高平面布局的灵活性，现代建筑大量采用隔墙以适应建筑功能的变化。由于隔墙不承受任何外来荷载，且本身的重量还要由楼板或小梁来承受，因此应注意以下要求：

（1）自重轻，有利于减轻楼板的荷载。

（2）厚度薄，增加建筑的有效空间。

（3）便于拆卸，能随使用要求的改变而变化。

（4）有一定的隔声能力，使各使用房间互不干扰。

（5）满足不同使用部位的要求，如卫生间的隔墙要求防水、防潮，厨房的隔墙要求防潮、防火等。

隔墙的类型很多，按其构成方式可分为块材隔墙、轻骨架隔墙、板材隔墙三大类。

3.3.1 块材隔墙

块材隔墙是用普通砖、空心砖、加气混凝土等块材砌筑而成的，常用的有普通砖隔墙和砌块隔墙。目前，框架结构中大量采用的框架填充墙，也是一种非承重块材墙，既作为外围护墙，也作为内隔墙使用。

1. 半砖隔墙

半砖隔墙用普通砖顺砌，砌筑砂浆强度等级宜大于 M2.5。在墙体高度超过 5m 时应加固，一般沿高度每隔 0.5 m 砌入 Φ6 钢筋两根，或每隔 1.2 ~ 1.5 m 设一道 30 ~ 50 mm 厚的水泥砂浆层，内放两根钢筋。顶部与楼板相接处用立砖斜砌，填塞墙与楼板间的空隙。隔墙上有门时，要预埋铁件或将带有木楔的混凝土预制块砌入隔墙中以固定门框。半砖隔墙坚固耐久，有一定的隔声能力，但自重大，湿作业多，施工麻烦（图 3-33）。

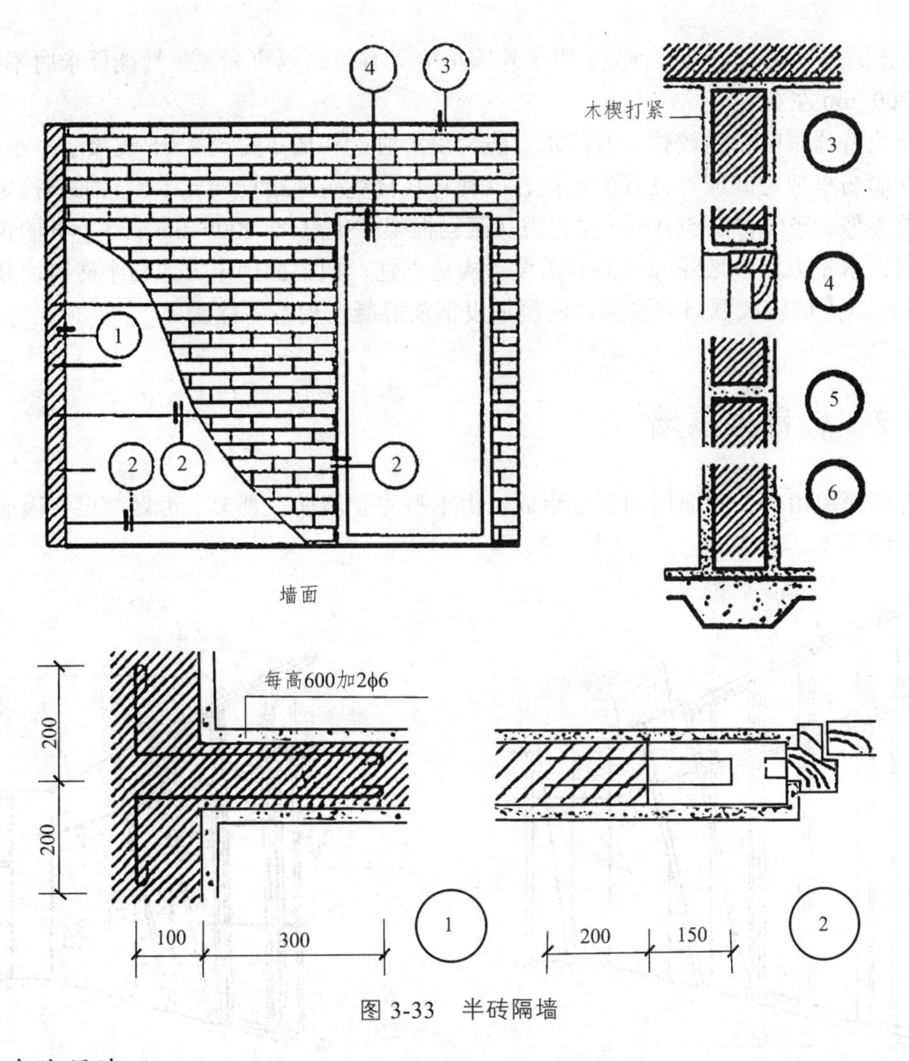

图 3-33　半砖隔墙

2. 砌块隔墙

为了减少重量，隔墙可采用质轻块大的各种砌块砌筑，目前最常用的是加气混凝土砌块、粉煤灰硅酸盐砌块、水泥炉渣空心砖等砌筑的隔墙。隔墙厚度由砌块尺寸而定，一般为 90 ~ 120 mm。砌块大多具有质轻、孔隙率大、隔热性能好等优点，但吸水性强。因此，有防水、防潮要求时应在墙下先砌 3 ~ 5 皮吸水率小的砖。

砌块隔墙厚度较薄，也需采取加强稳定性措施，其方法与砖隔墙类似。

3. 框架填充墙

框架体系的围护和分隔墙体均为非承重墙。填充墙是用砖或轻质混凝土块材砌筑在结构框架梁柱之间的墙体，既可用于外墙，也可用于内墙，施工顺序为框架完工后填充墙体。

填充墙的自重传递给框架支承。框架承重体系按传力系统的构成，可分为梁、板、柱体系和板、柱体系。梁、板、柱体系中，柱子成序列有规则地排列，由纵横两个方向的梁将它们连接成整体并支承上部板的荷载。板、柱体系又称为无梁楼盖，板的荷载直接传递给柱。框架填充墙是支承在梁上或板、柱体系的楼板上的，为了减轻自重，通常采用空心砖或轻质砌块。墙体的厚度视块材尺寸而定，用于外围护墙等有较高隔声和热工性能要求时不宜过薄，一般在 200 mm 左右。

轻质块材通常吸水性较强，有防水、防潮要求时应在墙下先砌 3 ~ 5 皮吸水率小的砖。

填充墙与框架之间应有良好的连接，以利将其自重传递给框架支承。其加固稳定措施与半砖隔墙类似，竖向每隔 500 mm 左右需从两侧框架柱中甩出 1 000 mm 长、2Φ6 的钢筋伸入砌体锚固，水平方向一般隔 2 ~ 3 m 需设置构造立柱。门框的固定方式与半砖隔墙相同，但超过 3.3 m 以上的较大洞口需在洞口两侧加设钢筋混凝土构造立柱。

3.3.2 轻骨架隔墙

轻骨架隔墙由骨架和面层两部分组成，由于是先立墙筋（骨架）再做面层，因而又称为立筋式隔墙（图 3-34）。

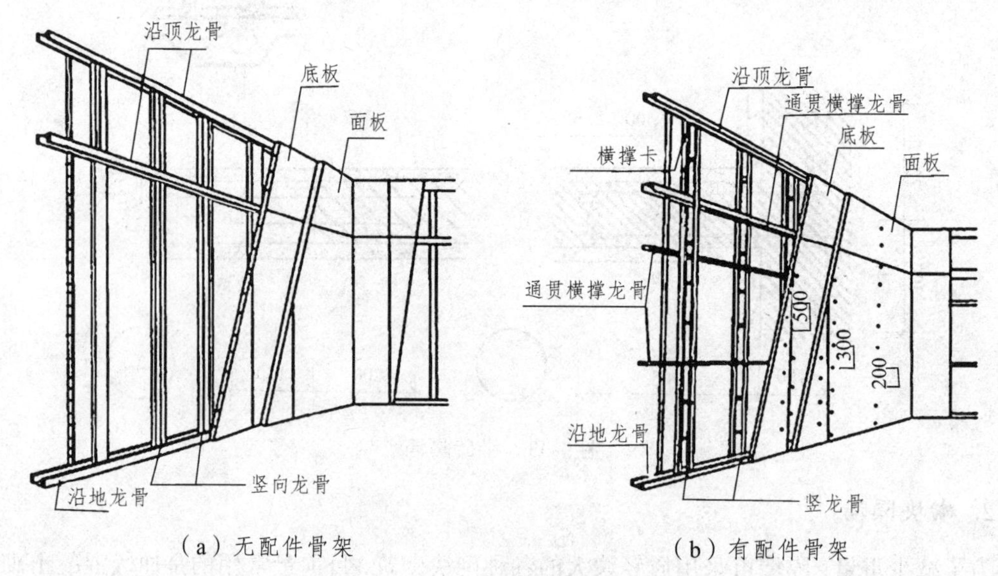

图 3-34 隔墙安装示意

1. 骨 架

常用的骨架有木骨架和型钢骨架。近年来，为节约木材和钢材，市面上出现了不少采用工业废料和地方材料及轻金属制成的骨架，如石棉水泥骨架、浇注石膏骨架、水泥刨花骨架、轻钢和铝合金骨架等。

木骨架由上槛、下槛、墙筋、斜撑及横档组成，上、下槛及墙筋断面尺寸为（45 ~ 50 mm）×（70 ~ 100 mm），斜撑与横档断面相同或略小些，墙筋间距常用 400 mm，横档间距可与墙筋相同，也可适当放大。

轻钢骨架是由各种形式的薄壁型钢制成的，其主要优点是强度高、刚度大、自重轻、整体性好、易于加工和可大批量生产，还可根据需要拆卸和组装。常用的薄壁型钢有 0.8 ~ 1 mm 厚槽钢和工字钢。

图 3-35 为一种薄壁轻钢骨架的轻隔墙。其安装过程是先用螺钉将上槛、下槛（也称导向

骨架）固定在楼板上，上下槛固定后安装钢龙骨（墙筋），间距为 400 ~ 600 mm，龙骨上留有走线孔。

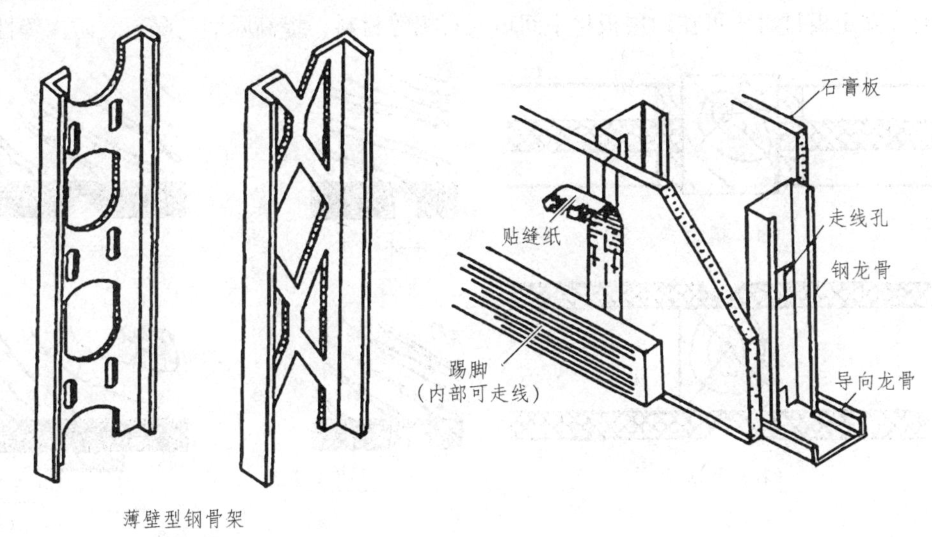

图 3-35　薄壁轻钢骨架

2. 面　层

轻骨架隔墙的面层一般为人造板材面层，常用的有木质板材、石膏板、硅酸钙板、水泥平板等几类。

木质板材有胶合板和纤维板，多用于木骨架。胶合板是用阔叶树或松木经旋切、胶合等多种工序制成的，常用的是 1 830 mm×915 mm×4 mm（三合板）和 2 135 mm×915 mm×7 mm（五合板）。硬质纤维板是用碎木加工而成的，常用的规格是 1 830 mm×1 220 mm×3 mm（4.5 mm）和 2 135 mm×915 mm×4 mm（5 mm）。

石膏板有纸面石膏板和纤维石膏板，纸面石膏板是以建筑石膏为主要原料，加其他辅料构成芯材，外表面粘贴有护面纸的建筑板材，根据辅料构成和护面纸性能的不同，使其满足不同的耐水和防火要求。纸面石膏板不应用于高于 45 °C 的持续高温环境。纤维石膏板是以熟石膏为主要原料，以纸纤维或木纤维为增强材料制成的板材，具备防火、防潮、抗冲击等优点。

硅酸钙板全称为纤维增强硅酸钙板，是以钙质材料、硅质材料和纤维材料为主要原料，经制浆、成坯与蒸压养护等工序制成的板材，具有轻质、高强、防火、防潮、防蛀、防霉、可加工性好等优点。

水泥平板包括纤维增强水泥加压平板（高密度板）、非石棉纤维增强水泥中密度与低密度板（埃特板），是由水泥、纤维材料和其他辅料制成的，具有较好的防火及隔声性能。含石棉的水泥加压板材收缩系数较大，对饰面层限制较大，不宜粘贴瓷砖，且不应用于食品加工、医药等建筑内隔墙。埃特板的低密度板适用于抗冲击强度不高、防火性能高的内隔墙。其防潮及耐高温性能亦优于石膏板。中密度板适用于潮湿环境或易受冲击的内隔墙。表面进行压纹设计的瓷力埃特板，大大提高了对瓷砖胶的黏结力，是长期潮湿环境下板材以瓷砖作饰面时的极好选择。

隔墙的名称以面层材料而定，如轻钢龙骨纸面石膏板隔墙。

人造板与骨架的关系有两种：一种是在骨架的两面或一面，用压条压缝或不用压条压缝即贴面式；另一种是将板材置于骨架中间，四周用压条压住，称为镶板式，如图 3-36 所示。在骨架两侧贴面式固定板材时，可在两层板材中间填入石棉等材料，提高隔墙的隔声、防火等性能。

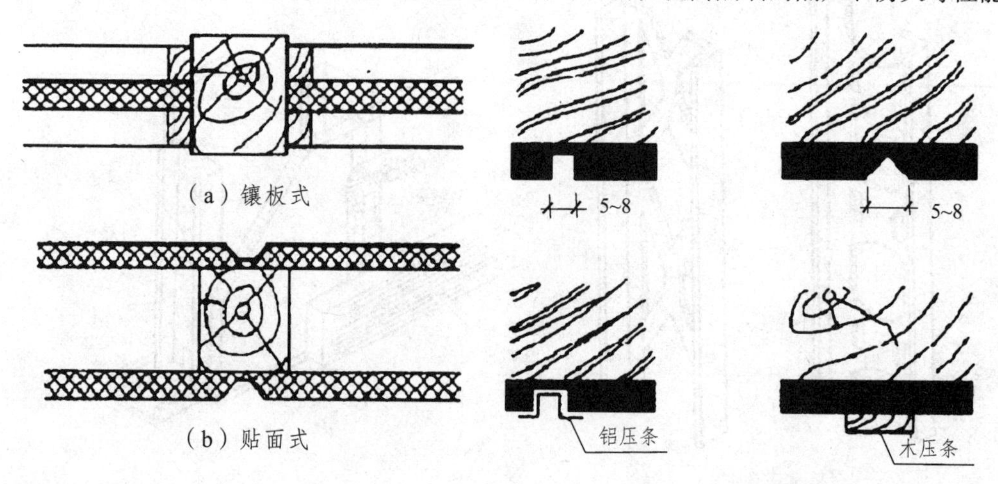

图 3-36 人造面板与骨架连接形式

人造板在骨架上的固定方法有钉、粘、卡三种。采用轻钢骨架时，往往用骨架上的舌片或特制的夹具将面板卡到轻钢骨架上。这种做法简便、迅速，有利于隔墙的组装和拆卸。

除木质木板材外，其他板材多采用轻钢骨架。图 3-37 为轻钢龙骨石膏板隔墙的构造示例。

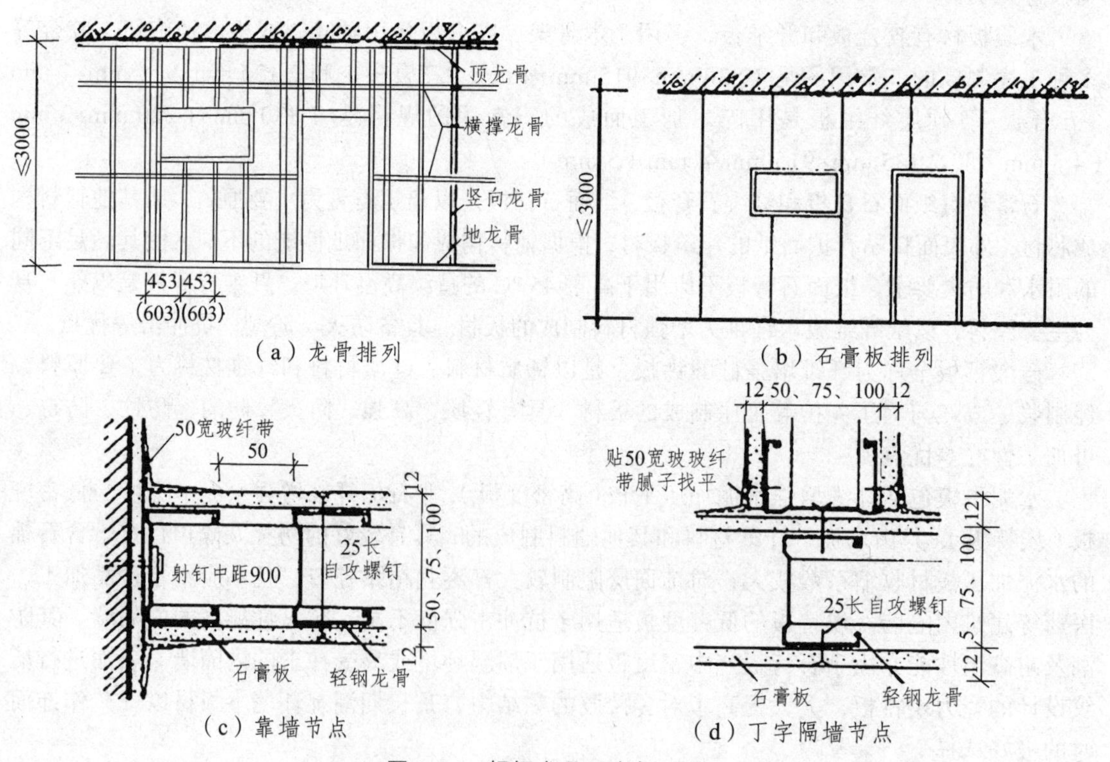

图 3-37 轻钢龙骨石膏板隔墙

3.3.3　板材隔墙

板材隔墙是指单板高度相当于房间净高，面积较大，且不依赖骨架，直接装配而成的隔墙。目前，板材隔墙的板材采用的大多为条板，如各种轻质条板、蒸压加气混凝土板和各种复合板材等。

1. 轻质条板隔墙

常用的轻质条板有玻纤增强水泥条板、钢丝增强水泥条板、增强石膏空心条板、轻骨料混凝土条板。条板的长度通常为 2 200 ~ 4 000 mm，常用的为 2 400 ~ 3 000 mm。宽度常用 600 mm，一般按 100 mm 递增，厚度最小为 60 mm，一般按递 10 mm 递增，常用 60 mm、90 mm、120 mm。其中空心条板孔洞的最小外壁厚度不宜小于 15 mm，且两边壁厚应一致，孔间肋厚不宜小于 20 mm。

增强石膏空心条板不应用于长期处于潮湿环境或接触水的房间，如卫生间、厨房等。轻骨料混凝土条板用在卫生间或厨房时，墙面须作防水处理。

条板墙体厚度应满足建筑防火、隔声、隔热等功能要求。单层条板墙体用作分户墙时其厚度不宜小于 120 mm；用作户内分隔墙时，其厚度不小于 90 mm。由条板组成的双层条板墙体用于分户墙或隔声要求较高的隔墙时，单块条板的厚度不宜小于 60 mm。

轻质条板墙体的限制高度为：60 mm 厚度时为 3.0 m；90 mm 厚度时为 4.0 m；120 mm 厚度时为 5.0 m。

条板在安装时，与结构连接的上端用胶黏剂黏结，下端用细石混凝土填实或用一对对口木楔将板底楔紧。在抗震设防烈度为 6 ~ 8 度的地区，条板上端应加 L 形或 U 形钢板卡与结构预埋件焊接固定，或用弹性胶连接填实。对隔声要求较高的墙体，在条板之间以及条板与梁、板、墙、柱相结合的部位应设置泡沫密封胶、橡胶垫等材料的密封隔声层。确定条板长度时，应考虑留出技术处理空间，一般为 20 mm，当有防水、防潮要求在墙体下部设垫层时，可按实际需要增加。图 3-38 为增强石膏空心条板的安装节点示例。

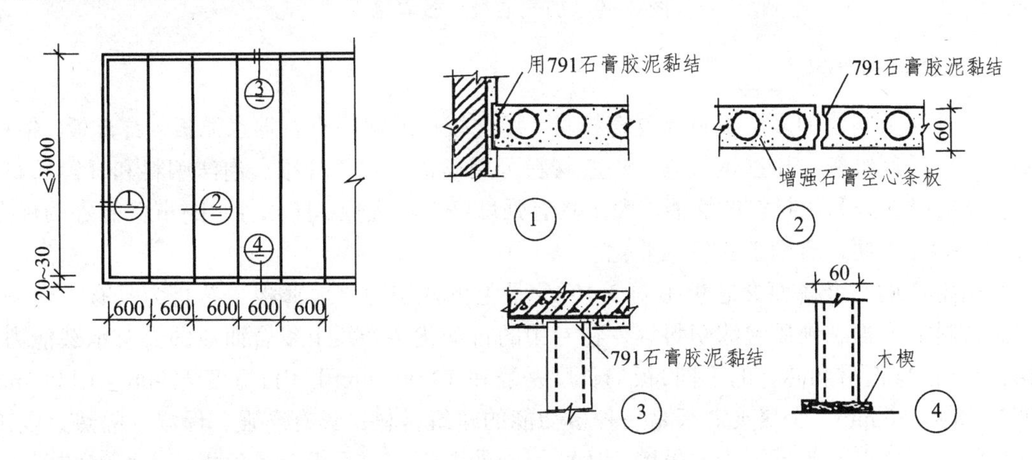

图 3-38　增强石膏空心条板

2. 蒸压加气混凝土板隔墙

蒸压加气混凝土板是由水泥、石灰、砂、矿渣等加发泡剂（铝粉）经原料处理、配料浇注、切割、蒸压养护工序制成，与同种材料的砌块相比，板的块型较大，生产时需要根据其用途配置不同的经防锈处理的钢筋网片。这种板材可用于外墙、内墙和屋面。其自重较轻，可锯、可刨、可钉、施工简单、防火性能好（板厚与耐火极限的关系是：75 mm—2 h，100 mm—3 h，150 mm—4 h）。由于板内的气孔是闭合的，所以这种板材能有效抵抗雨水的渗透，但不宜用于具有高温、高湿或存在化学有害空气介质的建筑中。

用于内墙板的板材宽度通常为 500 mm、600 mm，厚度为 75 mm、100 mm、120 mm 等，高度按设计要求进行切割。安装时板材之间用水玻璃砂浆或 108 胶砂浆黏结，与结构的连接同轻质条板类同。图 3-39 为加气混凝土板隔墙的安装节点示例。

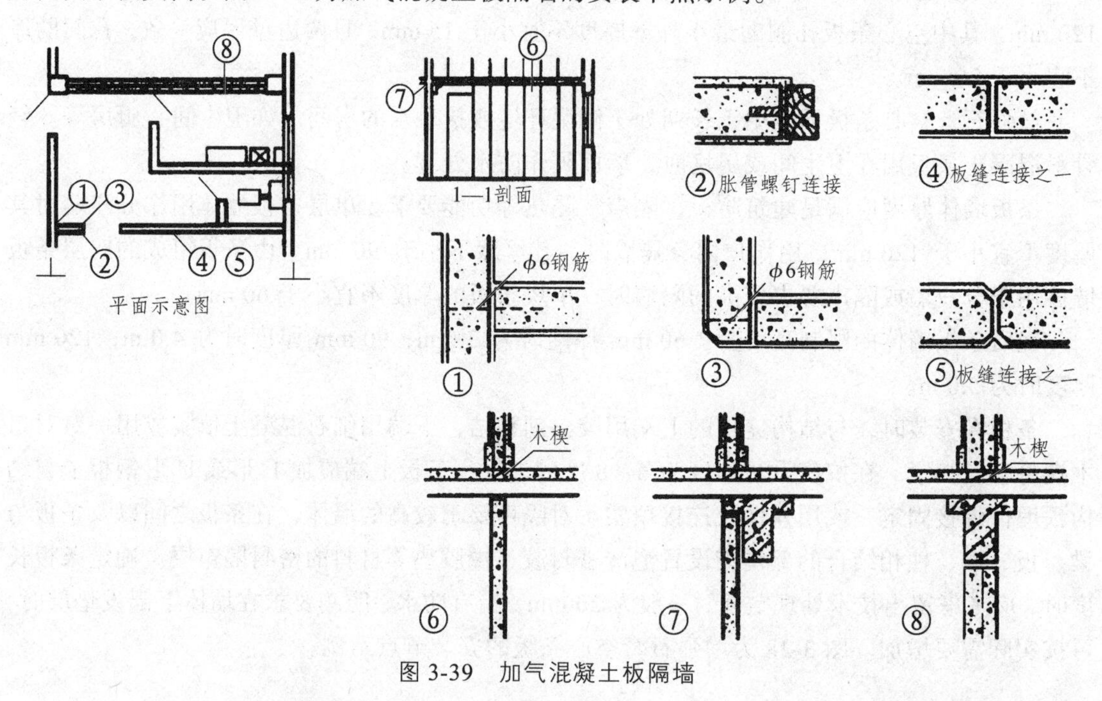

图 3-39　加气混凝土板隔墙

3. 复合板材隔墙

由几种材料制成的多层板材为复合板材。复合板材的面层有石棉水泥板、石膏板、铝板、树脂板、硬质纤维板、压型钢板等，夹芯材料可用矿棉、木质纤维、泡沫塑料和蜂窝状材料等。复合板材充分利用材料的性能，大多具有强度高，耐火性、防水性、隔声性能好的优点，且安装、拆卸方便，有利于建筑工业化。

我国生产的有金属面夹芯板（图 3-40），是上下两层为金属薄板，芯材为具有一定刚度的保温材料如岩棉、硬质泡沫塑料等，在专用的自动化生产线上复合而成的具有承载能力的结构板材。根据面材和芯材的不同，板的长度一般在 12 000 mm 以内，宽度为 900 ~ 1 000 mm，厚度为 30 ~ 250 mm。金属夹芯板是一种多功能的建筑材料，具有高强、保温、隔热、隔声、装饰性能好等优点，既可用于内隔墙，还可用于外墙板、屋面板、吊顶板等，但泡沫塑料夹芯的金属复合板不能用于防火要求高的建筑。

图 3-40 金属面夹芯板

习 题

一、选择题

1. 钢筋混凝土过梁，梁端伸入支座的长度不少于（ ）。
   A. 180 mm B. 200 mm C. 120 mm
2. 钢筋混凝土圈梁断面高度不宜小于（ ）。
   A. 180 mm B. 120 mm C. 60 mm
3. 散水的宽度应小于房屋挑檐宽及基础底外缘宽（ ）。
   A. 300 mm B. 600 mm C. 200 mm
4. 提高砖砌墙体强度等级的主要途径是（ ）。
   A. 提高砖的强度 B. 提高砌筑砂浆的强度
   C. 以上两种都不能提高
5. 对构造柱叙述正确的是（ ）。
   A. 构造柱是柱
   B. 每砌一层或 3 m 浇筑一次
   C. 构造柱边缘留出每皮一退的马牙槎退进 60 mm
6. （ ）的基础部分应该断开。
   A. 伸缩缝 B. 沉降缝 C. 抗震缝 D. 施工缝
7. 在多层砖混结构房屋中，沿竖直方向，（ ）。位置必须设置圈梁。
   A. 基础顶面 B. 屋顶 C. 中间层 D. 基础顶面和屋面
8. 如果室内地面面层和垫层均为不透水性材料，其防潮层应设置在（ ）。
   A. 室内地坪以下 60 mm B. 室内地坪以上 60 mm
   C. 室内地坪以下 120 mm D. 室内地坪以上 120 mm

9. 下列砌筑方式中，不能用于一砖墙的砌筑方法是（　　）。

A. 一顺一丁　B. 梅花丁　C. 全顺式　D. 三顺一丁

10. 勒脚是墙身接近室外地面的部分，常用的材料为（　　）。

A. 混合砂浆　B. 水泥砂浆　C. 纸筋灰　D. 膨胀珍珠岩

11. 散水宽度一般应为（　　）。

A. ≥80 mm　B. ≥600 mm　C. ≥2000 mm　D. ≥1000 mm

12. 圈梁的设置主要是为了（　　）。

A. 提高建筑物的整体性、抵抗地震力

B. 承受竖向荷载

C. 便于砌筑墙体

D. 建筑设计需要

13. 标准砖的尺寸，（单位：mm×mm×mm）为（　　）。

A. 240×115×53　B. 240×115×115

C. 240×180×115　D. 240×115×90

14. 宽度超过（　　）mm 的洞口，应设置过梁。

A. 150　B. 200　C. 250　D. 300

15. 半砖墙的实际厚度为（　　）。

A. 120 mm　B. 115 mm　C. 110 mm　D. 125 mm

二、简答题

1. 简述墙体类型的分类方式及类别。
2. 简述砖混结构的几种结构布置方案及其特点。
3. 墙体设计在使用功能上应考虑哪些设计要求？
4. 简述砖墙优缺点。普通黏土砖（即标准砖）的优点是什么？
5. 砖墙组砌的要点是什么？
6. 什么是砖的模数？它与建筑模数如何协调？
7. 简述墙脚水平防潮层的设置位置、方式及特点。
8. 墙身加固措施有哪些？有何设计要求？

第4章　楼地层

4.1　楼地层的基础知识

楼地层包括楼板层和地坪层，是水平方向分隔房屋空间的承重构件，楼板层分隔上下楼层空间如图 4-1（a），地坪层分隔大地与底层空间如图 4-1（b）。由于它们均是供人们在上面活动的，因而有相同的面层；但由于它们所处位置不同、受力不同，因而结构层有所不同。楼板层的结构层为楼板，楼板将所承受的上部荷载及自重传递给墙或柱，并由墙柱传给基础，以及对墙体起着水平支撑作用，以减小风力和地震产生的水平力对墙体的影响，增强整体刚度。此外，楼板层还有隔声、防火、防水、防潮等功能要求；地坪层的结构层为垫层，垫层将所承受的荷载及自重均匀地传给夯实的地基。

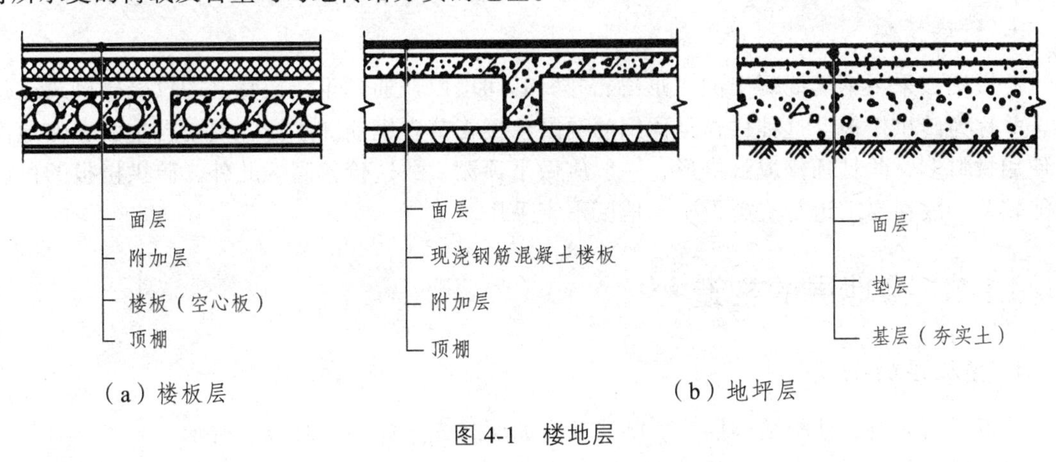

图 4-1　楼地层

4.1.1　楼板的类型

根据承重结构所用材料的不同，楼板可分为木楼板、钢筋混凝土楼板和钢衬板组合楼板等多种类型，如图 4-2 所示。

1. 木楼板

木楼板是我国的传统做法，是通过在墙或梁支承的木搁栅上铺钉木板，木搁栅间设置增强稳定性的剪刀撑构成的。木楼板自重轻、保温隔热性能好、舒适有弹性，但耗费木材较多，易被腐蚀、易被虫蛀且耐火性和耐久性均较差，目前很少使用。

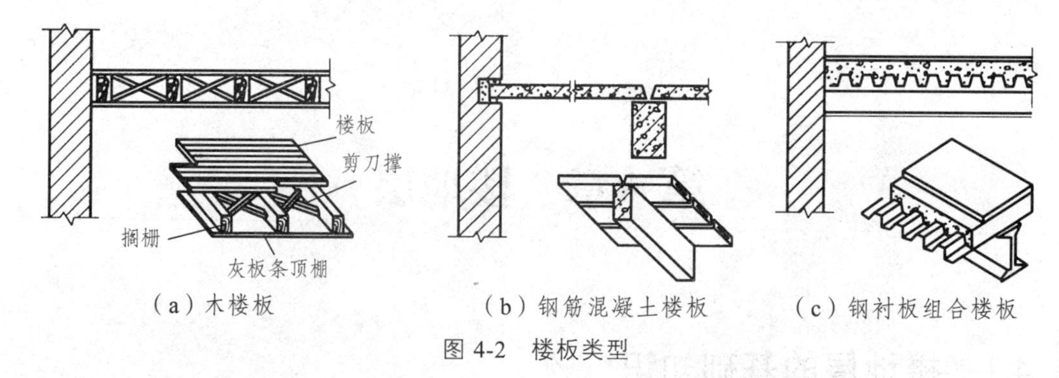

（a）木楼板 （b）钢筋混凝土楼板 （c）钢衬板组合楼板

图 4-2 楼板类型

2. 钢筋混凝土楼板

钢筋混凝土楼板造价低廉、容易成型、强度高、耐火性和耐久性好，且便于工业化生产，目前应用最广。

3. 钢衬板组合楼板

钢衬板组合楼板是在钢筋混凝土楼板基础上发展起来的一种新型楼板。压型钢板组合式楼板的整体连接由栓钉（又称抗剪螺钉）将钢筋混凝土、压型钢板和钢梁组合成整体。它利用钢衬板作为楼板的受弯构件和底模，既提高了楼板的刚度和强度，又加快了施工速度。

4. 砖拱楼板

砖拱楼板采用钢筋混凝土倒 T 形梁密排，其间填以普通黏土砖或特制的拱壳砖砌筑成拱形，故称为砖拱楼板。这种楼板虽比钢筋混凝土楼板节省钢筋和水泥，但是自重大，作地面时使用材料多，并且顶棚成弧拱形，一般应做吊顶棚，故造价偏高。此外，砖拱楼板的抗震性能较差，故在要求进行抗震设防的地区不宜采用。

4.1.2 楼地层的构造

1. 楼板层的组成

楼板层由面层、楼板结构层、顶棚层及附加层组成，如图 4-1（a）所示。

（1）面层。面层是人们日常活动、家具设备等直接接触的部位。楼板面层能保护结构层免受腐蚀和磨损，同时还对室内起到美化装饰的作用，增加了使用者的舒适感。因此，楼板面层应满足坚固耐磨、不易起尘、舒适美观的要求。

（2）楼板结构层。楼板的结构层是承重构件，通常由梁板组成。其主要功能是承受楼板层上的全部荷载并将这些荷载传给承重墙或柱，同时还对墙身起水平支撑作用，以加强建筑物的整体刚度。结构层应坚固耐久，满足楼板层的强度和刚度要求。

（3）顶棚层。为了室内的观感良好，楼板下需要做顶棚。顶棚层既可以保护楼板、安装灯具、遮挡各种水平管线，又可以改善室内光照条件，装饰美化室内空间，但会减小室内净空高度。

（4）附加层。在实际工程中，上述的三个基本层往往不能满足使用上或构造上的要求，这就需要添加其他层次——附加层，又称之为功能层。附加层应根据楼板层的具体要求进行设置，其主要作用是隔声、隔热、保温、防水、防潮、防腐蚀、防静电等。

2. 地坪层的组成

地坪的基本组成部分有面层、垫层和基层，如图 4-1（b）所示。

对于有特殊要求的地坪，常在面层和垫层之间增设附加层。

（1）面层。垫层的面层又称之为地面，和楼面一样，直接承受人、家具、设备等的各种物理和化学作用，起着保护结构层和美化室内的作用，和楼面做法相同。

（2）垫层。垫层的作用是承受地面上的荷载并将荷载传递给基层。按照垫层材料的不同，垫层可以分为刚性垫层和非刚性垫层两大类：刚性垫层的混凝土厚度一般为 50 ~ 100 mm，具有足够的整体刚度，受力后不产生塑性变形；非刚性垫层的材料为灰土、砂和碎石、炉渣等松散材料，受力后产生塑性变形。当地面面层为整体性面层时如水泥地面、水磨石地面等，常采用刚性垫层；当地面面层的整浇性较差时，如块料地面，常采用非刚性垫层。

（3）基层。基层即垫层下的土，又称之为地基，一般为原土层或填土分层夯实。

4.1.3　楼地层的设计要求

1. 强度和刚度要求

强度要求是指楼板层应保证在自重和活荷载的作用下安全可靠，不发生任何破坏。

刚度要求是指楼板层应在一定荷载作用下不发生过大的变形，以保证正常使用。

强度要求主要通过结构设计来满足；刚度要求通过结构规范限制楼板的最小厚度和配筋值来保证。

2. 隔声要求

楼板层和地坪层应具有一定的隔声能力，以避免上下层房间的相互影响。不同使用性质的房间对隔声的要求不同，一般楼层的隔声量为 40 ~ 50 dB（分贝）。

楼板主要是隔绝固体传声，如人的脚步、拖动家具、敲击楼板等的声音。防止固体传声可采取以下三项措施。

（1）在楼板表面铺设地毯、橡胶、塑料毡等柔性材料，减弱对楼板层的撞击和楼板本身的振动，以达到较好的隔声效果。

（2）采用浮筑式楼板，即在楼板与面层之间加弹性垫层以降低楼板的振动，如图 4-3 所示。弹性垫层使楼板与面层完全隔离，可起到较好的隔声效果，但施工复杂，目前较少采用。

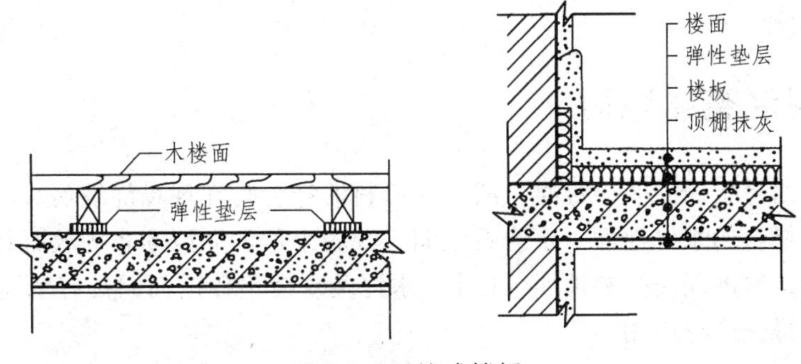

图 4-3　浮筑式楼板

（3）在楼板下加设吊顶，用隔绝空气的办法来降低固体传声。吊顶的面层应非常密实，不留缝隙，以免降低隔声效果。吊顶与楼板采用弹性连接时隔声效果较好，如图 4-3 所示。

3. 防火要求

建筑物各构件应按建筑物的耐火等级进行防火设计，以保证火灾时在一定时间内不会因楼板塌陷而给生命和财产带来损失。

4. 防潮、防水要求

对于卫生间、盥洗室、厨房、学校的实验室、医院的检验室等有水的房间，因其地面潮湿、易积水，故都应进行防潮防水处理，以防水的渗漏影响下层空间的正常使用或者渗入墙体，使结构内部产生冷凝水，破坏墙体和内外饰面。

5. 管线布设要求

现代建筑中的各种服务设施更加完善，有更多的管道和线路借楼板层来敷设。因此，为保证室内平面布置更加灵活，空间使用更加完整，在楼板层的设计中必须仔细考虑各种设备管线的走向，以便于管线的敷设。

6. 经济要求

在多层房屋中，楼板层和地坪层的造价占总造价的 20%～30%，因此，在进行结构选型、确定构造方案时，应与建筑物的质量标准和房间使用要求相适应，以减少材料消耗，降低工程造价，满足建筑经济的要求。

4.2 地面构造

楼板层和地坪层的面层统称为地面。两者面层的构造要求和做法基本相同，区别只是下面的基层有所不同：地坪层的面层通常做在垫层和基层上，楼板层面层则做在楼板上。

地面类型经常是以面层所用材料和做法命名的，由于材料品种繁多，因此地面的种类也很多。根据构造特点，地面可分为四大类型，即现浇整体地面、块材类地面、木地面和卷材地面等。

4.2.1 现浇整体地面

现浇整体地面是指用砂浆、混凝土或其他材料的拌合物在现场浇筑而成的地面。常用的有以水泥为胶凝材料的水泥地面、水磨石地面、混凝土地面，以沥青为胶凝材料的沥青地面和以树脂为胶凝材料的现浇塑料地面。其中，水泥类现浇整体地面因具有坚固、耐磨、防火、易清洁等优点而得到广泛应用。

1. 水泥砂浆地面

水泥砂浆地面通常用于对地面要求不高的房间或进行二次装饰的商品房的地面，是一种广为采用的低档地面。其原因在于水泥砂浆地面构造简单、坚固、能防潮防水而造价又较低。但水泥地面蓄热系数大，冬天感觉冷，空气湿度大时易产生凝结水，而且表面易起灰，不易清洁。

水泥砂浆地面做法：在混凝土垫层或结构层上抹水泥砂浆。一般有单层和双层两种 做法。单层做法只抹一层 20 ~ 25 mm 厚 1：2 或 1：2.5 的水泥砂浆作为面层；双层的做法是增加一层 10 ~ 20 mm 厚 1：3 的水泥砂浆找平层，表面只抹 10 mm 厚 1：2 的水泥砂浆。双层做法虽增加了工序，但不易开裂。如图 4-4。

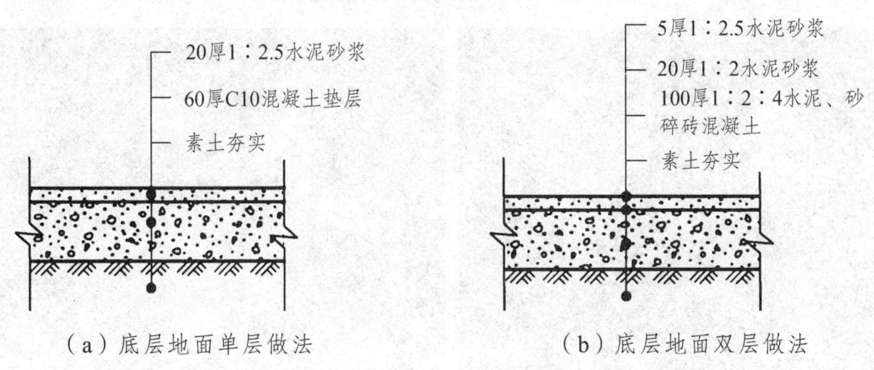

（a）底层地面单层做法　　（b）底层地面双层做法

图 4-4　水泥砂浆地面

为改善水泥地面的使用质量，增加其美观性，可在面层上涂刷地面涂料，如聚氨基甲酸酯地板漆、过氯乙烯涂料、苯乙烯焦油涂料、聚乙烯醇缩丁醛涂料等。这些涂料的施工方便、造价较低，可以提高水泥地面的耐磨性、柔韧性和不透水性，弥补了水泥砂浆和混凝土地面的缺陷。

2. 水磨石地面

水磨石地面一般分两层施工：在刚性垫层或结构层上用 10 ~ 20 mm 厚的 1：3 水泥砂浆找平，面铺 10 ~ 15 mm 厚 1：（1.5 ~ 2）的水泥白石子，待面层达到一定承载力后加水用磨石机磨光、打蜡即成。所用水泥为普通水泥，所用石子为中等硬度的方解石、大理石、白云石屑等。

为适应地面变形可能引起的面层开裂以及施工和维修方便，做好找平层后，在找平层上按设计的各种图案嵌固玻璃塑料分格条（或铜条、铝条），并用 1：1 水泥砂浆固定，如图 4-5 所示。嵌固砂浆强度不宜过高，否则会造成面层在嵌条两侧仅有水泥而无石子，影响美观。

将用料中的普通水泥改为白水泥加各种颜料和各色石子，用铜条分格，可以形成各种美丽的图案，称之为美术水磨石地面，但其造价比普通水磨石高约 4 倍。

水磨石地面具有良好的耐磨性、耐久性、防水防火性，并具有质地美观、表面光洁、不起尘、易清洁等优点，通常应用于居住建筑的浴室、厨房、厕所和公共建筑门厅、走道及主要房间地面、墙裙等，如图 4-6 所示。

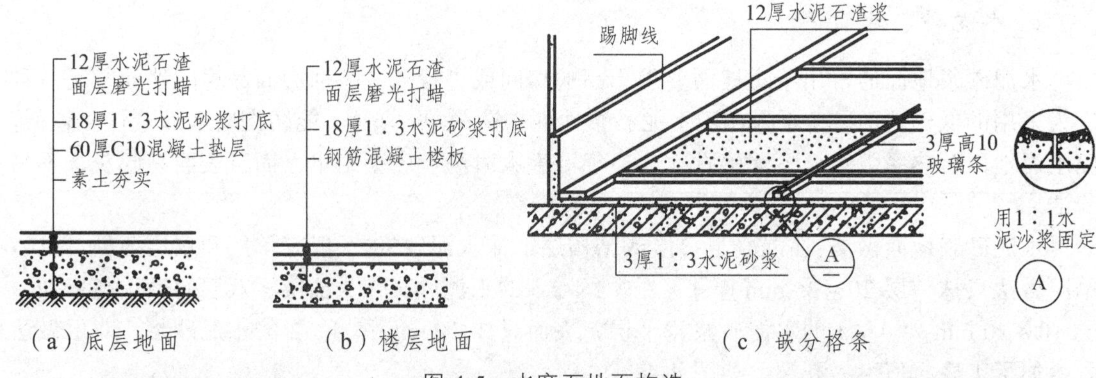

（a）底层地面　（b）楼层地面　（c）嵌分格条

图 4-5　水磨石地面构造

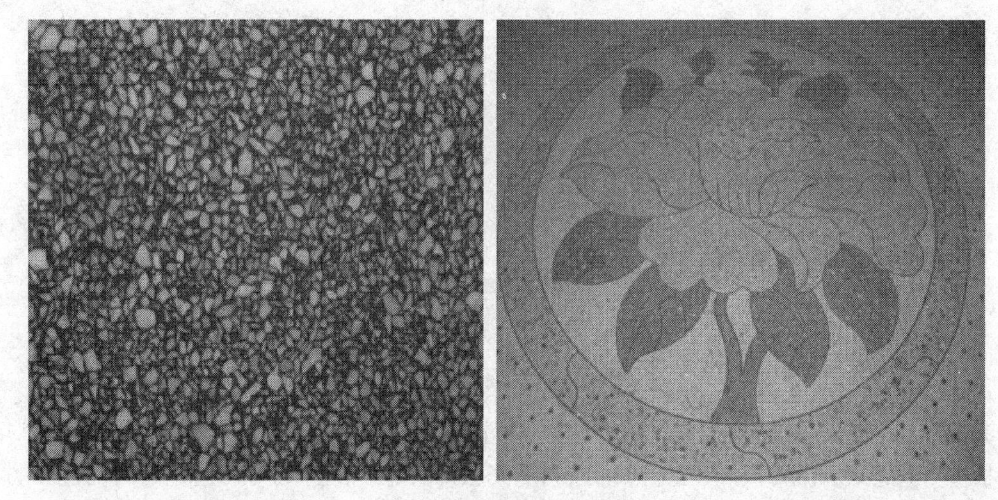

图 4-6　水磨石地面

4.2.2　块材类地面

块材类块料地面是把地面材料加工成块（板）状，然后借助胶结材料将其贴或铺砌在结构层上，如图 4-7 所示。胶结材料既起胶结又起找平作用，也有先做找平层再做胶结层的。常用胶结材料有水泥砂浆、沥青玛琋脂等，也有用细砂和细炉渣做结合层的。块料地面种类很多，常用的有黏土砖、水泥砖、大理石、缸砖、陶瓷锦砖、陶瓷地砖等。

1. 铺砖地面

铺砖地面有黏土砖地面、水泥砖地面、预制混凝土块地面等。因为这些砖厚度较大，故可直接铺在素土夯实的地基上。为了铺砌方便和易于找平，可用砂和细炉渣做结合层。用普通标准砖，有平砌和侧砌两种。这种地面施工简单，造价低廉，适用于要求不高或临时建筑的地面以及庭园小道等。

缸砖是用陶土烧制而成的，因其中加入了矿物颜料而有各种色彩，常见的有红棕色和深米黄色。缸砖的主要形状有正方形、矩形、菱形、六角形、八角形等，并可拼成各种图案。砖的背面有凹槽，使砖与结构层黏结牢固。方形砖的尺寸有 100 mm × 100 mm 和 150 mm ×

150 mm，厚度为 10 ~ 19 mm。缸砖一般铺在混凝土垫层上，做法为：先用 20 mm 厚 1∶3 水泥砂浆找平，然后用 3 ~ 4 mm 厚水泥胶（水泥∶107 胶∶水=1∶0.1∶0.2）粘贴缸砖，最后用素水泥浆擦缝，如图 4-7（a）所示。缸砖外形美观，质地细密坚硬，耐磨、耐水、耐酸碱，易于清洁不起灰，施工简单，广泛应用于卫生间、盥洗室、浴室、厨房、实验室及有腐蚀性液体的房间地面。

地面砖的各项性能都优于缸砖，且色彩、图案丰富，装饰效果好，但造价较高，多用于装修标准较高的建筑物地面，构造做法与缸砖类同。

陶瓷锦砖（马赛克）质地坚硬、经久耐用、色泽多样、耐磨、防水、耐腐蚀、易清洁，适用于有水、有腐蚀性液体的地面。其做法为：先用 15 ~ 20 mm 厚 1∶3 水泥砂浆找平；然后用 3 ~ 4 mm 厚水泥胶粘贴陶瓷锦砖，用滚筒压平，使水泥胶挤入缝隙，用水洗去牛皮纸；然后用白水泥浆擦缝。如图 4-7（b）所示。

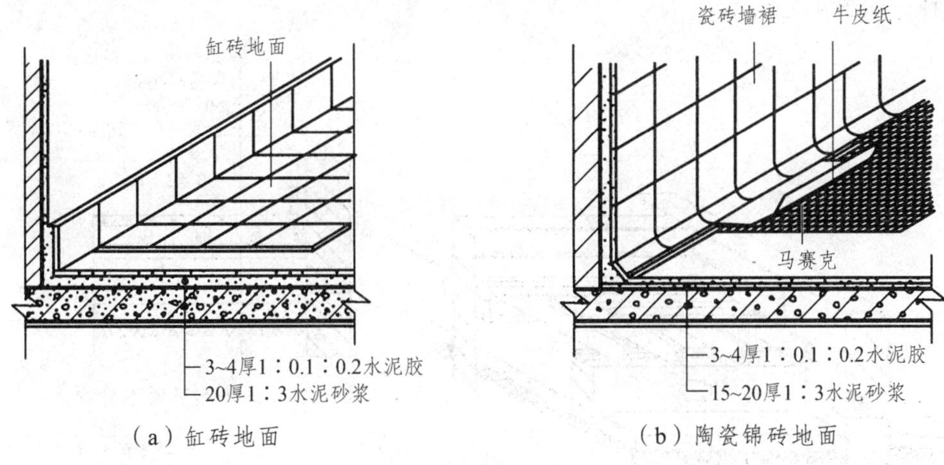

（a）缸砖地面　　（b）陶瓷锦砖地面

图 4-7　预制块材地面

2. 石板地面

石板包括天然石板和人造石板。常用的天然石板指大理石板和花岗石板，它们质地坚硬、色泽丰富艳丽，属于高档地面装饰材料，但造价较高。人造石板有预制水磨石板、人造大理石板等。石板地面一般多用于高级宾馆、会堂、公共建筑的大厅等处。其做法为：先在基层上刷素水泥浆一道，用 30 mm 厚 1∶3 干硬性水泥砂浆找平；然后在面上撒 2 mm 厚素水泥（洒适量清水），粘贴石板；最后用素水泥浆擦缝，如图 4-8 所示。

图 4-8　石板地面

3. **塑料板地面**

随着石化工业的发展，塑料板地面的应用日益广泛，其中以聚氯乙烯地面应用最多。聚氯乙烯塑料板地面品种繁多，按外形可分为卷材和板材两种。聚氯乙烯板尺寸多样，可从100 mm × 100 mm 到 500 mm × 500 mm，厚度为 1.5 ~ 2.0 mm。聚氯乙烯板应铺贴在干燥清洁的水泥砂浆找平层上，并用塑料黏结剂黏牢。

4.2.3 木地面

木地面的主要特点是有弹性、保温性能好、不起尘、易清洁，但耗费木料较多、造价较高，常用于高级住宅、体育馆、健身房、剧院舞台等建筑中。木地面按构造方式分为空铺、实铺两种，如图 4-9 所示。

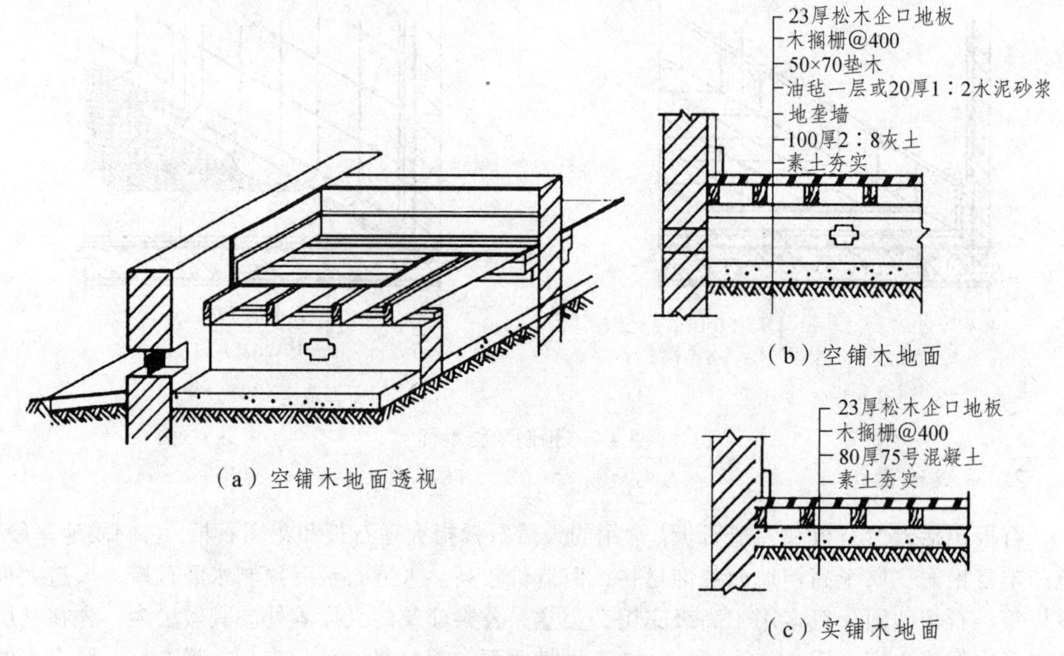

图 4-9 木地面构造

1. **空铺木地面**

空铺木地面常用于底层地面，由于其占用空间多、费材料，因而较少采用。但为防止房屋底层房间受潮或满足某些特殊使用要求（如舞台、体育比赛场、幼儿园等的地层需要有较好的弹性），需将地层架空形成空铺地层。

其构造做法是在垫层上砌筑地垄墙到预定标高，地垄墙的顶部用 20 mm 厚 1∶3 水泥砂浆找平，并设压沿木，钉木龙骨和横撑，其上铺木地板，如图 4-9 所示。这种做法利用地层与土层之间的空间进行通风，可带走地潮。

2. **实铺木地面**

实铺木地面的构造分为搁栅式和粘贴式两种，其既可以用于底层地面，又可以用于楼层地面。

搁栅式木地面的做法是：木搁栅设置在混凝土垫层或水泥砂浆找平层上，为了防潮，找平层需设置防潮层，并在踢脚板处设通风口，以保证搁栅之间通风干燥。木搁栅为 50 mm × 60 mm 的方木，中距为 400 mm，上面铺钉单层或双层条木地板，如图 4-10（a）、（b）所示。

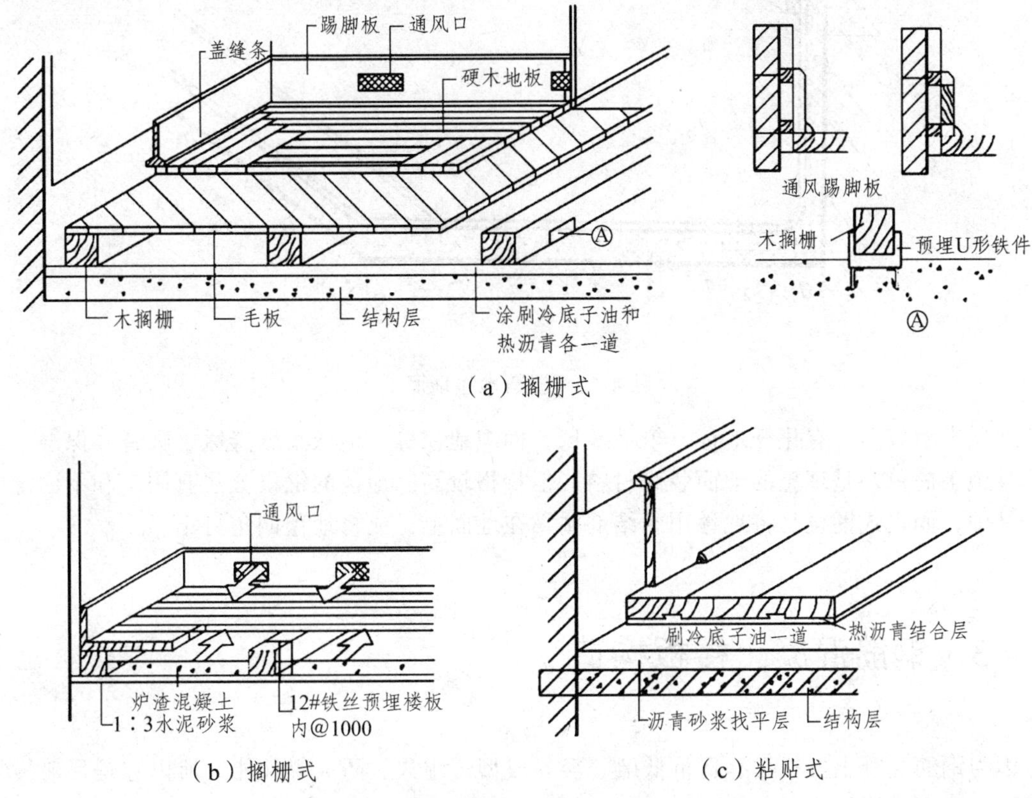

图 4-10　实铺木地面

粘贴式木地面的做法是：先在钢筋混凝土基层上用沥青砂浆找平，然后刷冷底子油一道、热沥青一道，用 2 mm 厚沥青胶环氧树脂乳胶等随涂随铺贴 20 mm 厚硬木长条地板，如图 4-10（c）所示。粘贴式木地面与搁栅式木地面相比既节省空间又节省木材，较其他构造方式经济，但木地板容易受潮起翘，干燥时又易裂缝，因此施工时要保证粘贴质量。

木地板做好后应用油漆打蜡来保护地面。普通木地板做色漆地面，硬木条地板做清漆地面，具体做法是：先用腻子将拼缝、凹坑填实刮平，待腻子变干后木砂纸打磨平滑，清除灰屑，然后刷 2 ~ 3 遍色漆或清漆，最后打蜡上光。

4.2.4　卷材地面

常用的卷材包括聚氯乙烯塑料地毡、橡胶地毡以及地毯。目前，市面上出售的聚氯乙烯塑料地毡（又称地板胶）的宽度多为 700 ~ 2 000 mm，厚度为 1 ~ 6 mm。塑料地毡地面的结构如图 4-11 所示。橡胶地毡是以橡胶粉为基料，掺入填充料、防老化剂、硫化剂等制成的卷材，橡胶地毡耐磨、防滑、吸声、绝缘，既可直接干铺在地面上，也可用聚氨酯等黏合剂粘贴。

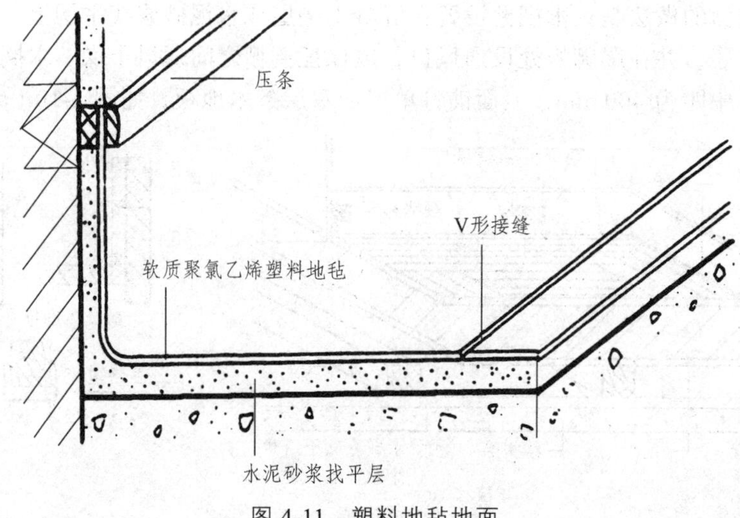

图 4-11 塑料地毡地面

地毯类型较多，有化纤地毯、羊毛地毯、棉织地毯等。地毯柔软舒适、吸音、保温、美观，且施工简单，是理想的地面装修材料，但价格较高。地毯的铺设方法有固定和不固定两种。其中，固定式铺设是将地毯用黏结剂粘贴在地面上，或将地毯四角钉牢。

4.3 钢筋混凝土楼板构造

因为钢筋混凝土楼板具有造价低廉、容易成型、耐久、防火等性能，所以它是目前最常用的楼板类型。根据施工方法的不同，钢筋混凝土楼板可分为现浇式、装配式和装配整体式三种。由于装配整体式钢筋混凝土楼板施工复杂、费工费料，故目前已较少使用。本节主要介绍现浇式钢筋混凝土楼板和装配式钢筋混凝土楼板。

4.3.1 现浇式钢筋混凝土楼板

现浇式钢筋混凝土楼板是在施工现场支模、绑扎钢筋、浇筑混凝土而成型的楼板。它的优点是整体性好，特别适用于抗震设防要求较高的建筑物。对有管道穿过、平面形状不规整或防水要求较高的房间，也适合采用现浇式钢筋混凝土楼板。但是现浇式钢筋混凝土楼板有施工工期较长、现场湿作业多、需要消耗大量模板等缺点。近年来，随着工具式模板的采用及现场机械化程度的提高，现浇式钢筋混凝土楼板在高层建筑中的应用越来越普遍。

1. 平板式楼板

楼板内不设梁，将板直接搁置在承重墙上，楼面荷载可直接通过楼板传给墙体，这种厚度一致的楼板称为平板式楼板。

楼板根据受力特点和支承情况的不同，分为单向板和双向板。当板的长边与短边之比大于 2 时，板基本上沿短边方向传递荷载，这种板称为单向板；当板的长边与短边之比不大于 2 时，荷载沿长边和短边两个方向传递，这种板称为双向板。

为了满足施工要求和经济要求，对各种板式楼板的最小厚度和最大厚度规定如下：当为单向板时，屋面板的板厚为 60 ~ 80 mm，民用建筑的楼板厚度为 70 ~ 100 mm，工业建筑的楼板厚度为 80 ~ 180 mm；当为双向板时，板厚为 80 ~ 160 mm。

板式楼板板底平整、美观、施工方便，适用于墙体承重的小跨度房间，如厨房、卫生间、走廊等。

2. 肋梁楼板（梁板式楼板）

当房间很大时，除板外还有次梁和主梁等构件，通常称为肋梁楼板。当板为单向板时，称为单向板肋梁楼板。单向板肋梁楼板由板、次梁和主梁组成，如图 4-12 所示。当板为双向板时，称为双向板肋梁楼板。双向板肋梁楼板常无主梁、次梁之分，由板和梁组成。

图 4-12　肋梁楼板

肋梁楼板的结构布置应依据房间尺寸的大小、柱和承重墙的位置等因素进行。梁的布置应整齐、合理、经济。

一般现浇式钢筋混凝土楼板的经济跨度为 1.7 ~ 2.7 m；次梁的经济跨度为 4 ~ 6 m，次梁的高度为次梁跨度（既主梁间距）的 1/18 ~ 1/12，宽度为梁高的 1/3 ~ 1/2；主梁的经济跨度为 5 ~ 8 m，主梁的高度为主梁跨度的 1/14 ~ 1/8，主梁的宽度为主梁高度的 1/3 ~ 1/2；板厚一般为 60 ~ 80 mm。

布置主梁时，可以将主梁沿房屋横向布置，次梁沿房屋纵向布置，其优点是柱和主梁在横向上组成一个刚度较大的框架体系，能承受较大的横向水平荷载。当房屋的横向进深大于纵向柱距时，也可以沿纵向布置主梁，这样可以减少主梁的跨度，有利于提高房间净高，并且因为次梁垂直于纵墙，可避免梁在天棚上产生阴影。

当双向板肋梁楼板的板跨相同，且两个方向的梁截面也相同时，就构成了井式楼板。井式楼板实际上是一块扩大了的双向板，适用于正方形平面的长宽之比不大于 1.5 的矩形平面，板的跨度在 3.5 ~ 6.0 m，梁的跨度可为 20 ~ 30 m，梁截面的高度不小于梁跨的 1/15，宽度为梁高的 1/4 ~ 1/2 且不少于 120 mm。

井格式楼板可与墙体正交放置或斜交放置，如图 4-13 所示。由于井式楼板可用于较大的无柱空间，而且楼板底部的井格整齐划一，很有韵律，稍加处理就可形成艺术效果很好的顶棚，因此，常用于门厅、大厅、会议室、小型礼堂、歌舞厅等处。也可将井式楼板中的板去掉，将井格设在中庭的顶棚上，这样的做法可以获得很好的采光和通风效果，同时也很美观。

图 4-13 井格式楼板

3. 无梁楼板

无梁楼板是指将楼板直接支承在柱上，不设主梁和次梁。无梁楼板分为有柱帽和无柱帽两种。当楼面荷载比较小时，可采用无柱帽楼板；当楼面荷载较大时，为提高楼板的承载能力、刚度和抗冲切能力，必须在柱顶加设柱帽。板的最小厚度不应小于 150 mm 且为板跨的 1/35 ~ 1/32。无梁楼板的柱网一般布置为正方形或矩形，柱距一般不超过 6m。无梁楼板四周应设圈梁，梁高不小于 2.5 倍的板厚和 1/15 的板跨。

无梁楼板具有净空高度大、顶棚平整、采光通风及卫生条件较好、施工简便等优点，适用于活荷载较大的商店、书库、仓库等建筑，如图 4-14 所示。

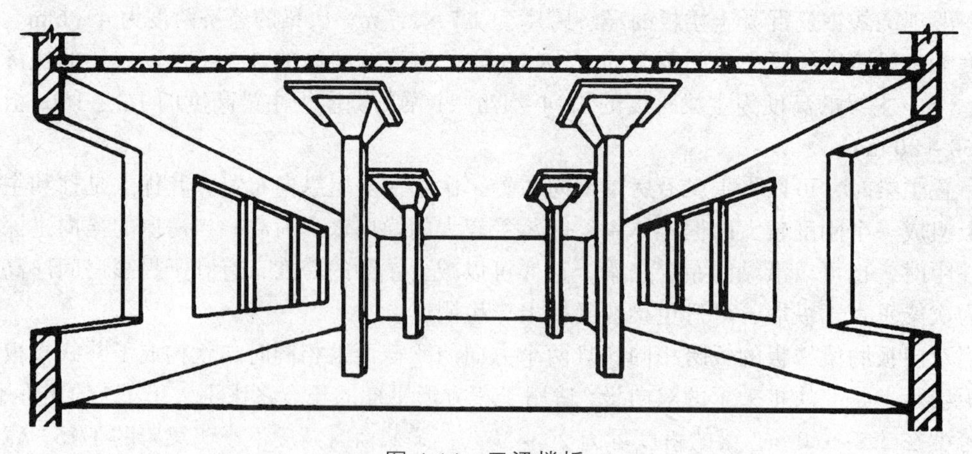

图 4-14 无梁楼板

4. 压型钢板组合楼板

压型钢板组合楼板是以截面为凹凸相间的压型钢板作衬板，与现浇混凝土面层浇筑在一起构成的整体性很强的一种楼板，见图 4-15。

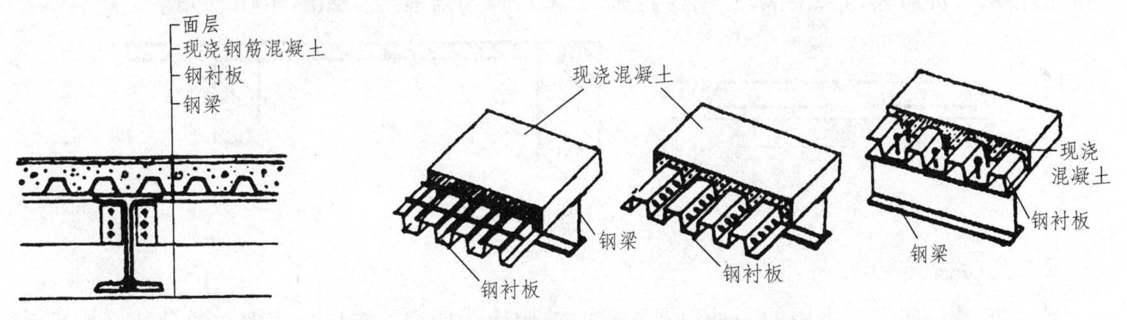

图 4-15　压型钢板组合楼板（钢衬板）

钢衬板组合楼板主要由楼面层、组合板和钢梁三部分构成。其中，组合板包括现浇混凝土和钢衬板。由于混凝土承受剪力与压力，钢衬板承受下部的压弯应力，因此，压型钢衬板起着模板和受拉钢筋的双重作用。所以，组合楼板受正弯矩部分只需要配置部分构造钢筋即可。此外，还可以利用压型钢板肋间的空隙敷设室内电力管线，从而充分利用楼板结构中的空间。目前，压型钢板组合楼板在国外高层建筑中已得到广泛的应用。

4.3.2　装配式钢筋混凝土楼板

装配式钢筋混凝土楼板是指在构件预制加工厂或施工现场外预先制作，然后运到工地现场进行安装的钢筋混凝土楼板。装配化施工具有下列优点：进度快，可在短期内交付使用；劳动力减少，交叉作业方便有序；每道工序都可以像设备安装那样检查精度，保证质量；施工现场噪声小，散装物料减少，废物及废水排放很少，有利于环境保护；施工成本降低。这种楼板可以节省模板、加快施工速度、缩短工期，但楼板的整体性较差。

预制楼板可分为预应力和非预应力两种。预应力楼板是指在预制加工中通过张拉钢筋，使钢筋回缩时挤压混凝土，从而在构件受拉部位的混凝土中建立预压应力，在安装受荷以后，板所受到的拉应力和预先给的压应力平衡，以提高构件的抗裂能力和刚度的楼板。预应力楼板的板型规整、节约材料、自重较轻、造价较低。预应力楼板和非预应力楼板相比，可节约钢材 30% ~ 50%，节约混凝土 10% ~ 30%。

预制板的长度一般与房屋的开间或进深一致，为 3 M 的倍数；板的宽度根据制作、吊装和运输条件以及有利于板的排列组合确定，一般为 1 M 的倍数：板的截面尺寸须经结构计算确定。

1. 板的类型

根据预制板的截面形式不同，预制钢筋混凝土楼板的常用类型有实心平板、空心板、槽形板三种，其中槽形板又分为正放槽形板和倒放槽形板。

1）实心平板

实心平板的跨度一般小于 2.5 m，板厚为跨度的 1/30，一般为 50 ~ 80 mm，板宽为 400 ~

900 mm。板的两端支承在墙或梁上。板的支承长度也有具体规定：搁置在钢筋混凝土梁上时，不小于 80 mm；搁置在内墙上时，不小于 100 mm；搁置在外墙上时，不小于 120 mm。

预制实心平板由于其跨度小、板面上下平整、隔声效果差，故常用于过道和小房间、卫生间的楼板，亦可作为架空隔板、管沟盖板、阳台板和雨篷等，如图 4-16 所示。

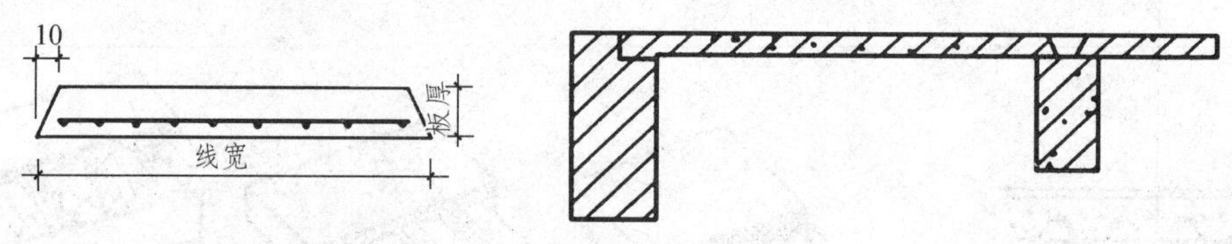

图 4-16 预制实心板

2）空心板

空心板是目前广泛采用的一种形式。它的结构计算理论与槽形板相似，两者的材料消耗也相近，但空心板上下板面平整，且隔声效果优于槽形板，因此空心板较槽形板有更大的优势，如图 4-17 所示。

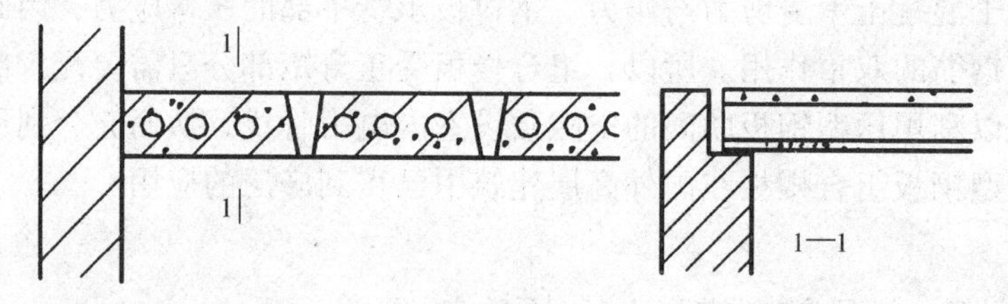

图 4-17 空心板

空心板根据板内抽空形状的不同，分为方孔板、椭圆孔板和圆孔板。方孔板能节约一定量的混凝土，但脱模困难，易出现裂缝；椭圆孔板和圆孔板的刚度较好，制作也方便，因此被广泛采用。需要注意的是不能在空心板的板面任意开孔洞。

根据板的宽度，圆孔板的孔数有单孔、双孔、三孔、多孔等。目前，我国的圆孔非预应力空心板的跨度一般在 4 m 以上，板的厚度为 120 ~ 180 mm，宽度为 600 ~ 1 200 mm。

3）槽形板

槽形板是一种梁板结合的预制构件，即在空心板的两侧及端部设有边肋，作用在板上的荷载由边肋来承担，如图 4-18 所示。当板的跨度较大时，需在板的中部每隔 1500 mm 增设横肋一道。

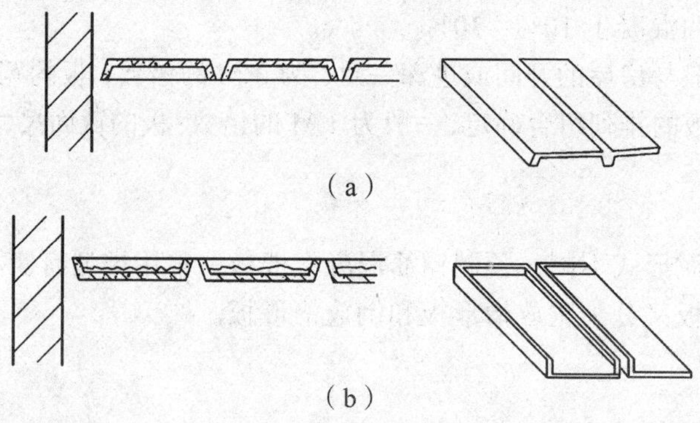

图 4-18 槽形板

一般槽形板的跨度为 3 ~ 6 m，板宽为 500 ~ 1 200 mm，板肋高为 120 ~ 240 mm，板厚仅为 30 ~ 50 mm。槽形板减轻了板的自重，具有节省材料、便于在板上开洞等优点，但隔声效果较差。

用槽形板做楼板时，有正置（肋向下）和倒置两种。正置槽形板由于板底不平，通常做吊顶遮盖，为避免板端肋被压坏，可将板端伸入墙内的部分堵砖填实。倒置槽板虽板底平整，但在上面需要另做面层，且受力不如正置槽板合理，但可在槽内填充轻质材料，以解决楼板的隔声和保温隔热问题。

4）T 形板

T 形板有单 T 板和双 T 板两种，也是一种梁板结合构件。T 形板具有跨度大、功能多的特点，可做楼板也可做墙板。T 形板板宽一般为 1.2 ~ 2.4 m，跨度为 6 ~ 12 m，板厚一般为长度的 1/15 ~ 1/20。

T 形板一般用于较大跨度的民用建筑和较大荷载的工业建筑，如图 4-19 所示。

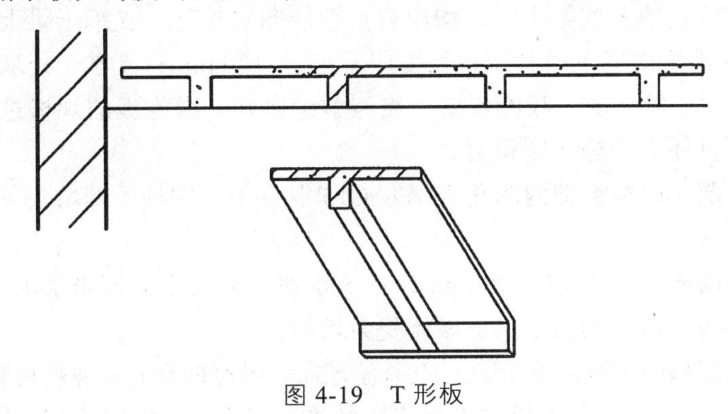

图 4-19　T 形板

2. 板的结构布置方式

预制板的结构布置方式根据房间的平面尺寸及房间的使用要求确定，可采用墙承重系统和框架承重系统，如图 4-20 所示。

在砖混结构中，横墙承重一般适用于横墙间距较密的宿舍、办公楼及住宅建筑等。当房间开间较小时，预制板可直接搁置在墙上或圈梁上，如图 4-21 所示。当房间比较大时，如教学楼、实验楼等开间、进深都较大的建筑物，可以把预制板搁置在梁上，或者直接搁在纵墙上，如图 4-20 所示。

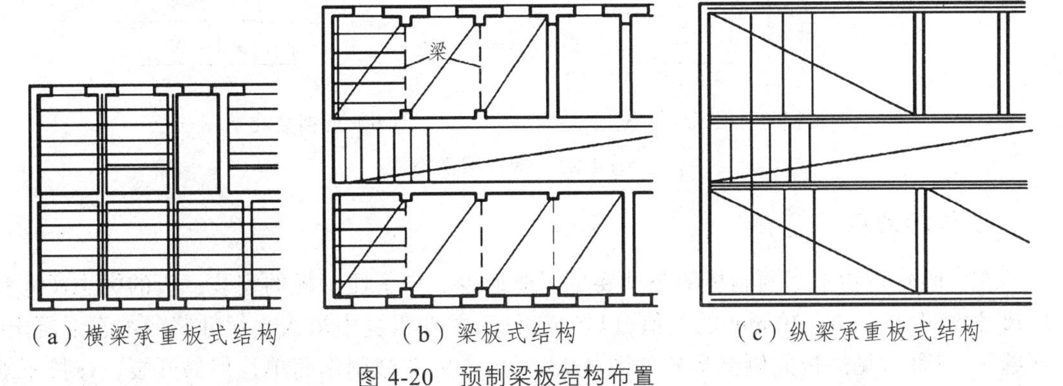

（a）横梁承重板式结构　（b）梁板式结构　（c）纵梁承重板式结构

图 4-20　预制梁板结构布置

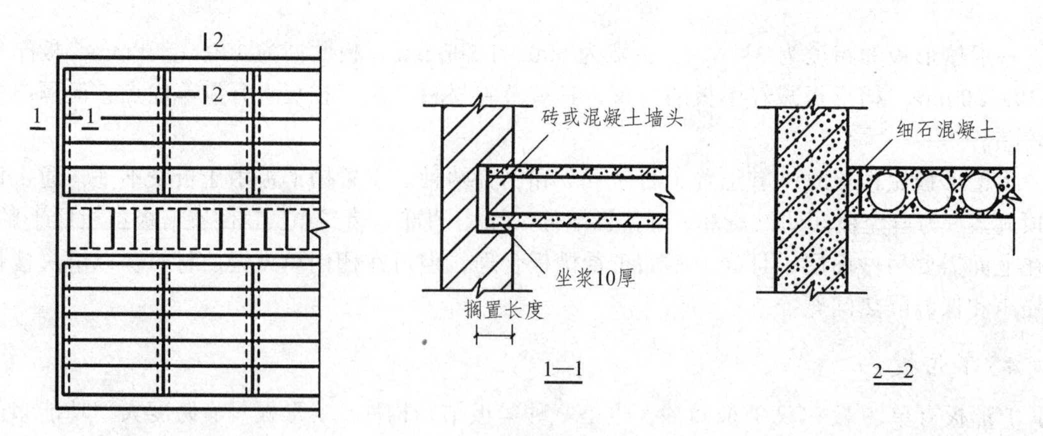

图 4-21 板搁置在墙体上

3. 板的搁置要求

预制板直接搁置在墙上或梁上时，均应有足够的搁置长度。支承于梁上时其搁置长度应不小于 80 mm；支承于内墙上时其搁置长度应不小于 100 mm；支承于外墙上时其搁置长度应不小于 120 mm。一般来说，板的规格、类型愈少愈好，因为板的规格过多不仅会给板的制作增加麻烦，而且还会使施工变得复杂。

在空心板安装前，应在板端的圆孔内填塞 C15 混凝土短圆柱（即堵头）以避免安装过程中板端被压坏。

铺板前，先在墙或梁上用 10 ~ 20 mm 厚 M5 水泥砂浆找平（即坐浆），然后再铺板，使板与墙或梁有较好的连接，同时也保证墙体受力均匀。

当采用梁板式结构时，预制板在梁上的搁置方式一般有两种：一种是板直接搁置在梁上，如图 4-22（a）所示；另一种是把板搁置在花篮梁或十字梁上，如图 4-22（b）所示，板面与梁顶面平齐。在梁高不变的情况下，采用后一种方式可使房间提高一个板厚的净空高度。

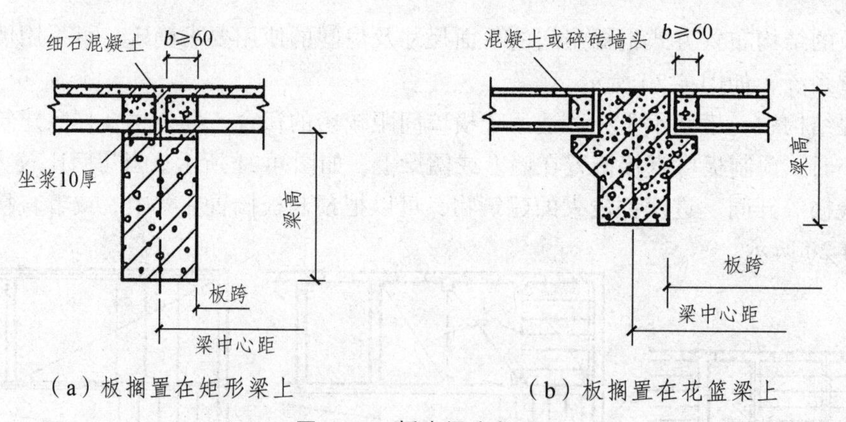

（a）板搁置在矩形梁上　　（b）板搁置在花篮梁上

图 4-22 板在梁上搁置

4. 板缝处理

在一座建筑物中，预制板的类型要尽可能地少。为了便于板的安装，板的标志尺寸和构造尺寸之间应有 10 ~ 20 mm 的差值，以形成板缝，并在板缝中填入水泥砂浆或细石混凝土（即灌缝）。三种常见的板间侧缝形式如图 4-23 所示：V 形缝制作简单，但易开裂，连接不够牢固；U 形缝上面开口较大易于灌浆，但不够牢固；凹形缝连接牢固，但灌浆捣实较困难。

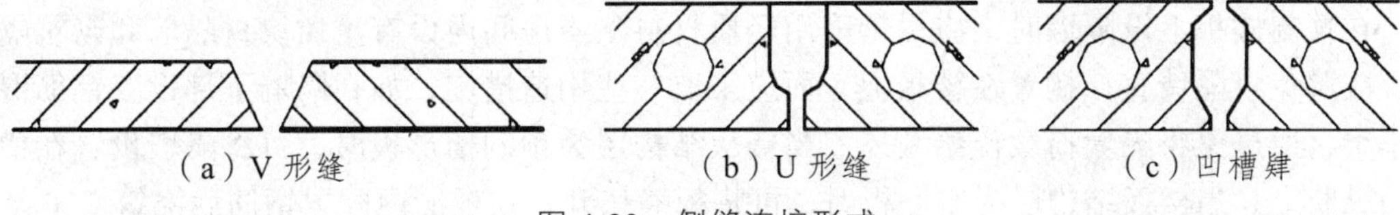

图 4-23　侧缝连接形式

当空心板的横向尺寸与房间尺寸有差值，出现不足以排一块板的缝隙时，可以通过以下方法进行处理，如图 4-24 所示：

① 当缝隙宽度小于 60 mm 时，可调节板缝，如图（a）;

② 当缝隙宽度为 60 ~ 120 mm 时，可在灌缝的混凝土中加配 2Φ6 的钢筋，如图（b）;

③ 当缝隙宽度为 120 ~ 200 mm 时，设现浇钢筋混凝土板带，且将板带设在墙边或有穿管的部位，如图（c）;

④ 当缝隙宽度大于 200 mm 时，调整板的规格，如图（d）。

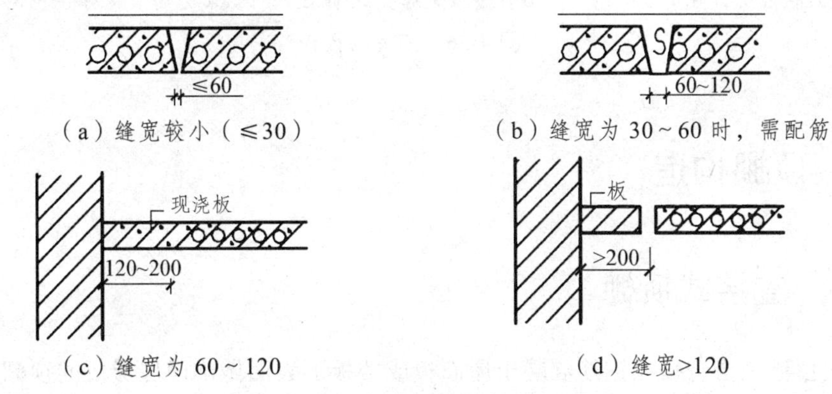

图 4-24　板缝及板缝差处理

为了加强预制楼板的整体刚度，抵抗地震的水平荷载，在两块预制板之间、板与纵墙、板与山墙等处均应增加钢筋锚固，然后在缝内填筑细石混凝土；或者在板上铺设钢筋网，然后在上面浇筑一层厚度为 30 ~ 40 mm 的细石混凝土作为整浇层，如图 4-25 所示。

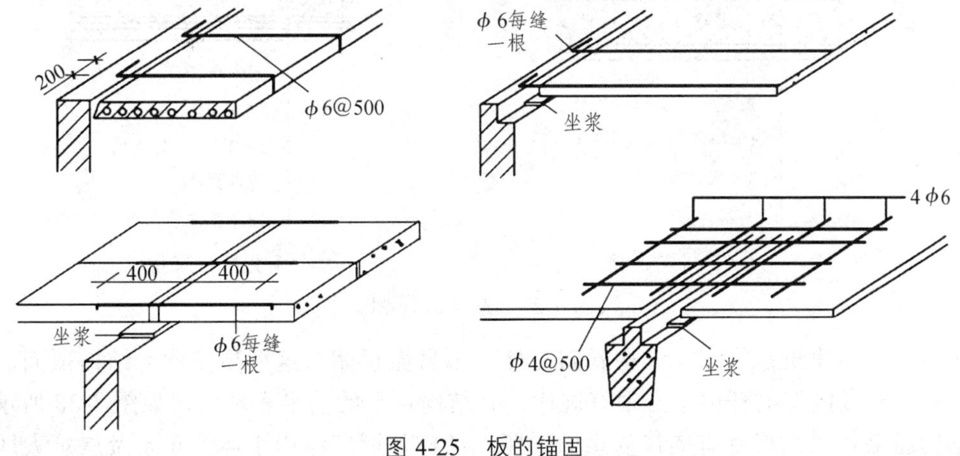

图 4-25　板的锚固

5. 隔墙与楼板

在预制楼板上设隔墙时，应尽量采用轻质材料。当房间内设有重质块材隔墙和砌筑隔墙时，应避免将隔墙直接搁置在楼板上，而应采取一些构造措施，如在隔墙下部设置钢筋混凝土小梁，通过梁将隔墙荷载传给墙体。当楼板结构层为预制槽形板时，可将隔墙设置在槽形板的纵肋上；当楼板结构层为空心板时，可将板缝拉开，在板缝内配置钢筋后浇筑 C20 细石混凝土形成现浇钢筋混凝土板带支承隔墙：如图 4-26 所示。

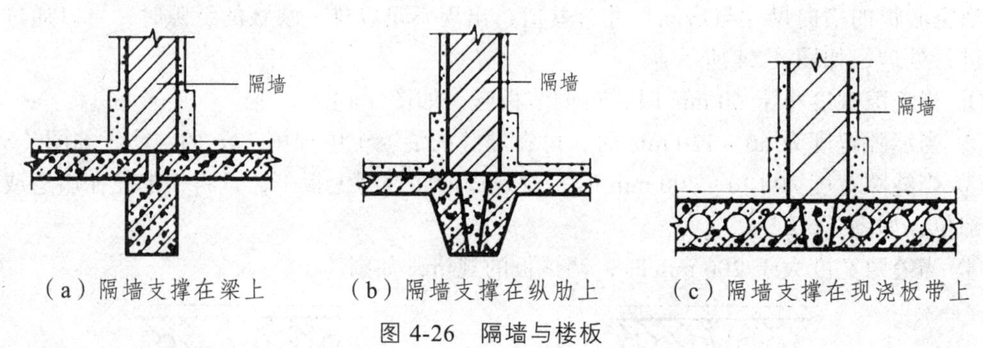

（a）隔墙支撑在梁上　（b）隔墙支撑在纵肋上　（c）隔墙支撑在现浇板带上

图 4-26　隔墙与楼板

4.4 顶棚构造

4.4.1 直接式顶棚

直接式顶棚是指直接在钢筋混凝土屋面板或楼板下表面做饰面层形成的顶棚，如图 4-27 所示。当板底平整时，可直接喷刷大白浆或 106 涂料；当楼板结构层为钢筋混凝土预制板时，可用 1∶3 水泥砂浆填缝刮平，再喷刷涂料。这类顶棚构造简单、施工方便、造价较低，常用于装饰要求不高的一般建筑物，如办公室、住宅、教学楼。

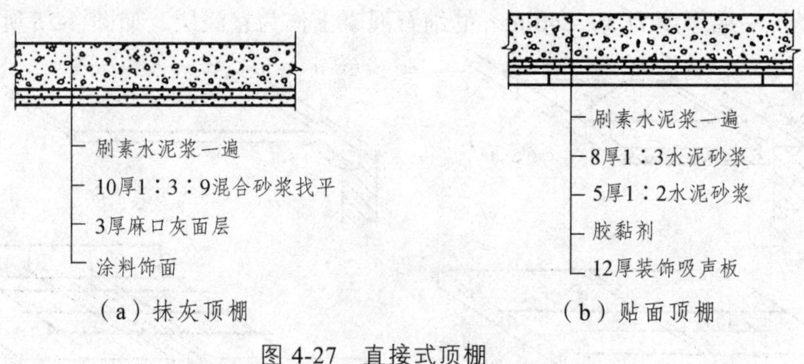

（a）抹灰顶棚　（b）贴面顶棚

图 4-27　直接式顶棚

此外，有的建筑是将屋盖结构暴露在外，不另做顶棚，这种顶棚称为结构顶棚。例如网架结构，构成网架的杆件本身很有规律，有结构自身的艺术表现力，如图 4-28 所示；又如拱结构屋盖可以形成富有韵律的拱面顶棚。结构顶棚广泛用于体育建筑及展览大厅等公共建筑。

图 4-28　网架结构

4.4.2　悬吊式顶棚

悬吊式顶棚又称为“吊顶”，它通过悬挂构件与主体结构相连，悬挂在屋顶或楼板下面。这类顶棚在使用功能和美观上都起到一定的作用。在使用功能上，吊顶可以提高楼板的隔声能力，或利用吊顶安装管道设施；在美观上，吊顶的色彩、材质及图案都可以提高室内的装饰效果。

吊顶一般由龙骨与面层两部分组成。吊顶龙骨分为主龙骨与次龙骨，主龙骨为吊顶的承重结构，次龙骨是吊顶的基层。主龙骨通过吊筋或吊件固定在屋顶（或楼板）结构上，次龙骨固定在主龙骨上，如图 4-29 所示。

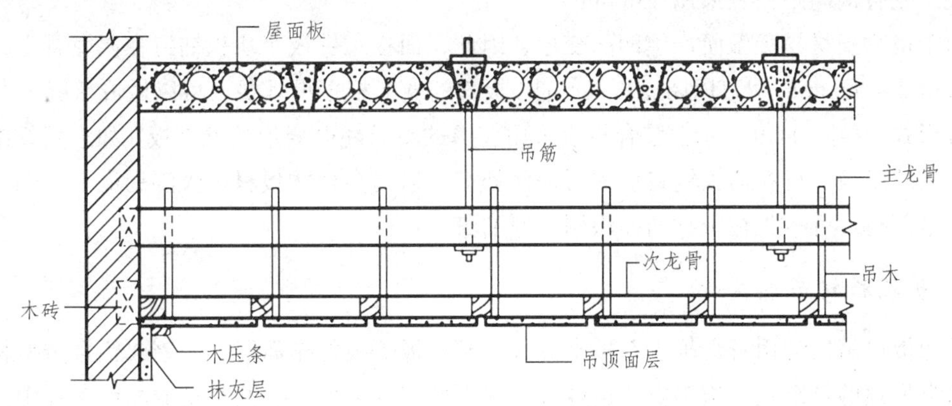

图 4-29　悬吊式顶棚

龙骨可用木材、轻钢、铝合金等材料制成，其断面大小依据材料、荷载和面层构造做法等因素而定。主龙骨的断面比次龙骨要大，间距约为 2 m。悬吊主龙骨的吊筋为 $\phi8 \sim \phi10$ 钢筋，间距也不超过 2 m。次龙骨的间距视面层材料而定，间距一般不超过 600 mm。

吊顶面层分为抹灰面层和板材面层两大类。抹灰面层为湿作业施工，费工费时，故应用较少。目前，板材面层应用较广，因为它既可以加快施工速度，又可以保证施工质量。板材吊顶有植物板材、矿物板材和金属板材等。

1. 木质（植物）板材吊顶构造

木质板材包括胶合板、硬质纤维板、软质纤维板、装饰吸音板、木丝板、刨花板等，其中应用最广泛的是胶合板和纤维板。植物板材吊顶的优点是施工速度快、干作业施工，故比抹灰吊顶应用更广，如图 4-30 所示。

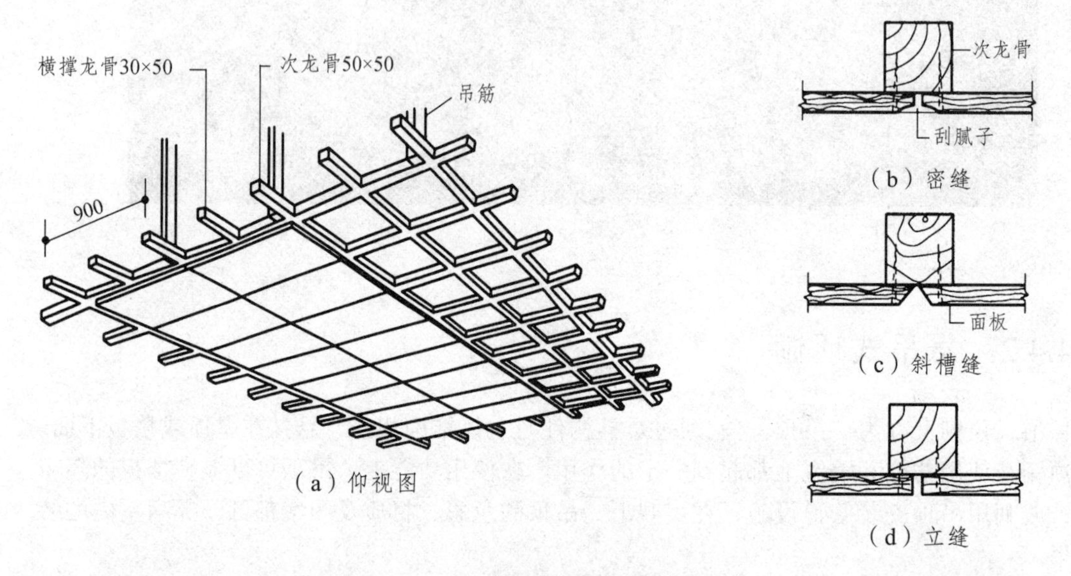

图 4-30 木质板材吊顶

吊顶龙骨一般用木材制作，龙骨布置成格子状，如图 4-31 所示，分格大小应与板材规格相协调。龙骨的间距最宜采用 450 mm。

由于植物板材易吸湿而产生凹凸变形，因此，面板宜锯成小块板铺钉在次龙骨上，板块接头应留 3 ~ 6 mm 的间隙以防止板面翘曲。板缝的缝形根据设计要求可以做成密缝、斜槽缝、立缝等形式，如图 4-30 所示。胶合板应采用较厚的不易翘曲变形的五夹板，如选用纤维板则宜用硬质纤维板。可在面板铺钉前进行表面处理，以提高植物板材抗吸湿的能力，例如，铺胶合板吊顶时，可事先在板材两面涂刷一遍油漆。

2. 矿物板材吊顶构造

矿物板材吊顶常用石膏板、石棉水泥板、矿棉板等板材作面层，轻钢或铝合金型材作龙骨。这类吊顶的自重轻、施工安装速度快、耐火性好，多用于公共建筑或高级工程中。

轻钢和铝合金龙骨的布置方式为：主龙骨采用槽形断面的轻钢型材，次龙骨选用 T 形断面的铝合金型材。矿物板材安装在次龙骨翼缘上，次龙骨露在顶棚表面呈方格形，方格大小为 500 mm 左右。悬吊主龙骨的吊挂件为槽形断面，吊挂点间距为 0.9 ~ 1.2 m，最大不超过 1.5 m，次龙骨与主龙骨的连接采用 U 形连接吊钩，如图 4-31 所示。

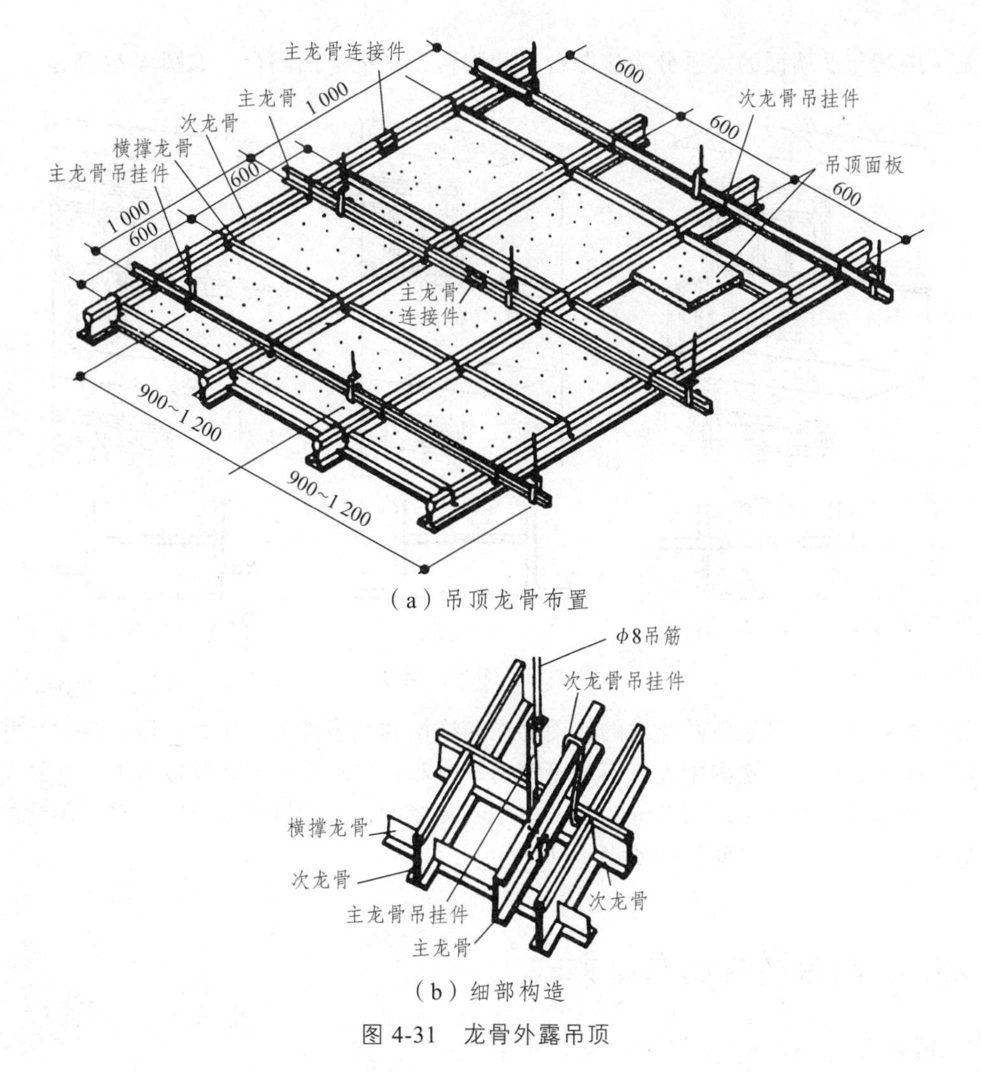

（a）吊顶龙骨布置

（b）细部构造

图 4-31　龙骨外露吊顶

3. 金属板材吊顶构造

金属板材吊顶最常用的是以铝合金条板作面层，龙骨采用轻钢型材，根据建筑物的具体要求，选择密铺的铝合金条板吊顶或开敞式铝合金条板吊顶。

当吊顶无吸音要求时，条板采用密铺方式，不留间隙；当有吸音要求时，条板上面需加铺吸音材料，条板与条板之间应留出一定的间隙，使吸音材料能够吸收投射到顶棚的声能。

4.5　阳台与雨篷

4.5.1　阳台的类型和尺寸

阳台悬挑于建筑物的外墙上，是连接室内的室外平台，给楼层上的居住人员提供一定的室外活动与休息空间，是多层住宅、高层住宅和旅馆等建筑中不可缺少的一部分。

阳台按其与外墙面的关系分为挑阳台、凹阳台、半挑半凹阳台，如图 4-32 所示。

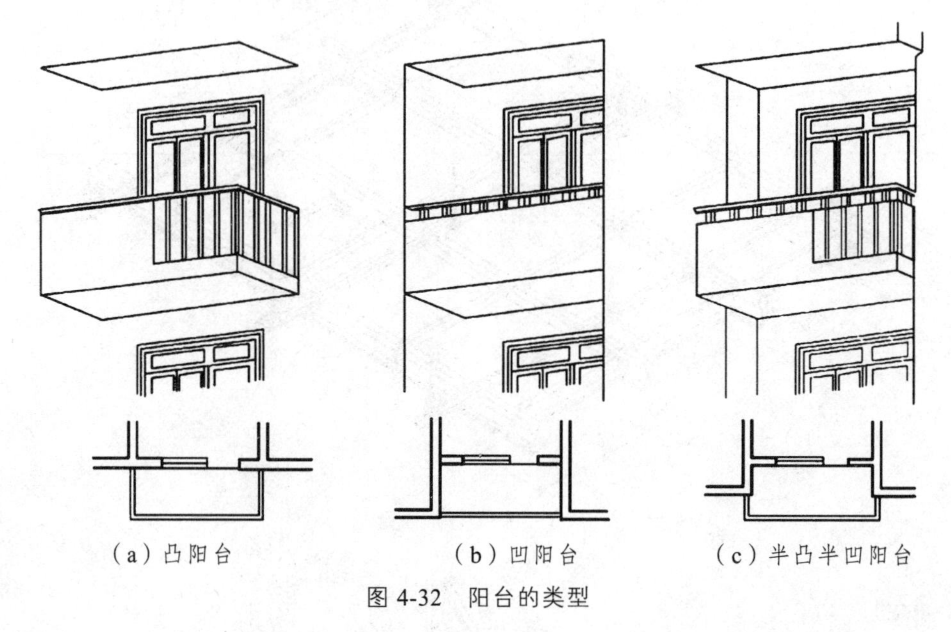

图 4-32 阳台的类型

阳台平面尺寸的确定涉及建筑的使用功能和结构的经济性与安全性。阳台悬挑尺寸大，则使用空间大，但遮挡室内阳光，不利于室内采光和日照；并且悬挑长度过大，在结构上不经济。一般悬挑长度以 1.2 ~ 1.5 m 为宜，过小不便使用，过大则增加结构自重。阳台的宽度通常等于一个开间，以方便结构处理。

4.5.2 阳台结构的布置方式

1. 挑梁式

挑梁式即从承重墙内外伸挑梁，其上搁置预制楼板，阳台荷载通过挑梁传给承重墙的阳台布置方式。这种结构布置简单，其传力直接、明确，但由于挑梁尺寸较大，因此阳台外形笨重。为美观起见，可在挑梁端头设置面梁，这样既可以遮挡挑梁头，又可以承受阳台栏杆的重量，还可以加强阳台的整体性，如图 4-33 所示。

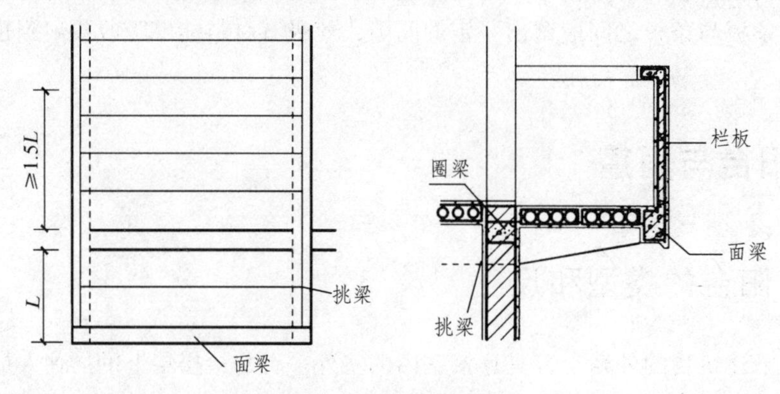

图 4-33 挑梁式阳台

2. 挑板式

挑板式是利用阳台板的楼板向外悬挑一部分的阳台布置方式。这种阳台构造简单、造型轻巧。但阳台与室内楼板在同一标高，雨水易进入室内。挑板式阳台的挑板厚度不小于挑出长度的 1/12，如图 4-34 所示。

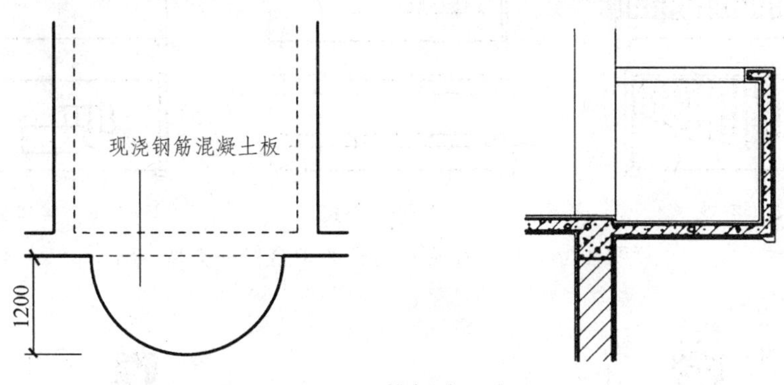

图 4-34　挑板式阳台

3. 压梁式

压梁式阳台的阳台板仍然是悬挑板，与墙梁现浇在一起，墙梁的截面应与比圈梁大，靠压在纵墙内的阳台梁及其上部墙体以防止阳台倾覆，而且阳台悬挑不宜过长，一般为 1.2 m 左右，并在墙梁两端设托梁压入墙内，如图 4-35 所示。

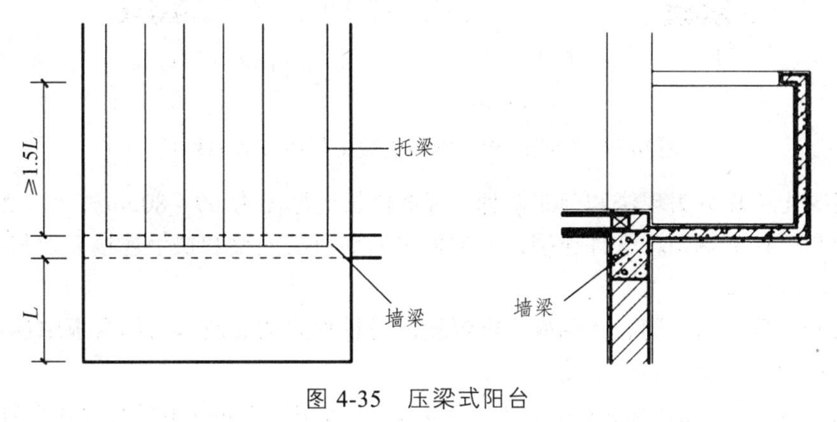

图 4-35　压梁式阳台

4.5.3　阳台的细部构造

1. 阳台栏杆和扶手

阳台栏杆是设置在阳台外围的保护设施，主要供人们扶靠之用，以保障人身安全。栏杆的高度一般为 1.0 ~ 1.2 m，栏杆间的净距不大于 120 mm。栏杆按立面形式的不同有空花式、混合式和实体式之分，如图 4-36 所示；按材料的不同可分为砖砌栏板、钢筋混凝土栏板和金属栏杆。

砖砌栏板的厚度一般为 60 mm 或 120 mm。由于砖砌栏板自重大、整体性差，为保证安全，常在栏板中设置通长钢筋或在外侧固定钢筋网，并采用现浇扶手增强其整体稳定性，如图 4-37 所示。

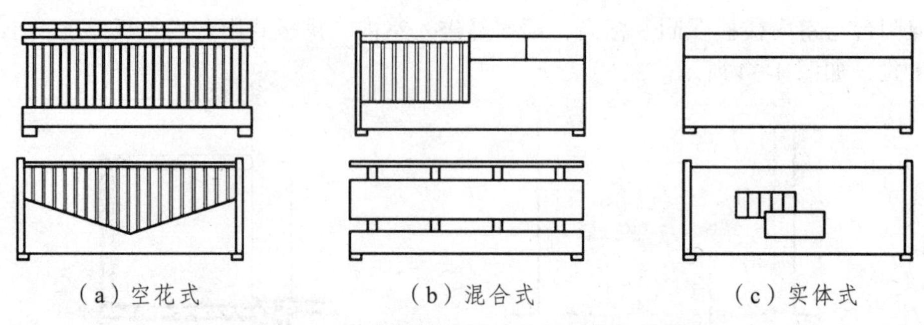

图 4-36 按立面形式划分的阳台栏杆类型

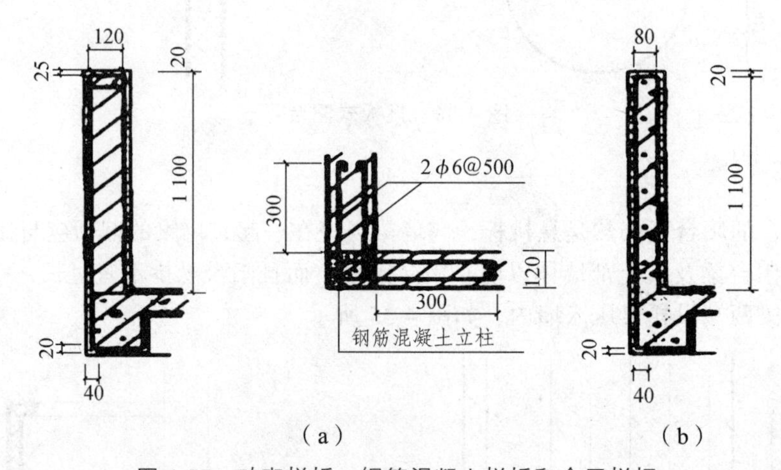

图 4-37 砖砌栏板、钢筋混凝土栏板和金属栏杆

钢筋混凝土栏板分为现浇和预制两种。现浇栏板的厚度为 60 ~ 80 mm，用 C20 细石混凝土现浇。预制栏杆下端预埋铁件连接，上端伸出钢筋可与面梁和扶手连接，因其耐久性和整体性较好，故应用较为广泛。

金属栏杆一般采用方钢、圆钢或扁钢焊接成各种形式的镂花，与阳台板中预埋件焊接或直接插入阳台板的预留孔洞中连接。

栏杆扶手有金属和钢筋混凝土两种。金属扶手一般用ϕ50 mm 钢管与金属栏杆焊接而成；钢筋混凝土扶手用途广泛、形式多样，一般可直接用作栏杆压顶，宽度有 80 mm、120 mm、160 mm 等。

2. 阳台排水

为防止雨水倒灌入室内，阳台必须采取一些排水措施。阳台排水有外排水和内排水两种。外排水适用于低层和多层建筑，即在阳台外侧设置泄水管将水排出。泄水管可采用ϕ40 mm ~ ϕ50 mm 镀锌铁管和塑料管。外挑长度不应小于 80 mm，以防雨水溅到下层阳台，如图 4-38 所示。内排水适用于高层建筑和高标准建筑，即在阳台内侧设置排水立管和地漏，将雨水直接排入地下管网，保证建筑物立面的美观，如图 4-38 所示。

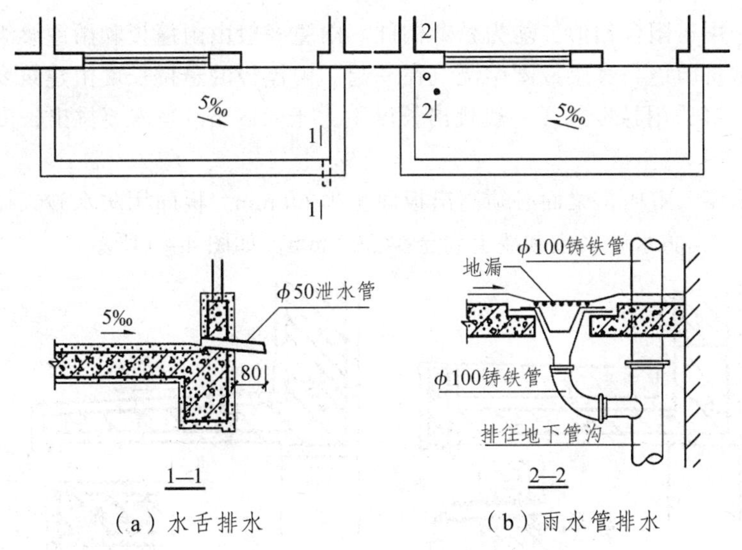

图 4-38　阳台排水构造

3. 阳台保温

在寒冷地区，居住建筑宜将阳台周边用塑钢窗、断桥铝窗等进行围护，且玻璃采用中空玻璃，以形成封闭式阳台。

阳台板是墙体内导热系数最大的嵌入构件，是墙内形成冷桥的主要部位之一。严寒地区宜采取分离式阳台，将阳台与主体结构分离，即将阳台板支承在两侧独立的侧墙上或柱梁组成的独立框架上。

阳台保温的另一措施是阳台栏板的保温，在做墙体保温前要先做好阳台的防水工作，再填充一些保温材料，填充完毕后进行封闭。阳台栏板多采用与外墙相同的保温材料，如聚苯板薄抹灰、胶粉聚苯颗粒浆料、聚苯板现浇混凝土、钢丝网架聚苯板等。

4.5.4　雨　篷

雨篷位于建筑物出入口的上方，用来遮挡雨雪，给人们提供一个室外到室内的过渡空间，并起到保护门和丰富建筑立面的作用，如图 4-39 所示。

图 4-39　雨篷

雨篷受力作用与阳台相似，均为悬臂构件。雨篷一般由雨篷板和雨篷梁组成。为防止雨篷发生倾覆，常将雨篷与过梁或圈梁浇筑在一起。雨篷板的悬挑长度由建筑要求决定，当悬挑长度较小时，可采用悬板式，一般挑出长度不大于 1.5 m；当需要挑出长度较大时，可采用挑梁式。

为防止雨水渗入室内，梁面必须高出板面至少 60 mm。板面用防水砂浆抹面，并向排水口做出 1%的坡度，防水砂浆应顺墙上卷至少 300 mm，如图 4-40 所示。

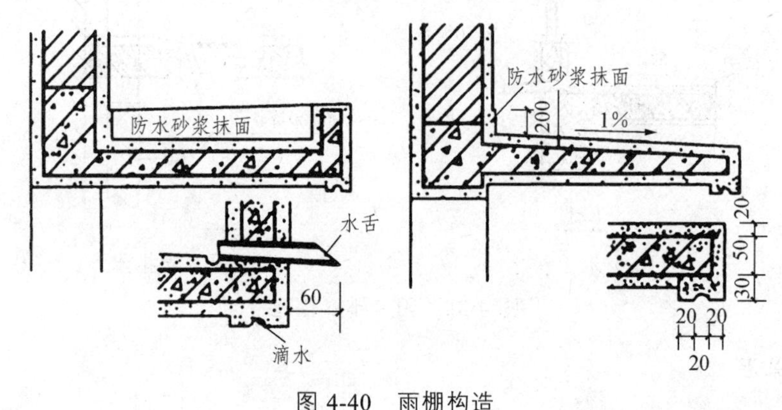

图 4-40 雨棚构造

习 题

一、选择题

1. 地坪层是由（ ）组成。

A. 面层、基层、垫层、附加层　　B. 面层、找平层、垫层、附加层

C. 面层、基层、垫层、结合层　　D. 构造层、基层、垫层、附加层

2. 双向板的概念为（ ）。

A. 板的长短边比值 > 2　　B. 板的长短边比值≥2

C. 板的长短边比值 < 2　　D. 板的长短边比值≤2

3. 由承重横墙上外伸出悬臂梁，并在悬臂梁上铺设预制板或现浇板的阳台结构形式被称为（ ）。

A. 挑梁式　　B. 排板式　　C. 压梁式　　D. 预制板

4. 钢筋混凝土肋梁楼板的传力路线为（ ）。

A. 板→主梁→次梁→墙或柱　　B. 板→墙或柱

C. 板→次梁→主梁→墙或柱　　D. 板→梁→墙或柱

5. 在下列选项中不属于空心板规格的是（ ）。

A. 150 mm　　B. 600 mm　　C. 900 mm　　D. 1 200 mm

6. 楼面或地面与上部楼板底面或吊顶底面之间的距离叫（ ）。

A. 建筑总高度　B. 净高　　C. 开间　　D. 层高

7. 将板直接支承在柱和墙上，不设梁的楼板称为（ ）。

A. 井式楼板　　B. 无梁楼板　　C. 肋梁楼板　　D. 双向板

8. 下列关于散水的说法不正确的是（　　）。

　A. 建筑物四周坡度为 3% ~ 5%的护坡

　B. 宽度一般为 600 ~ 1000 mm

　C. 自由排水式时散水可比屋面檐口窄

　D. 面层纵向距离每隔 6 ~ 12 m 做一道伸缩缝

9. 预制板侧缝间需浇筑细石混凝土，当缝宽大于（　　）时，须在缝内配纵向钢筋。

　A. 20 mm　　B. 50 mm　　C. 60 mm　　D. 65 mm

10. 楼板层的隔声构造措施不正确的是（　　）。

　A. 楼面上铺设地毯　　B. 设置矿棉毡垫层

　C. 做楼板吊顶处理　　D. 设置混凝土垫层

二、简答题

1. 楼板层由哪些部分组成？各有什么作用？

2. 地坪层由哪些部分组成？各有什么作用？

3. 楼板层的主要功能是什么？楼板层的设计要求是什么？

4. 常用的地面做法有什么？举出每类地面的 1 ~ 2 种构造做法？

5. 现浇钢筋混凝土肋梁楼板具有哪些特点？布置原则如何？

6. 装配式钢筋混凝土楼板具有哪些特点？常用的预制板有几种？

7. 简述井式楼板和无梁楼板的特点及适用方法。

8. 顶棚构造的形式有几类？举出每类顶棚的一种构造做法。

第5章 楼 梯

5.1 楼梯概述

5.1.1 楼梯的前世今生

楼梯是建筑物中用于楼层之间垂直交通联系和安全疏散的构件，主要由梯段（又称梯跑）、平台（休息平台）和围护构件等组成。它的出现使人类对于空间的概念有了进一步的认识，只有产生了楼梯，才使建筑有了如此丰富多彩的空间组合和鬼斧神工的外观造型。如果没有楼梯，也许人们至今还在单层空间内活动，我们也只能生活在“二维”的世界中。

楼梯的历史反映了人类的发明创造史。楼梯最早的一个具体表现形式是爬竿（图 5-1），是在树干上刻出一些凹痕形成踏步。此时，楼梯材料多为原木，结构形式与简支梁类似，虽然外形粗糙、受力简单，但也正是从这个原点开始，人类的建筑空间由“二维”走向了“三维”。

而后楼梯被用于一些宗教建筑中，由于宗教建筑一般建于地面上一定高度，而古人总希望有一条通往天国之路，因而宏伟的阶梯应运而生。由于当时的技术条件限制，宏伟建筑多采用抗压性能良好的石块，因此作为建筑重要表现部分的台阶，也采用石材。尽管此时人类已能够利用拱结构完成较大的跨度，但在楼梯技术上还没有明显的突破。

中世纪后，螺旋楼梯（图 5-2）开始出现。在工艺上，螺旋楼梯相比于单跑楼梯更为先进。受力上，螺旋楼梯作为空间受力体系也更为复杂。起初螺旋楼梯被嵌入墙壁内部，陡峭而昏暗，而后人们试着将外墙拆除使其完全暴露出来，楼梯被赋予了一定的美观要求。继而人们又试着将实心中柱变成中空的框架，于是光被引入楼梯中间，梯井出现了。

图 5-1　最早的楼梯

图 5-2　螺旋楼梯

文艺复兴时期，单跑楼梯和螺旋楼梯逐渐被双跑楼梯（图 5-3）取代，楼梯变得更加简洁高效，最终被公认为建筑中有意义的一部分，同时在一些公共建筑中也成为建筑表达的主角。此时的楼梯已与我们今天熟知的板式楼梯和梁式楼梯类似，是今天楼梯最常用的结构形式。

从工业革命一直到现代，随着混凝土、铸铁、钢材等新材料的诞生，人们对于楼梯的创新也达到了惊人的高度，各种轻盈、精致、巧妙的楼梯也随之出现。工程师也试着把悬吊结构、空间网格结构、张拉结构等各种结构形式应用于楼梯，使之完成各种奇异、复杂的形状。

大名鼎鼎的卢浮宫悬浮螺旋楼梯（图 5-4），在新拿破仑大厅上空的空间中是一个关键性元素。楼梯给人的第一印象是薄，按道理这座旋转楼梯只有上部和下部有支点，中间和圆筒形电梯是脱开的，怎么可以做到这么薄？其实是一个感官错觉，楼梯内弧梁采用箱形截面，截面做得很大，在空间上像是一个“弹簧”。外弧梁由内弧箱梁悬挑而出，因此截面很小。同时，设计师将踏步板置于梯梁上部，并采用玻璃栏杆，显得外侧更加薄。最终通过吊顶，让楼梯底部形成一个完整的弧面，整个楼梯就犹如悬浮起来了。

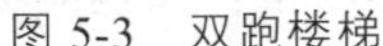

图 5-3　双跑楼梯

图 5-4　卢浮宫悬浮螺旋楼梯

5.1.2　楼梯的组成

楼梯一般由梯段、平台、栏杆扶手三部分组成，如图 5-5 所示。

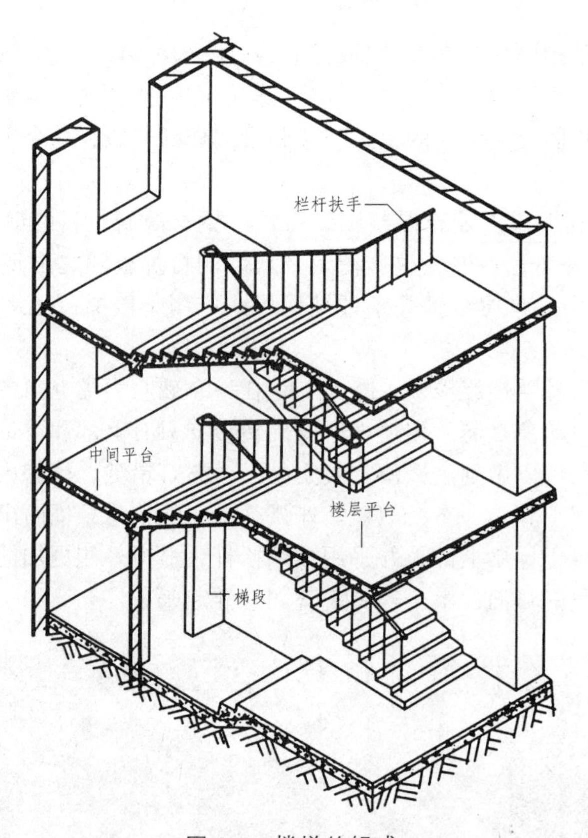

图 5-5 楼梯的组成

1. 梯 段

梯段俗称梯跑，是联系两个不同标高平台的倾斜构件。梯段通常为板式梯段，也可以由踏步板和梯斜梁组成梁板式梯段。为了减轻疲劳，梯段的踏步步数一般不宜超过 18 级，但也不宜少于 3 级，因梯段步数太多使人连续疲劳，步数太少则不易为人察觉。

2. 楼梯平台

楼梯平台按所处位置和标高不同，有中间平台和楼层平台之分。两楼层之间的平台称为中间平台，用来供人们行走时调节体力和改变行进方向。而与楼层地面标高齐平的平台称为楼层平台，除起着与中间平台相同的作用外，还用来分配从楼梯到达各楼层的人流。

3. 栏杆扶手

栏杆扶手是设在梯段及平台边缘的安全保护构件。当梯段宽度不大时，可只在楼梯的组成梯段临空面设置；当梯段宽度较大时，非临空面也应加设靠墙扶手；当梯段宽度很大时，则需在梯段中间加设中间扶手。

楼梯作为建筑空间竖向联系的主要部件，其位置应明显，以起到提示引导人流的作用，并要充分考虑其造型美观、人流通行顺畅、行走舒适、结构坚固、防火安全的要求，同时还应满足施工和经济条件的要求。因此，需要合理地选择楼梯的形式、坡度、材料、构造做法，精心地处理好其细部构造。

5.1.3 楼梯形式

楼梯形式（图 5-6）的选择取决于所处位置、楼梯间的平面形状与大小、楼层高低与层数、人流多少与缓急等因素，设计时需综合权衡这些因素。

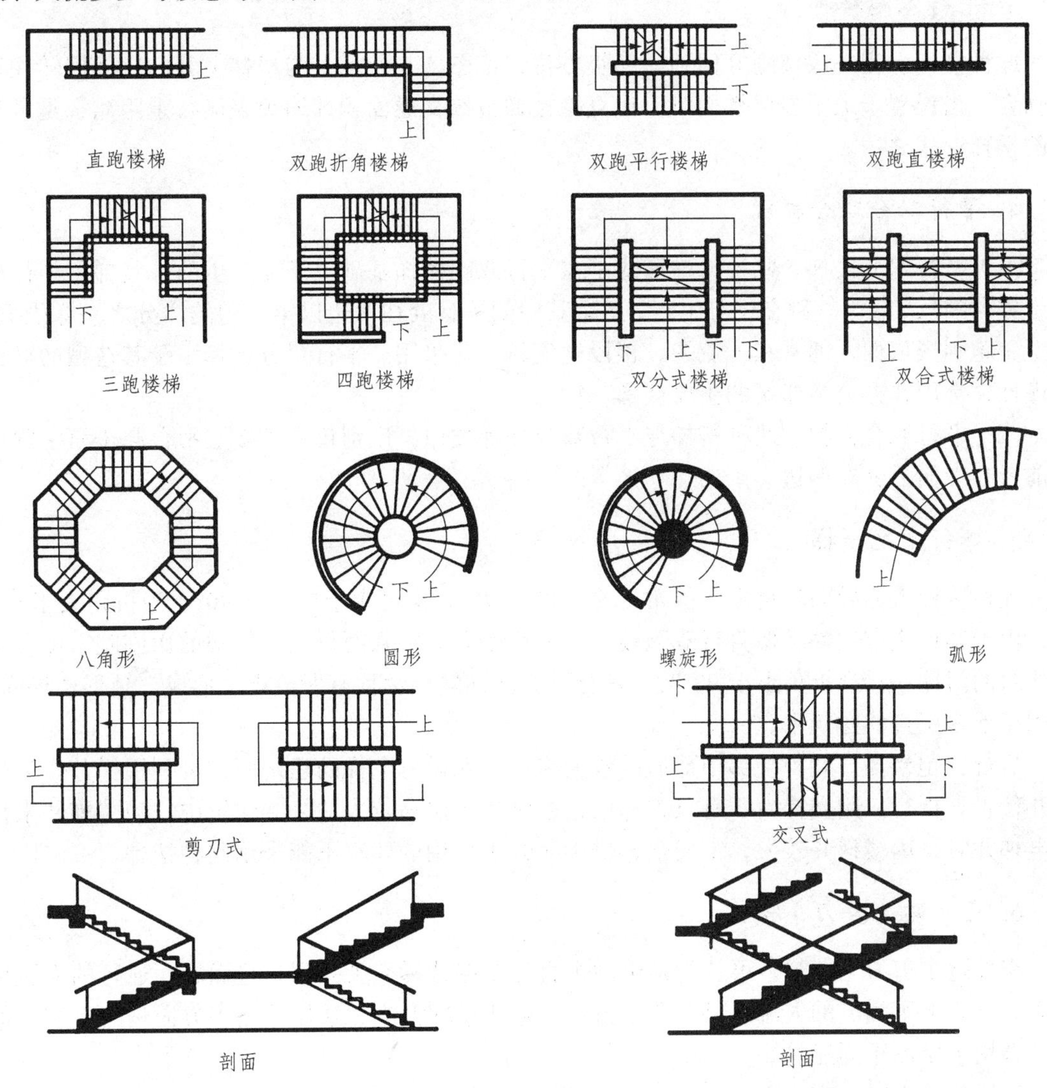

图 5-6 楼梯的形式

1. 直行单跑楼梯

此种楼梯无中间平台，由于单跑楼梯梯段踏步数一般不超过 18 级，故仅用于层高不高的建筑。

2. 直行多跑楼梯

此种楼梯是直行单跑楼梯的延伸，仅增设了中间平台，将单梯段变为多梯段，一般为双跑梯段，适用于层高较大的建筑。

直行多跑楼梯给人以直接、顺畅的感觉，导向性强，在公共建筑中常用于人流较多的大厅。但是，由于其缺乏方位上回转上升的连续性，当用于需上下多层楼面的建筑，会增加交通面积并加长人流行走的距离。

3. 平行双跑楼梯

此种楼梯上完一层楼刚好回到原起步方位，如图 5-6 所示，与楼梯上升的空间回转往复性吻合，当设置于上下多层楼面时，比直跑楼梯节约交通面积并缩短人流行走距离，是最常用的楼梯形式之一。

4. 平行双分双合楼梯

（1）平行双分楼梯。此种楼梯形式是在平行双跑楼梯基础上演变产生的。其梯段平行而行走方向相反，且第一跑在中部上行，然后其中间平台处往两边以第一跑的二分之一梯段宽，各上一跑到楼层面，通常在人流多、楼段宽度较大时采用。平行双分楼梯由于其造型的对称严谨性，常用作办公类建筑的主要楼梯。

（2）平行双合楼梯。此种楼梯与平行双分楼梯类似，区别仅在于楼层平台起步第一跑梯段前者在中而后者在两边。

5. 折行多跑楼梯

此种楼梯人流导向较自由，折角可变，可为 90°，也可大于或小于 90°。当折角大于 90°时，由于其行进方向性类似直行双跑楼，故常用于导向性强而仅上一层楼的影剧院、体育馆等建筑的门厅中；当折角小于 90°时，其行进方向回转延续性有所改观，形成三角形楼梯间，可用于上多层楼的建筑中。

折行三跑楼梯，此种楼梯中部形成较大梯井，在设有电梯的建筑中，可利用梯井作为电梯井位置。折行三跑楼梯由于有三跑梯段，故常用于层高较大的公共建筑中。当楼梯井未作为电梯井时，因楼梯井较大，不安全，供少年儿童使用的建筑不能采用此种楼梯。

6. 交叉跑（剪刀）楼梯

交叉跑（剪刀）楼梯，可认为是由两个直行单跑楼梯交叉并列布置而成，通行的人流量较大，且为上下楼层的人流提供了两个方向，对于空间开敞、楼层人流多方向进入有利，但仅适合用于层高小的建筑。

当层高较大时，交叉跑（剪刀）楼梯应设置中间平台，中间平台为人流变换行进方向提供了条件，适用于层高较大且有楼层人流多向性选择要求的建筑如商场、多层食堂等。

交叉跑（剪刀）楼梯中间加上防火分隔墙，并在楼梯周边设防火墙、防火门形成楼梯间，就成了防火交叉跑（剪刀）楼梯。其特点是两边梯段空间互不相通，形成两个各自独立的空间通道，这种楼梯可以视为两部独立的疏散楼梯，满足双向疏散的要求。防火交叉跑（剪刀）楼梯由于其水平投影面积小，节约了建筑空间，常在有双向疏散要求的高层居住建筑中采用。

7. 螺旋形楼梯

螺旋形楼梯通常是围绕一根单柱布置，平面呈圆形。其平台和踏步均为扇形平面，踏步内侧宽度很小，并形成较陡的坡度，行走时不安全，且构造较复杂。这种楼梯不能作为主要人流交通和疏散楼梯，但由于其流线形造型美观，常作为建筑小品布置在庭院或室内。

为了克服螺旋形楼梯内侧坡度过陡的缺点，在较大型的楼梯中，可将其中间的单柱变为群柱或筒体，如图 5-6 所示。

8. **弧形楼梯**

弧形楼梯与螺旋形楼梯的不同之处在于它围绕一较大的轴心空间旋转，未构成水平投影圆，仅为一段弧环，并且曲率半径较大。其扇形踏步的内侧宽度也较大，使坡度不至于过陡，可以用来通行较多的人流。弧形楼梯也是折行楼梯的演变形式，当布置在公共建筑的门厅时，具有明显的导向性和优美轻盈的造型，但其结构和施工难度较大，通常采用现浇钢筋混凝土结构。

5.1.4　楼梯的坡度

楼梯坡度与建筑物的性质有关，主要依据是建筑物内主要使用人群的体征状况以及通行的情况。例如交通建筑的楼梯坡度较缓，以适应大量携带行李的人群行走，而一般居民住宅的楼梯坡度可以相对陡一些，是因为行走的人流量不大，而且建筑层高不高。为此，《民用建筑设计通则》（GB 50352—2005）对不同类型的建筑物给出了楼梯踏步最小宽度和最大高度。设计时参照此执行，可以做到兼顾楼梯的舒适性和经济性两方面。

常用的楼梯坡度范围在 20° ~ 38°，其中以 30°左右较为适宜，如图 5-7 所示。如公共建筑中的楼梯及室外的台阶常采用 26° ~ 34°的坡度，即踢面高与踏面深之比为 1 : 2。居住建筑的户内楼梯可以达到 45°。坡度达到 60°的属于爬梯的范围。坡道的坡度一般都在 15°以下，若坡度在 6°或者说是在 1 : 12 以下的，属于平缓的坡道。坡道的坡度达到 1 : 10，就应该采取防滑措施。

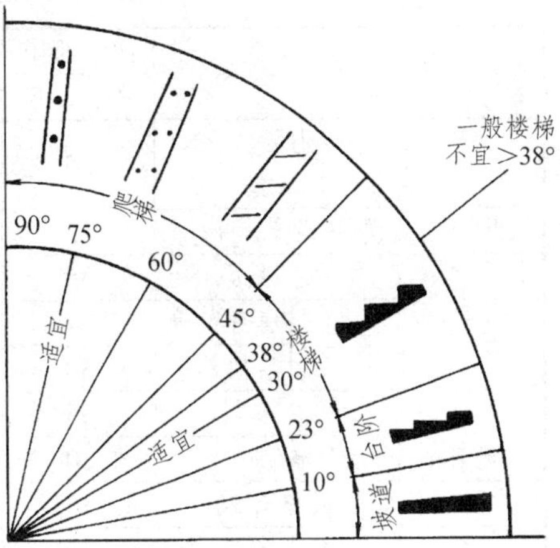

图 5-7　楼梯的坡度

5.1.5　楼梯数量与疏散距离

楼梯除了日常交通功能外，还是紧急情况下安全疏散的主要通道。

《建筑设计防火规范》（GB 50016—2014）（2018 年版）规定，公共建筑内每个防火分区或一个防火分区的每个楼层，其安全出口的数量应经计算确定，且不应少于 2 个。符合下列条件之一的公共建筑，可设置 1 个安全出口或 1 部疏散楼梯：

（1）除托儿所、幼儿园外，建筑面积不大于 200 m² 且人数不超过 50 人的单层公共建筑或多层公共建筑的首层。

（2）除医疗建筑，老年人照料设施，托儿所、幼儿园的儿童用房，儿童游乐厅等儿童活动场所和歌舞娱乐放映游艺场所等外，符合表 5-1 规定的公共建筑。

表 5-1 可设置 1 部疏散楼梯的公共建筑

耐火等级	最多层数	每层最大建筑面积/m²	人数
一、二级	3 层	200	第二、三层的人数之和不超过 50 人
三级	3 层	200	第二、三层的人数之和不超过 25 人
四级	2 层	200	第二层人数不超过 15 人

公共建筑的安全疏散距离应符合下列规定：

（1）直通疏散走道的房间疏散门至最近安全出口的直线距离不应大于表 5-2 的规定。

（2）楼梯间应在首层直通室外，确有困难时，可在首层采用扩大的封闭楼梯间或防烟楼梯间前室。当层数不超过 4 层且未采用扩大的封闭楼梯间或防烟楼梯间前室时，可将直通室外的门设置在离楼梯间不大于 15 m 处。

（3）房间内任一点至房间直通疏散走道的疏散门的直线距离，不应大于表 5-2 规定的袋形走道两侧或尽端的疏散门至最近安全出口的直线距离。

（4）一、二级耐火等级建筑内疏散门或安全出口不少于 2 个的观众厅、展览厅、多功能厅、餐厅、营业厅等，其室内任一点至最近疏散门或安全出口的直线距离不应大于 30 m；当疏散门不能直通室外地面或疏散楼梯间时，应采用长度不大于 10 m 的疏散走道通至最近的安全出口。当该场所设置自动喷水灭火系统时，室内任一点至最近安全出口的安全疏散距离可分别增加 25%。

表 5-2 直通疏散走道的房间疏散门至最近安全出口的直线距离 m

名称			位于两个安全出口之间的疏散门			位于袋形走道两侧或尽端的疏散门		
			一、二级	三级	四级	一、二级	三级	四级
托儿所、幼儿园、老年人照料设施			25	20	15	20	15	10
歌舞娱乐放映游艺场所			25	20	15	9	—	—
医疗建筑	单、多层		35	30	25	20	15	10
	高层	病房部分	24	—	—	12	—	—
		其他部分	30	—	—	15	—	—
教学建筑	单、多层		35	30	25	22	20	10
	高层		30	—	—	15	—	—
高层旅馆、展览建筑			30	—	—	15	—	—
其他建筑	单、多层		40	35	25	22	20	15
	高层		40	—	—	20	—	—

注：① 建筑内开向敞开式外廊的房间疏散门至最近安全出口的直线距离可按本表的规定增加 5 m。

② 直通疏散走道的房间疏散门至最近敞开楼梯间的直线距离，当房间位于两个楼梯间之间时，应按本表的规定减少 5 m；当房间位于袋形走道两侧或尽端时，应按本表的规定减少 2 m。

③ 建筑物内全部设置自动喷水灭火系统时，其安全疏散距离可按本表的规定增加 25%。

5.2 楼梯尺度

5.2.1 踏步尺度

楼梯的坡度在实际应用中均由踏步高宽比决定，坡度一般控制在 30°左右，对仅供少数人使用的楼梯则放宽要求，但不宜超过 45°。楼梯踏步高宽比是根据楼梯坡度要求和不同类型人体自然跨步（步距）要求确定的，需根据人流行走的舒适、安全和楼梯间的尺度、面积等因素进行综合权衡。步距是按 $2r+g=$ 水平跨步距离公式确定的。式中：r 为踏步高度；g 为踏步宽度，成人和儿童、男性和女性、青壮年和老年人均有所不同，一般在 560 ~ 630 mm 内，少年儿童在 560 mm 左右，成人在 600 mm 左右。人流量大、安全要求高的楼梯坡度应该平缓一些，反之则可陡一些，以利节约楼梯水平投影面积。

楼梯踏步的踏步高和踏步宽尺寸一般根据经验数据确定，见表 5-3。

表 5-3 楼梯坡度及步距

楼梯类别	最小宽度/mm	最大高度/mm	坡度	步距/mm
住宅共用楼梯	260	175	33.94°	610
幼儿园、小学等	260	150	29.98°	560
电影院、商场等	280	160	29.74°	600
其他建筑等	260	170	33.18°	600
专用疏散楼梯等	250	180	35.75°	610
服务楼梯、住宅套内楼梯	220	200	42.27°	620

踏步的高度，成人以 150 mm 左右较适宜，不应高于 175 mm。踏步的宽度（水平投影宽度）以 300 mm 左右为宜，不应窄于 260 mm。当踏步宽度过宽时，将导致梯段水平投影面积增加；而踏步宽度过窄时，会使人流行走不安全。为了在踏步宽度一定的情况下增加行走舒适度，常将踏步出挑 20 ~ 30 mm，使踏步实际宽度大于其水平投影宽度，如图 5-8 所示。

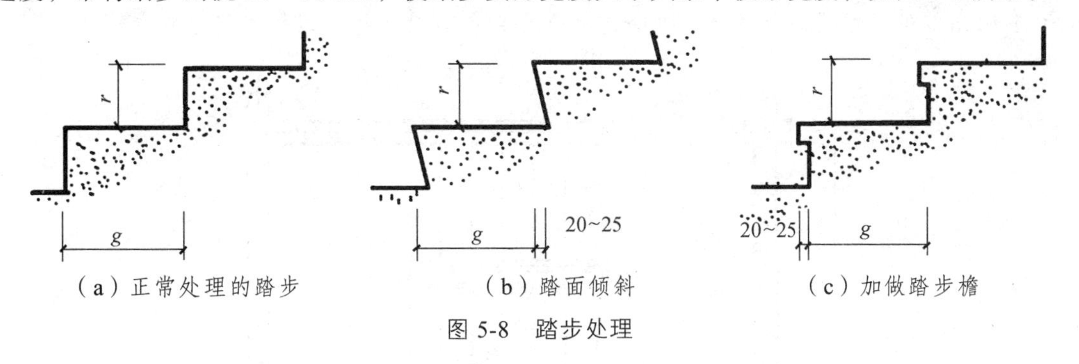

（a）正常处理的踏步　（b）踏面倾斜　（c）加做踏步檐

图 5-8 踏步处理

5.2.2 梯段尺度

梯段尺度分为梯段宽度和梯段长度。梯段宽度应根据紧急疏散时要求通过的人流股数 多少确定。楼梯梯段宽度在防火规范中以每股人流为 0.55 m 计，并规定按两股人流计取时最小宽度不应小于 1.10 m，这对疏散楼梯是适用的，而对平时用作交通的楼梯则不完全适用，尤其是人员密集的公共建筑（如商场、剧场、体育馆等）主要楼梯应考虑多股人流通行，使垂直交通不造成拥挤和阻塞现象。此外，人流宽度按 0.55 m 计算是最小值，实际上人体在行进中有一定摆幅和相互间空隙，因此每股人流为 0.55 m +（0 ~ 0.15）m，0 ~ 0.15 m 即为人流众多时的附加值，单人行走楼梯梯段宽度还需要适当加大，见图 5-9。

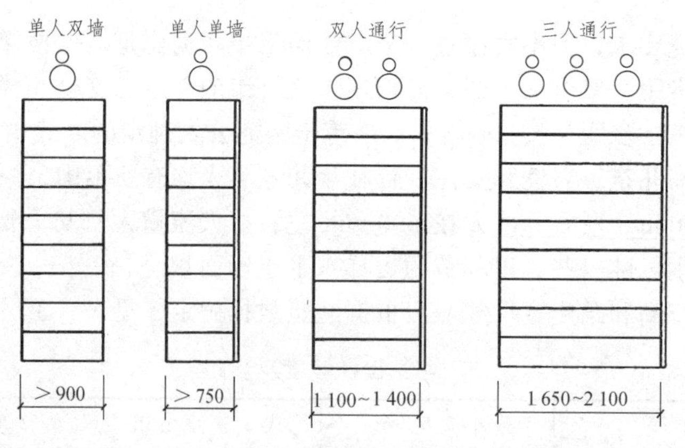

图 5-9 楼梯梯段宽度

梯段长度 L 则是每一梯段的水平投影长度，其值为 $L=b\times(N-1)$，其中 b 为踏面水平投影步宽，N 为梯段踏步数，此处需注意踏步数为踢面高步数，一跑的踏步数不应超过 18 级，若超过 18 级台阶，则中间须设置休息平台。

5.2.3 平台宽度

平台宽度分为中间平台宽度和楼层平台宽度。梯段改变方向时，扶手转向端处的平台最小宽度不应小于梯段宽度，并不得小于 1.20 m，当有搬运大型物件需要时应适量加宽，以保持疏散宽度的一致，并能使家具等大型物件通过，见图 5-10。医院建筑还应保证担架在平台处能转向通行，其中间平台宽度应不小于 1.80 m。对于直行多跑楼梯，其中间平台宽度不宜小于 1.20 m。对于楼层平台宽度，则应比中间平台更宽松一些，以利人流分配和停留。

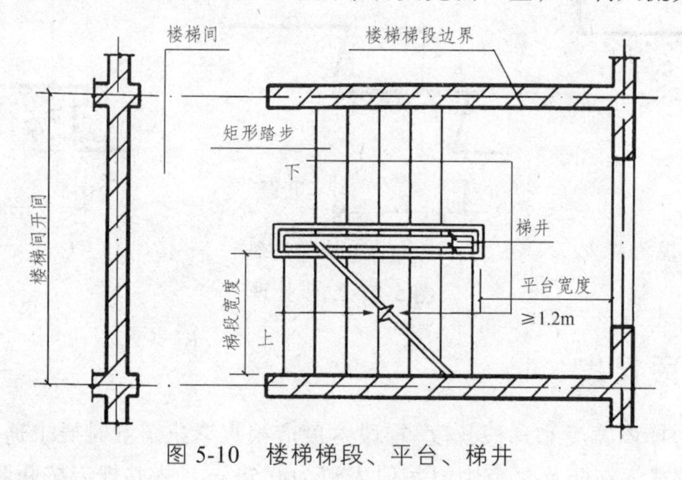

图 5-10 楼梯梯段、平台、梯井

5.2.4 梯井宽度

所谓梯井，系指梯段之间形成的空隙，此空隙从顶层到底层贯通，见图 5-10。根据实际操作和平时使用安全需要，规范规定公共疏散楼梯梯段之间空隙的宽度不小于 150 mm，主要考虑火灾时消防员进入建筑后，能利用楼梯间内两梯段及扶手之间的空隙向上吊挂水带，快速展开救援作业。对于住宅建筑，也要尽可能满足此要求。

为了安全，梯井宽度应小，以 60 ~ 200 mm 为宜。根据《民用建筑设计通则》(GB 50352—2005）中的规定，小孩活动的建筑，楼梯井宽度大于 0.2 m 时，必须采取防止儿童攀滑的措施，即在扶手上设高度≥50 mm 的防滑块或凸出物。

5.2.5　楼梯尺寸计算

在进行楼梯构造设计时，应对楼梯各细部尺寸进行详细的计算。现以常用的平行双跑楼梯为例，说明楼梯尺寸的计算方法，如图 5-11 所示。

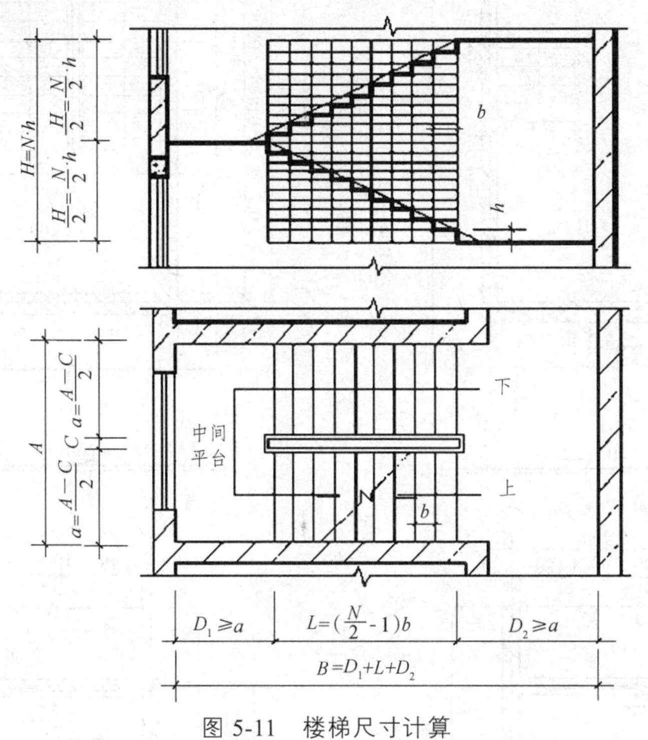

图 5-11　楼梯尺寸计算

（1）根据层高 H 和初选步高 h 定每层步数。为了减少构件规格，一般应尽量采用等跑梯段，因此 N 宜为偶数。如所求出为奇数或非整数，可反过来调整步高 h。

（2）根据步数 N 和初选步宽 b 决定梯段水平投影长度 L，$L=(0.5N-1)\times b$。

（3）确定梯井宽度。公共疏散楼梯梯井宽度不小于 150 mm，为了安全以 60 ~ 200 mm 为宜。

（4）根据楼梯间开间净宽 A 和梯井宽 C 确定梯段宽度 a，$a=(A-C)/2$。同时检验其通行能力是否满足紧急疏散时人流股数要求，如不能满足，则应对梯井宽 C 或楼梯间开间净宽 A 进行调整。

根据初选中间平台宽 D_1 和楼层平台宽 D_2 以及梯段水平投影长度 L 检验楼梯间进深净长度 B，$B=D_1+L+D_2$。如不能满足，可对 L 值进行调整（即调整 b 值）。必要时，则需调整 B 值。

在 B 值一定的情况下，如尺寸有富裕，一般可加宽 b 值以减缓坡度或加宽 D_2 值以利于楼层平台分配人流。

在装配式楼梯中，D_1 和 D_2 值的确定尚需注意使其符合平台预制板安放尺寸，或使异形尺寸板仅在一个平台，减少异形板数量。

图 5-12 为某商业双跑楼梯建筑施工图，包含了各层平面图和剖面图。

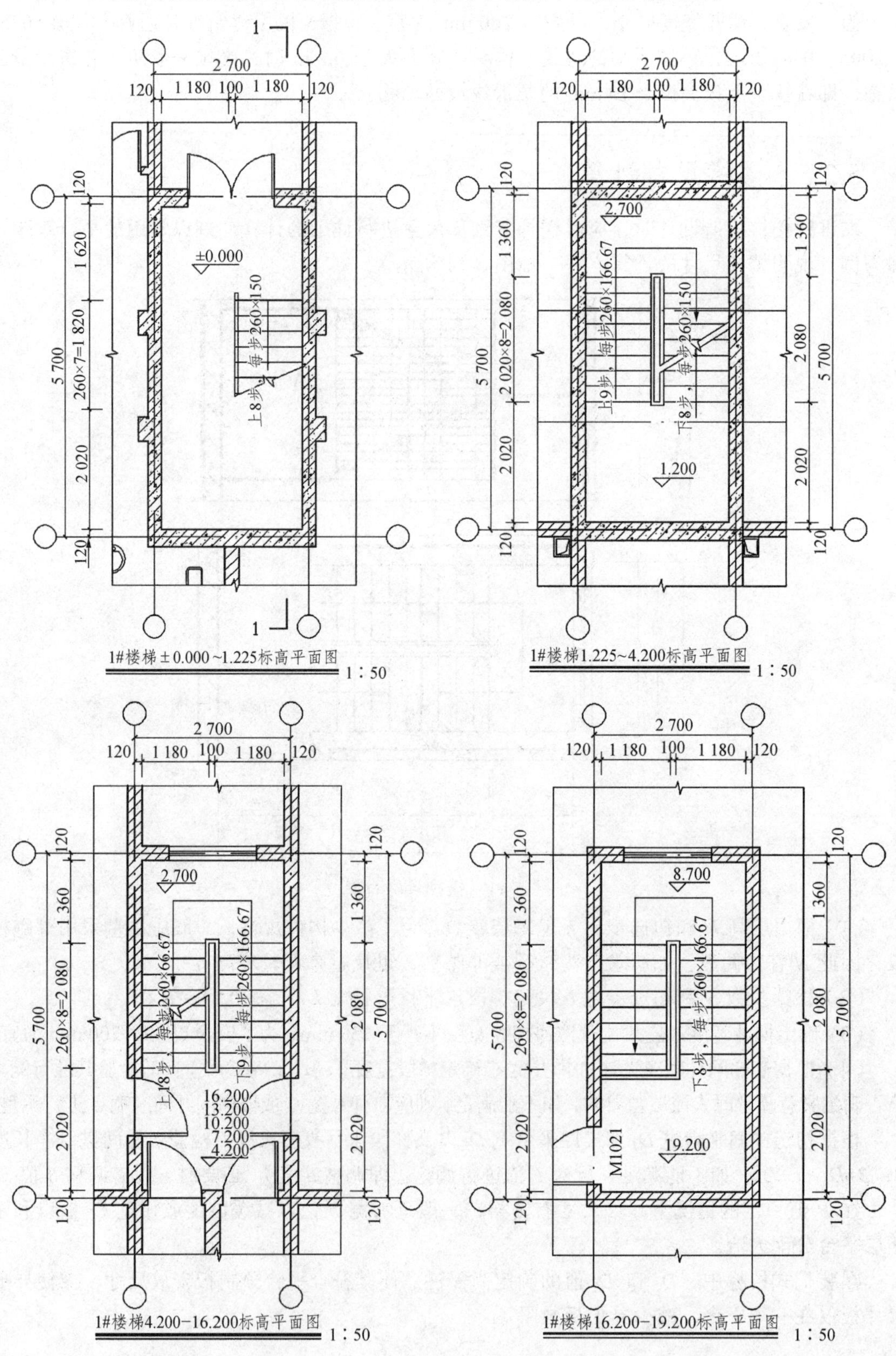

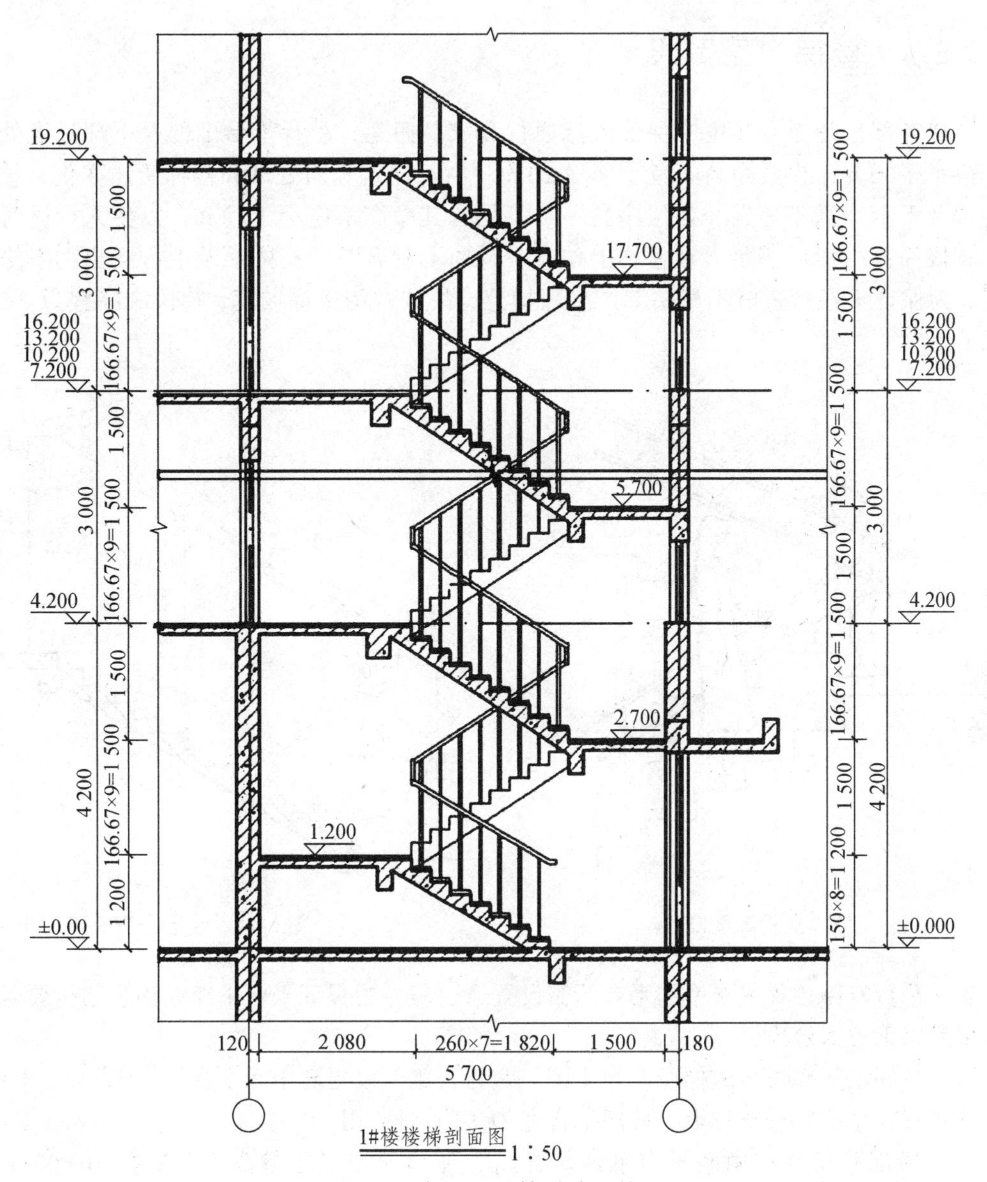

图 5-12　某商业双跑楼梯建筑施工图

5.2.6　栏杆扶手尺度

楼梯栏杆扶手的设计，首先要确定其扶手的高度。对于临空扶手，其高度的确定要考虑避免梯段上行走者的跌落；对于靠墙扶手和中间扶手，主要考虑行走者抓扶的方便。

根据成年男性平均身高尺寸，其身体重心的高度一般在 1 ~ 1.05 m，防止跌落的扶手高度应不低于这一身体重心高度。室内楼梯不宜小于 0.90 m，靠楼梯梯井一侧水平扶手超过 0.5 m 长时，其高度不应小于 1.05 m。室外楼梯的栏杆临空高度 < 24 m 时，栏杆高度不应低于 1.05 m；临空高度≥24 m 时，栏杆高度不应低于 1.10 m；高层建筑的室外楼梯栏杆高度应再适当提高，但不宜超过 1.20 m。此外，对于幼儿园等供儿童使用的楼梯，应在 500 ~ 600 mm 高度增设扶手，见图 5-13。

5.2.7 楼梯净空高度

楼梯各部位的净空高度应保证人流通行和家具搬运，楼梯平台上部及下部过道处的净高不应小于 2 m，梯段净高不宜小于 2.20 m。由于建筑竖向处理和楼梯做法变化，楼梯平台上部及下部净高不一定与各层净高一致，此时其净高不应小于 2 m，以使人行进时不碰头。梯段净高一般应满足人在楼梯上伸直手臂向上旋升时手指刚触及上方突出物下缘一点为限，为保证人在行进时不碰头和产生压抑感，故按常用楼梯坡度，梯段净高宜为 2.20 m，见图 5-14。

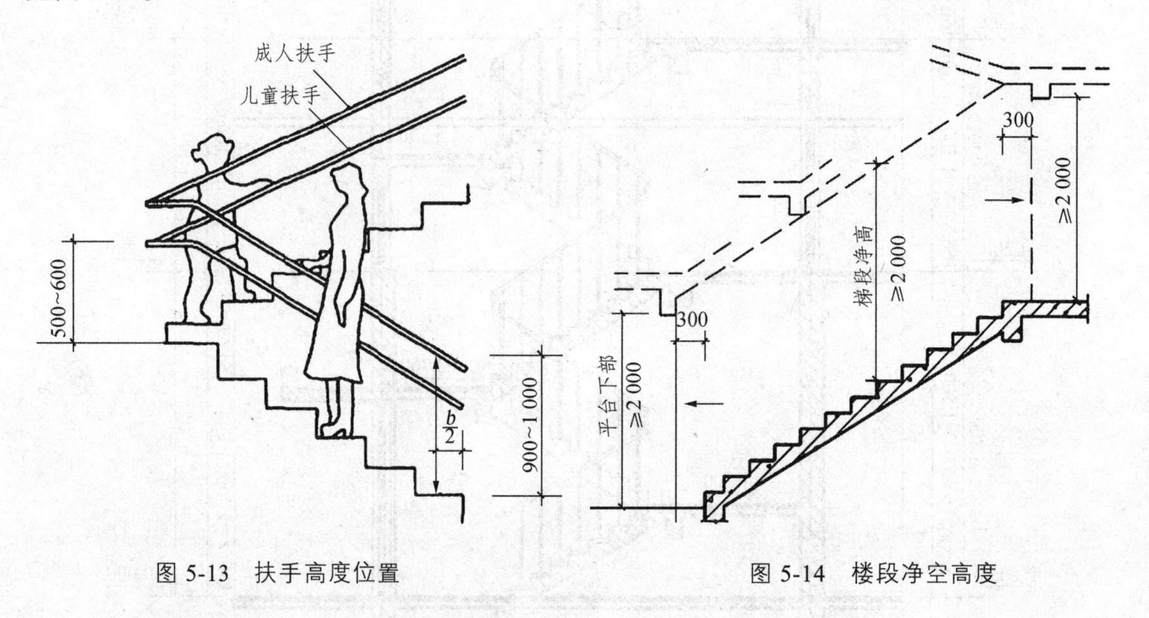

图 5-13 扶手高度位置

图 5-14 楼段净空高度

当在平行双跑楼梯底层中间平台下需设置通道时，为保证平台下净高满足通行要求，一般可采用以下方式解决：

（1）在底层变作长短跑梯段。起步第一跑为长跑，以提高中间平台标高[图 5-15（a）]。这种方式仅在楼梯间进深较大、底层平台宽 D_2 富裕时适用。

（2）局部降低底层中间平台下地坪标高，使其低于底层室内地坪标高 ±0.000，以满足净空高度要求。但降低后的中间平台下地坪标高仍应高于室外地坪标高，以免雨水内溢[图 5-15（b）]。这种处理方式可保持等跑梯段，使构件统一。但中间平台下地坪标高的降低，常依靠底层室内地坪 ±0.000 标高绝对值的提高来实现，可能增加填土方量或将底层地面架空。

（3）综合上两种方式，在采取长短跑梯段的同时，又适当降低底层中间平台下地坪标高[图 5-15（c）]。这种处理方可兼有前两种方式的优点，并弱化其缺点。

（4）底层用直行单跑或直行双跑楼梯直接从室外上二层[图 5-15（d）]。这种方式常用于住宅建筑，设计时需注意入口处雨篷底面标高的位置，保证净空高度在 2.20 m 以上。

（5）在楼梯间顶层，当楼梯不上屋顶时，由于局部净空高度大，空间浪费，可在满足楼梯净空要求情况下局部加以利用，例如做成小储藏间，如图 5-16 所示。

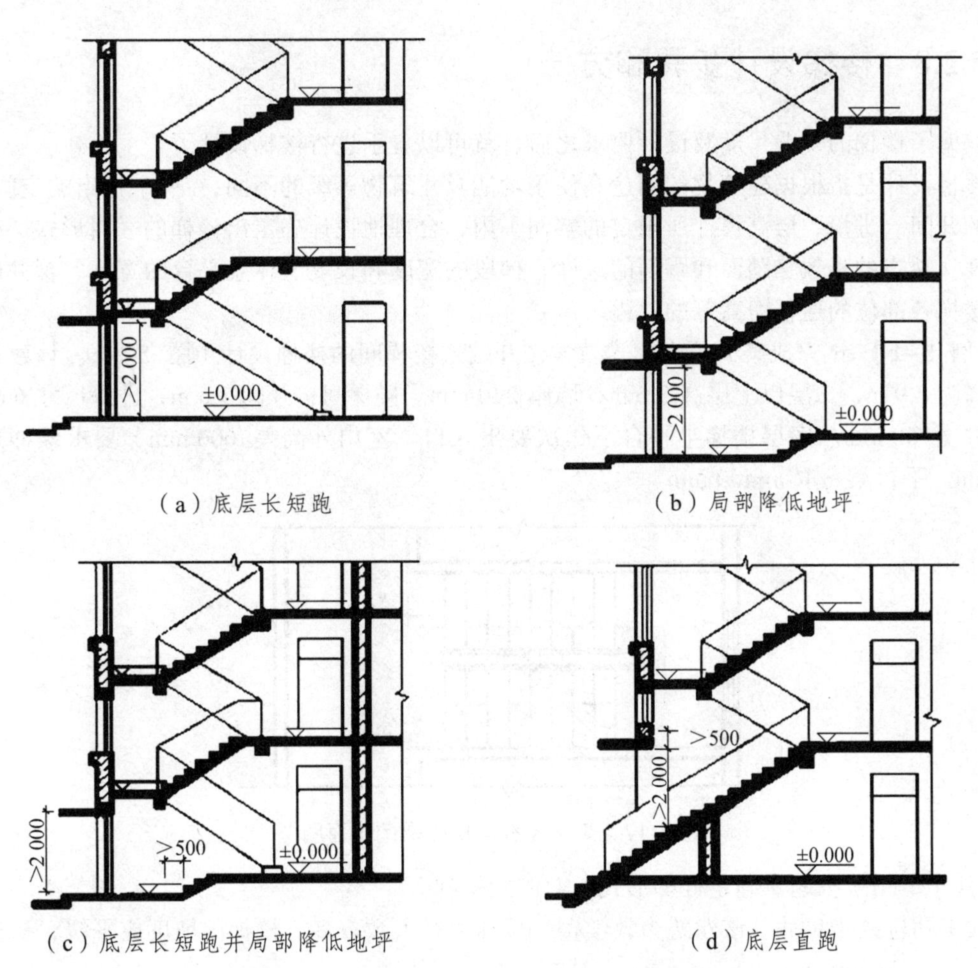

(a) 底层长短跑

(b) 局部降低地坪

(c) 底层长短跑并局部降低地坪

(d) 底层直跑

图 5-15 底层中间平台下作出入口的处理方式

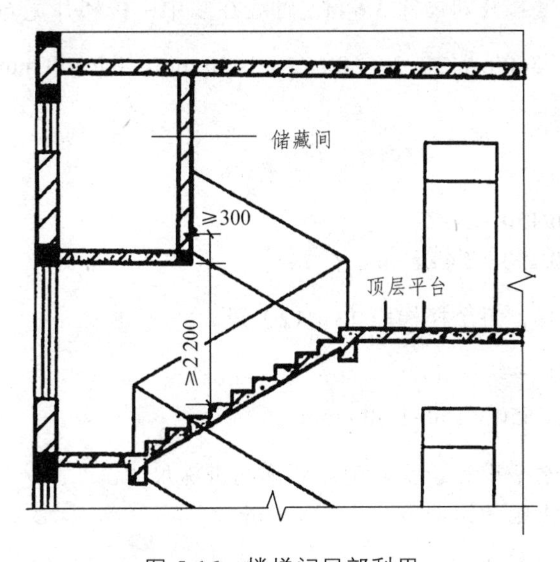

图 5-16 楼梯间局部利用

5.2.8 楼梯设计步骤和方法

掌握了楼梯的一般尺度及设计要求之后，就可以着手进行楼梯设计了。

楼梯设计是指根据建筑物的用途和使用功能及建筑物等级的不同，在一个特定的空间（楼梯间的开间、进深、层高尺寸所限定的空间）内，合理地设计确定出楼梯的平面形式、梯段的坡度、踏步的步数、踏面和踢面的尺寸、梯段的宽度和长度、休息平台的宽度、梯井的宽度及楼梯各部位的通行净高等的过程。

【例 5-1】 试完成某学校内廊式教学楼开敞式楼梯间的楼梯设计（图 5-17）。该建筑底层层高为 3.9 m，二层以上层高 3.6 m，墙厚 240 mm。楼梯间：开间 3.6 m，进深尺寸 6.6 m，楼梯井宽 60 mm。底层楼梯半平台下作次要出入口。室内外高差 600 mm，要求缓冲尺寸 550 mm。平台梁高取 h=400 mm。

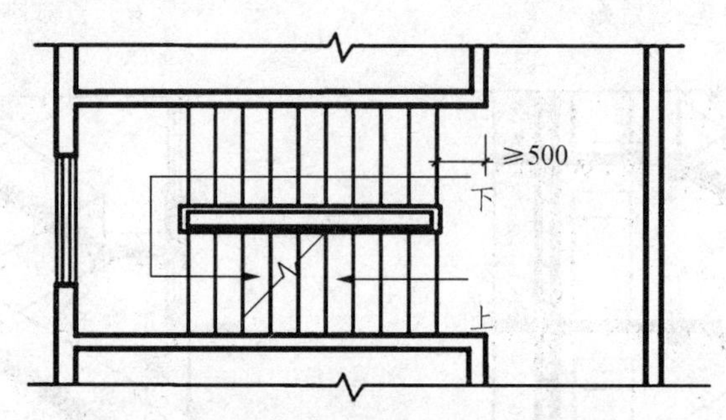

图 5-17 某学校教学楼楼梯间平面图

【解】（1）据题意确定楼梯形式：双跑式楼梯。

（2）初选踏步尺寸：该建筑为教学楼，楼梯通行人数较多，楼梯的坡度应平缓，初选：h=150 mm，b=300 mm。

（3）计算楼梯段宽度：开间尺寸 3.6 m，轴线在墙中，楼梯井宽 60 mm。即：

$$a = (3600 - 120\times 2 - 60)/2 = 1650\ \text{mm} \in (1\,500\ \text{mm},\ 1800\ \text{mm})$$

满足通行三股人流的要求。

（4）确定踏步级数：

$$3\,900/150 = 26\ \text{级}$$
$$3\,600/150 = 24\ \text{级}$$

初步确定为等跑楼梯，每个楼梯段 13（12）级。

（5）确定平台宽度：

$$D_1 \geqslant 1\,650 + 150 = 1\,800\ \text{mm}$$

（6）确定楼梯段的水平投影长度，验算楼梯间进深尺寸。

注意第一级踏步距走廊的缓冲尺寸为 550 mm。

$$300\times(13-1) + 1\,800 + 550 = 5\,950\ \text{mm} < 6\,600 - 120 + 120 = 6\,600\ \text{mm}$$

满足。

（7）楼梯净空高度计算。

首层平台下净空高度等于半平台标高减去平台梁高，平台梁高为 400 mm。梁下净高为 150×13 − 400=1 550 mm，不满足 2 200 mm 的净空要求。

根据设计条件同时采取两个措施：

① 将首层楼梯做成不等跑楼梯：第一跑（梯段）为 14 级，第二跑为 12 级。

② 利用室内外高差：室内外高差为 600 mm，楼梯间地坪和室外地面必须有至少 100 mm 的高差，故利用 450 mm 高差设 3 级 h=150 mm 的踏步。此时平台梁下净空高度为：

$$150\times14+450-350=2200\ \text{mm}>2000\ \text{mm},$$

满足。

再验算进深尺寸是否满要求：

$$300\times(14-1)+1\ 800+550=6\ 250\ \text{mm}<6\ 600-120+120=6\ 600\ \text{mm},$$

满足。

（8）将上述设计结果绘制成图（图 5-18）。

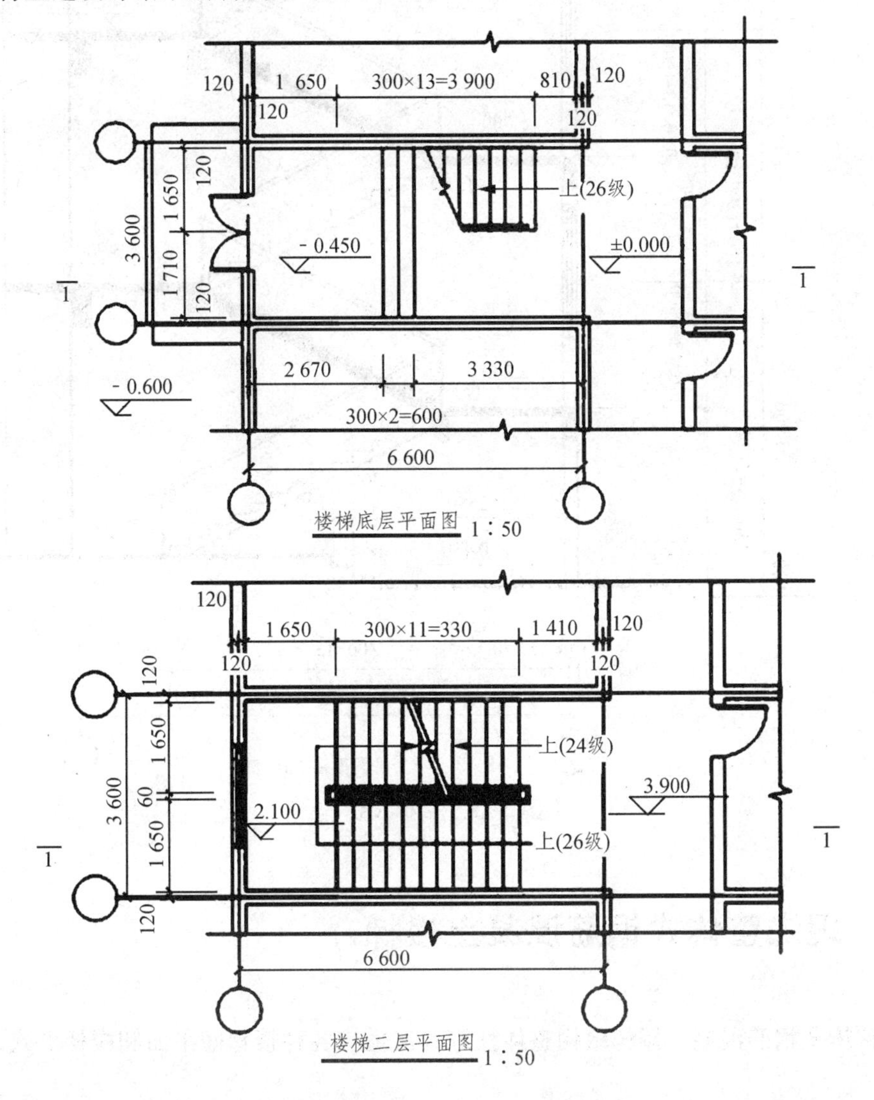

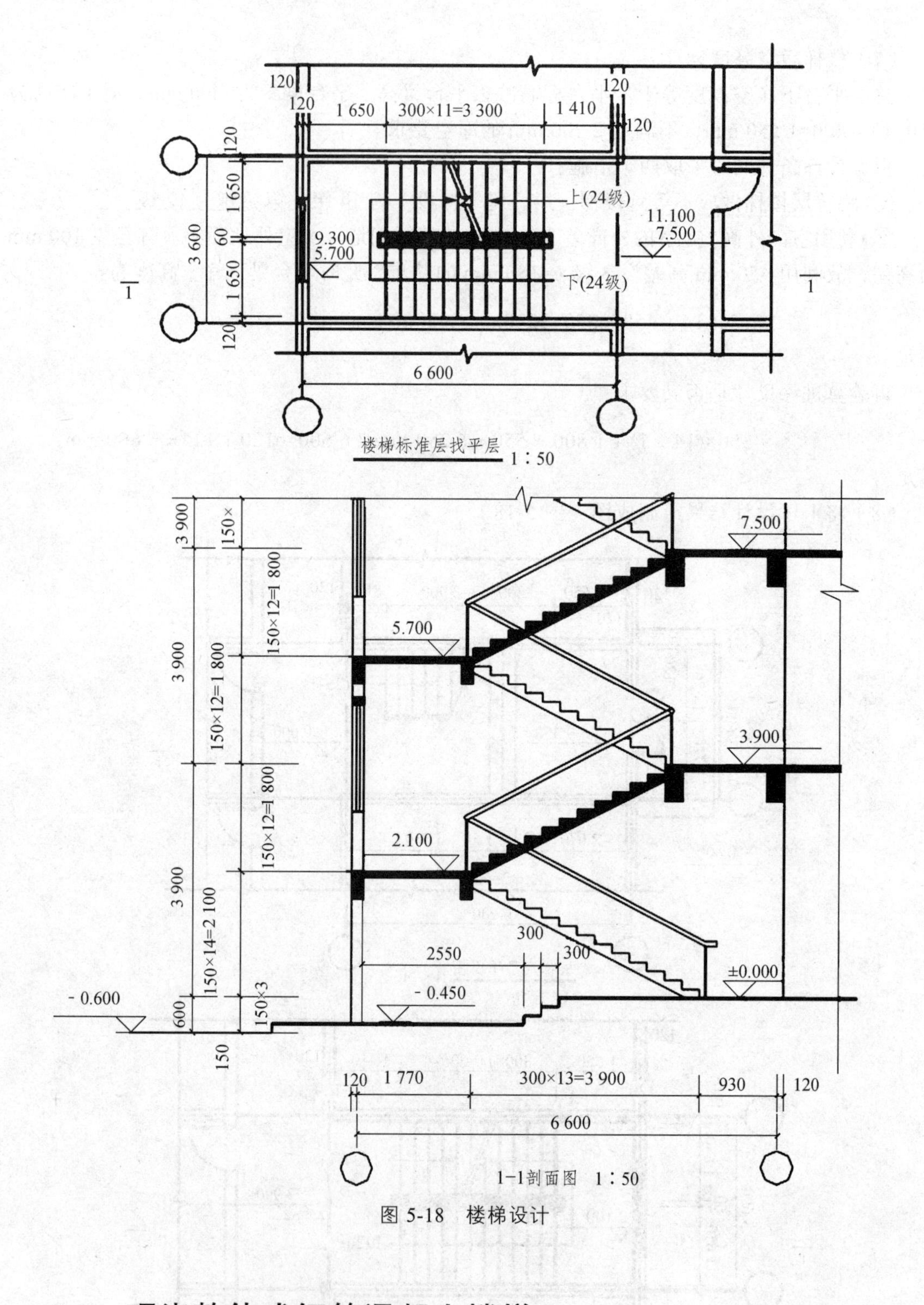

图 5-18 楼梯设计

5.3 现浇整体式钢筋混凝土楼梯

现浇整体式钢筋混凝土楼梯结构整体性好，能适应各种楼梯间平面和楼梯形式，可充分发挥钢筋混凝土的可塑性。但现浇整体式钢筋混凝土楼梯是在施工过程中，要经过支模板、绑扎钢筋、浇灌混凝土、振捣、养护、拆模等作业，受外界环境因素影响较大，工人劳动强度大，在拆模之前，不能利用它进行垂直运输，因而较适合于比较小且抗震设防要求较高的建筑中。对于螺旋形楼梯、弧形楼梯等形状复杂的楼梯，也宜采用现浇楼梯。

现浇式钢筋混凝土楼梯按结构形式不同，分为板式楼梯和梁板式楼梯。

5.3.1　现浇板式楼梯

板式楼梯段作为一块带锯齿的整浇板，斜向搁置在梯梁上，再由支座将荷载依次传递下去，板式楼梯的导荷方式是向高端梯梁和低端梯梁（图 5-19）两边导荷，传力方式类似于单向板，因此钢筋混凝土梯段的主筋沿长方向配置。其混凝土结构施工图和构造详图可查阅图集《混凝土结构施工图平面整体表示方法制图规则和构造详图（现浇混凝土板式楼梯）》（16G 101-2）。

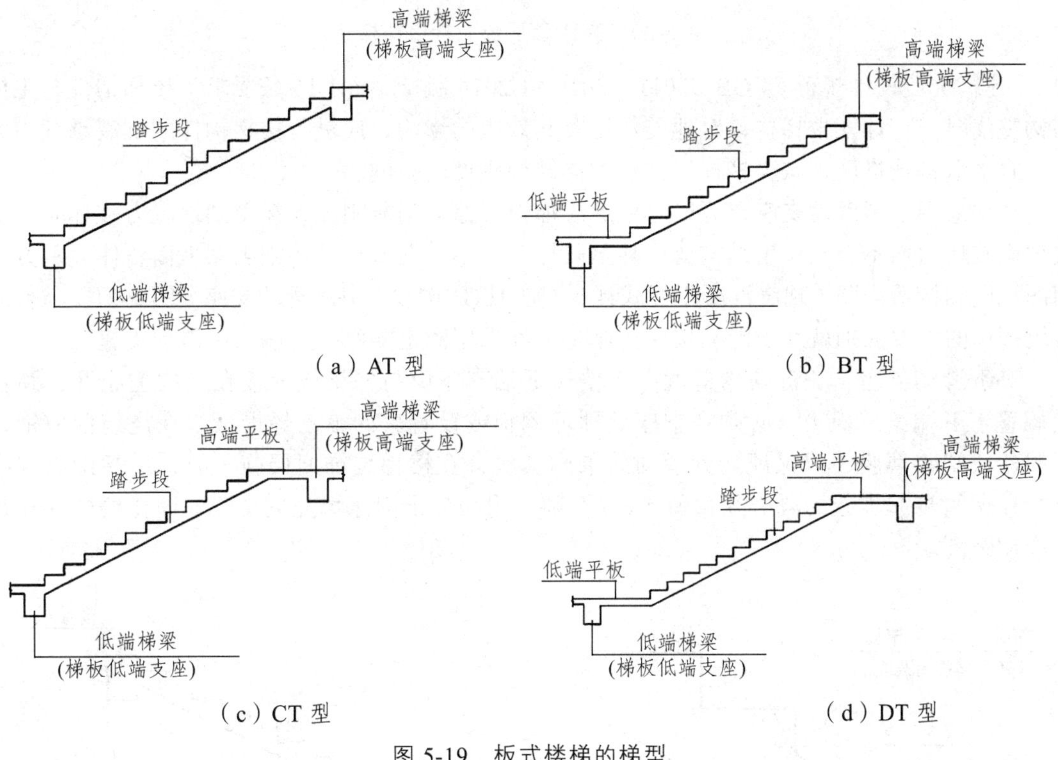

图 5-19　板式楼梯的梯型

板式楼梯的特点：下表面平整，施工简捷，外观轻巧，平台梁之间的距离即为板的跨度。斜板较厚，为跨度的 1/30 ~ 1/25。

图集《混凝土结构施工图平面整体表示方法制图规则和构造详图（现浇混凝土板式楼梯）》（16G 101-2）中提到的几种梯型（图 5-19），AT 型为不含折板的楼梯，BT 型为下折板，CT 型为上折板，DT 型上下均有折板。所谓折板楼梯，即侧面看像梯板折了几折。设计折板楼梯时，常见的原因有：

（1）防止梯梁碰头，楼梯梯段处净高 2.20 m，平台处净高 2.0 m，而梯梁处为最不利点。

（2）梯梁无处生根，不方便设置梯柱，或者框架柱位置搭不上。

（3）阶梯过长，需要中间设置休息平台（图 5-20）等。

配筋计算时折板楼梯梯板的长度是要算上折板的。

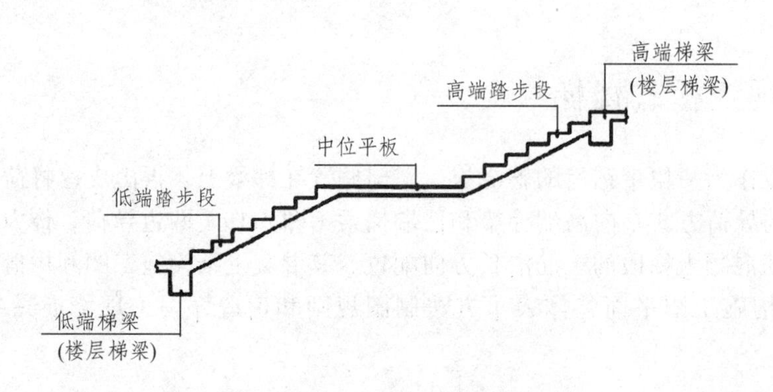

图 5-20　有休息平台的折板楼梯

《建筑抗震设计规范》（GB 50011—2010）（2016 版）第 6.1.15 条要求：楼梯构件与主体结构整浇时，应计入楼梯构件对地震作用及其效应的影响，应进行楼梯构件的抗震承载力验算；宜采取构造措施，减少楼梯构件对主体结构刚度的影响。

楼梯采用下端滑动支座，可以避免形成梯板支撑、削弱刚度，在受到地震力破坏时，释放地震破坏力而不至于产生结构变形甚至破坏。图集《混凝土结构施工图平面整体表示方法制图规则和构造详图（现浇混凝土板式楼梯）》（16G 101-2）中的滑动支座（图 5-21）与普通传统楼梯的主要区别就在于滑动楼梯支座是上部采用固定支座，下端采用滑动支座。

对于滑动支座，关键的构造就在于楼梯下端支座应与梯梁或梯板在结构上脱开，踏步应搁置于下端梁或板上，必须在支座处预埋钢板或设置聚四氟乙烯滑板，在浇筑前应铺设石墨粉或塑料薄膜，以保证达到滑动效果。其次，在楼梯装饰面层施工时，地坪细石混凝土与楼梯踏步起步起始段必须预留 5 cm 空隙，用高分子泡沫填充剂填充，即让楼梯存在自由滑动距离。

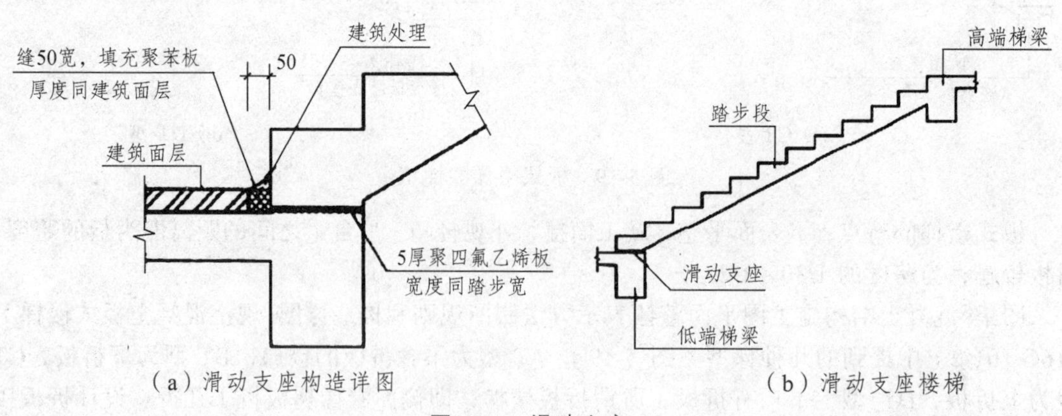

（a）滑动支座构造详图　　（b）滑动支座楼梯

图 5-21　滑动支座

5.3.2 现浇梁式楼梯

梁板式楼梯的楼梯段由踏步板和斜梁组成，斜梁是楼梯跑的主要受力构件，通常在梯段的水平跨度大于 4 m，楼层较高、荷载较大的情况下，宜采用梁式楼梯。踏步板把荷载传给斜梁，斜梁两端支承在梯梁上，梯梁再把荷载通过支座传递下去。斜梁可设在梯段的两侧、中间和一侧，如图 5-22（a）(1—1)。

斜梁根据是否上翻分为明步和暗步两种形式。

明步：斜梁一般设两根，位于踏步板两侧的下部，这时踏步外露[图 5-22（a）]。

暗步：斜梁位于踏步板两侧的上部，这时踏步被斜梁包在里面[图 5-22（b）]，不易观察到。

钢筋混凝土梁式楼梯的优点是承载能力大，缺点是支模复杂、施工不便。

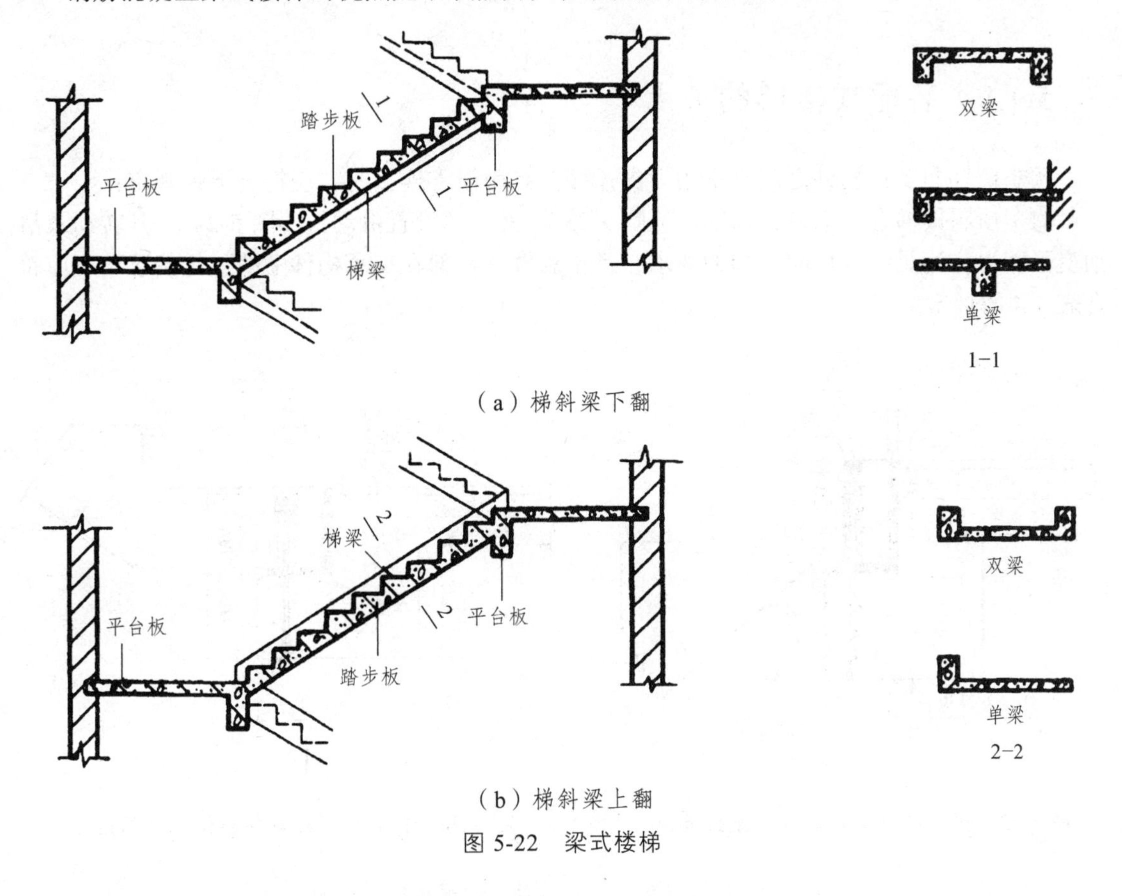

（a）梯斜梁下翻

（b）梯斜梁上翻

图 5-22 梁式楼梯

5.4 装配式钢筋混凝土楼梯

预制钢筋混凝土楼梯作为装配式制构件中较容易实现标准化设计和批量生产的构件类型，和现浇楼梯最大的差别在于，预制楼梯按照严格的尺寸进行设计生产，更易安装和控制质量，不仅能够缩短建设的工期，还能做到结构稳定，减少裂缝和误差。

传统现浇楼梯在工程应用中的缺点主要表现在施工速度缓慢、模板搭建复杂、模板耗费量大、现浇后不能立即使用、现浇楼梯必须做表面装饰处理等。而预制楼梯的优势就是现浇楼梯的缺点。特别是预制楼梯成品的表面平整度、密实程度和耐磨性都可达到或超过楼梯地面的要求，因此可以直接作为完成面使用，避免瓷砖饰面日久破损，或维护后新旧瓷砖不一致的情况。同时，预制楼梯的踏步板上还可预留防滑凸线（或凹槽），既可满足功能需要，又可起到装饰效果。预制楼梯最大的缺点是与现浇楼梯相比造价较高。

但如果预制楼梯全部统一标准化设计，预制楼梯造价要比传统楼梯相对较低，传统楼梯需要大量木模板，而且使用频率较低，标准化后的预制楼梯模具可以反复利用，只是会在运输费用上有一定增加，传统施工的人工和现场作业辅助工具材料，相对预制而言费用更高，所以综合来讲，预制楼梯会比传统楼梯便宜。

5.4.1 装配式楼梯的节点

预制楼梯与支承构件之间宜采用简支连接。采用简支连接时，应符合下列规定：

（1）预制楼梯宜一端设置固定铰（图 5-23），另一端设置滑动铰（图 5-24），其转动及滑动变形能力应满足结构层间位移的要求，且预制楼梯端部在支承构件上的最小搁置长度应符合表 5-4 的规定。

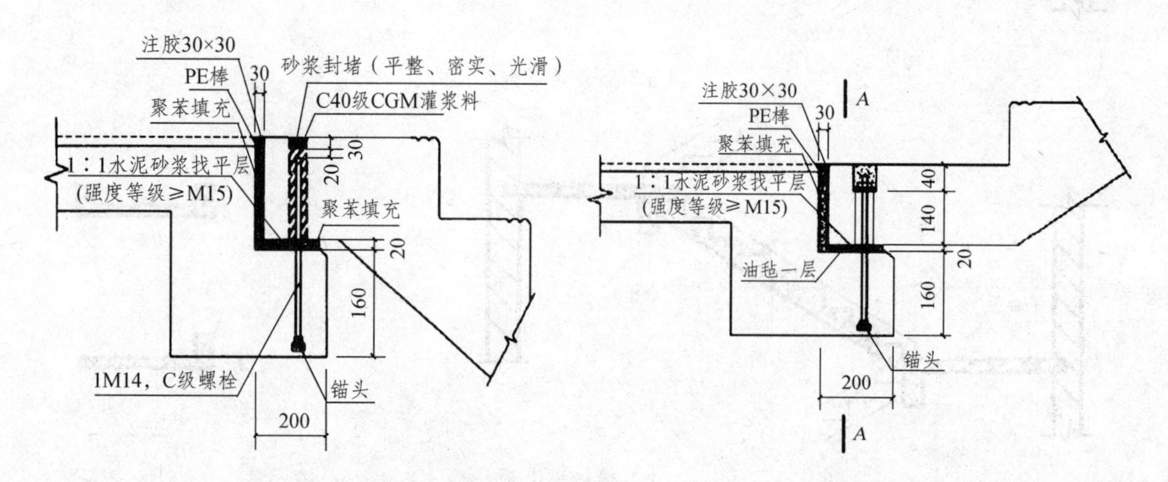

图 5-23 预制梯段板与梯梁固定铰节点　　图 5-24 预制梯段板与梯梁滑动铰节点

表 5-4 预制楼梯在支承构件上的最小搁置长度

抗震设防烈度	6 度	7 度	8 度
最小搁置长度/ mm	75	75	100

（2）预制楼梯设置滑动铰的端部应采取防止滑落的构造措施。

装配式预制楼梯及其现场堆放分别见图 5-25 和图 5-26。

图 5-25　装配式预制楼梯

图 5-26　预制楼梯的现场堆放

5.4.2　装配式楼梯的选用步骤

（1）确定预制楼梯建筑、结构各参数（抗震设防烈度、结构形式、生产工艺、荷载取值、材料强度等）可按照图集《预制钢筋混凝土板式楼梯》（15G 367-1）中预制梯段板相应的规格表、配筋表直接选用。

（2）根据楼梯间净宽、层高，确定预制楼梯编号。

（3）核对预制楼梯的结构计算结果。

（4）选用预埋件，也可根据具体工程实际设置或增加其他预埋件。

（5)根据图集中预制楼梯梯段模板图及预制楼梯选用表中已标明的吊点位置及吊重要求，结合生产单位、施工安装要求选用吊件类型及尺寸。

（6）补充预制楼梯相关制作及施工要求。

【例 5–2】 以 2 800 mm 层高、2 500 mm 净宽的双跑梯为例，说明预制楼梯选用方法。

已知条件：

（1）双跑楼梯，建筑层高 2 800 mm，楼梯净宽 2 500 mm，建筑、结构各项参数及荷载使用等均要求满足图集规定。

（2）楼梯建筑面层厚度：入户处为 50 mm，休息平台板处为 30 mm。

选用结果：各项参数符合图集中 ST-28-25 的楼梯模板及配筋参数（图 5-27），根据表 5-5 直接选用。

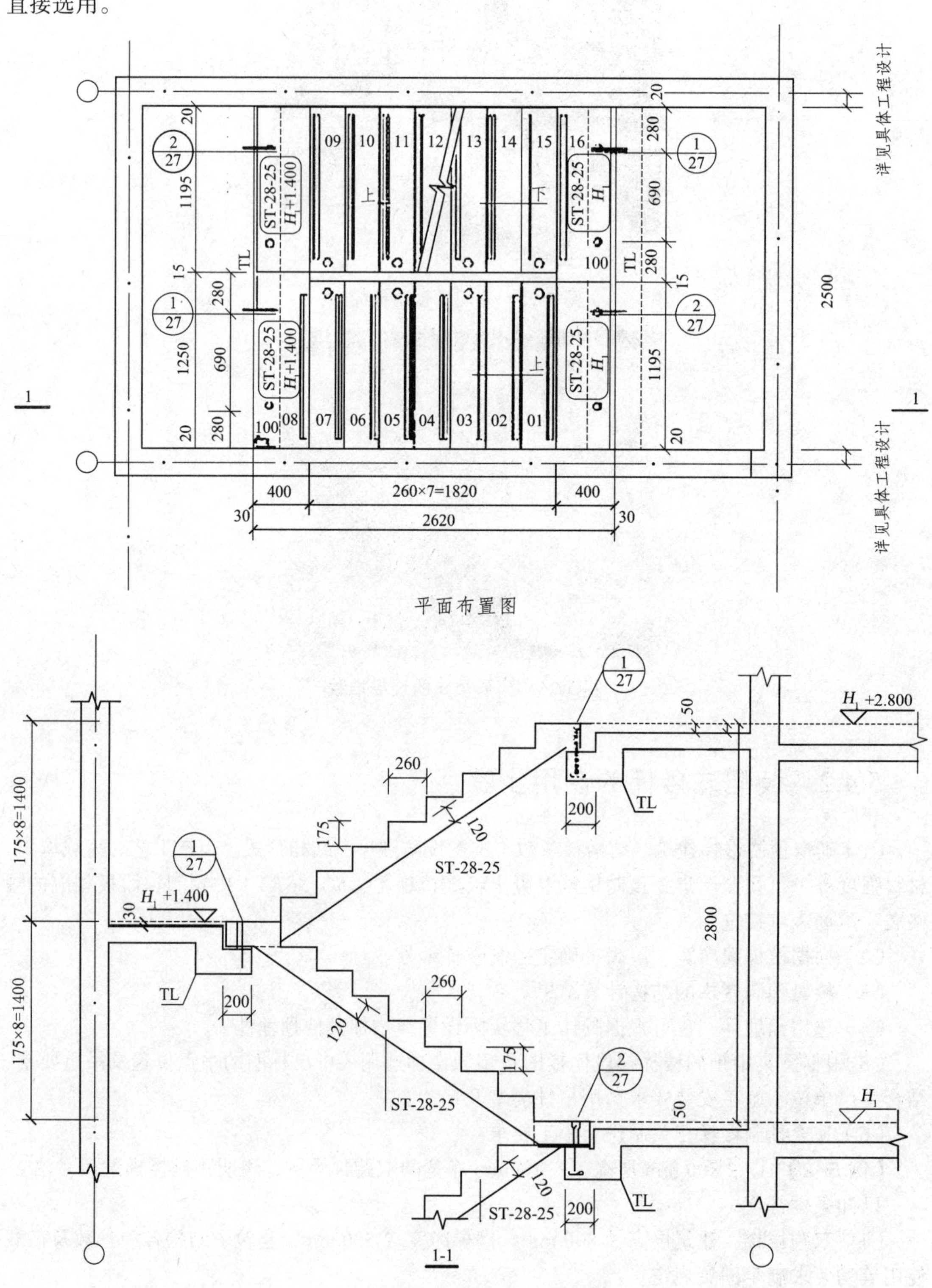

图 5-27 ST-28-25 安装图

表 5-5　楼梯选用表

楼梯样式	层高/m	楼梯间宽度（净宽/mm）	梯井宽度/mm	梯段板水平投影长/mm	梯段板宽/mm	踏步高/mm	踏步宽/mm	钢筋质量/kg	混凝土方量/m^3	梯段板重/t	梯段板型号
双跑楼梯	2.8	2400	110	2620	1125	175	260	72.18	0.6524	1.61	ST-28-24
		2500	70	2620	1195	175	260	73.32	0.6931	1.72	ST-28-25
	2.9	2400	110	2880	1125	161.1	260	74.15	0.724	1.81	ST-29-24
		2500	70	2880	1195	161.1	260	75.29	0.7622	1.92	ST-29-25
	3.0	2400	110	2880	1125	166.6	260	74.83	0.7352	1.84	ST-30-24
		2500	70	2880	1195	166.6	260	75.97	0.7807	1.95	ST-30-25
剪刀楼梯	2.8	2500	140	4900	1160	175	260	194.35	1.736	4.34	JT-28-25
		2600	140	4900	1210	175	260	193.77	1.813	4.5	JT-28-25
	2.9	2500	140	5160	1160	170.6	260	206.67	1.856	4.64	JT-29-25
		2600	140	5160	1210	170.6	260	208.51	1.930	4.83	JT-29-25
	3.0	2500	140	5420	1160	166.7	260	213.26	1.993	4.98	JT-30-25
		2600	140	5420	1210	166.7	260	215.20	2.078	5.20	JT-30-25

5.5　踏步和栏杆扶手构造

5.5.1　踏步面层及防滑构造

1. 踏步面层

踏步面层装修做法与楼层面层装修做法基本相同，其材料一般与门厅或走道的地面材料一致，常用的有水泥砂浆、水磨石、花岗石、大理石、缸砖等（图 5-28）。

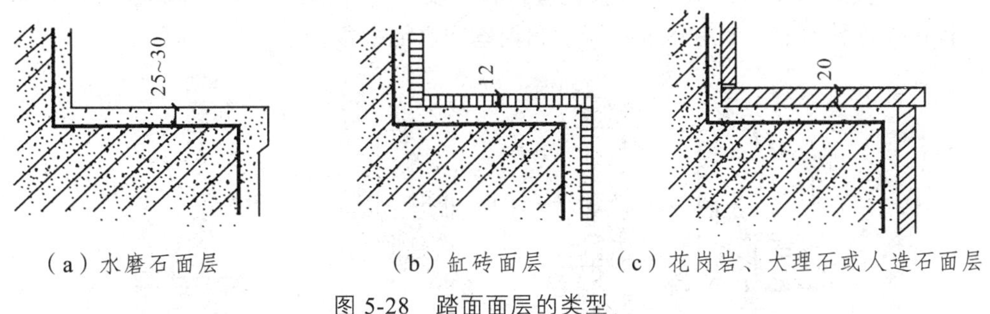

（a）水磨石面层　（b）缸砖面层　（c）花岗岩、大理石或人造石面层

图 5-28　踏面面层的类型

2. 防滑处理

踏步一般在踏步面层前缘 40 mm 和距栏杆 120 mm 位置处考虑防滑的处理。防滑常利用

同种材料凸凹不平、不同材料耐磨系数不同设置防滑带和采取踏面与踢面交接处设包口的措施，见图 5-29。

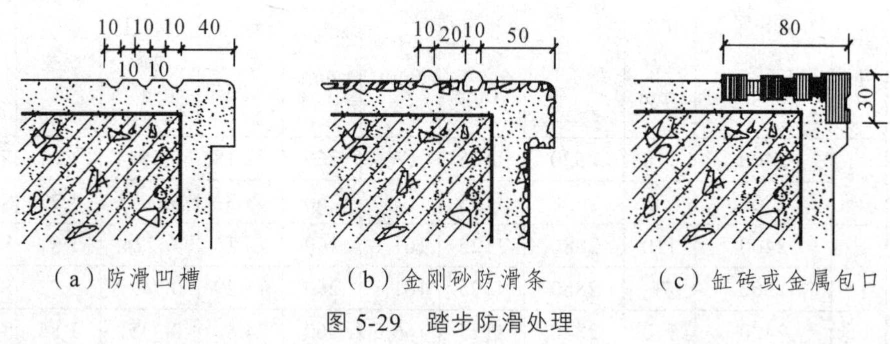

（a）防滑凹槽　（b）金刚砂防滑条　（c）缸砖或金属包口

图 5-29　踏步防滑处理

防滑措施是为了避免行人使用楼梯时滑倒、保护踏步阳角。另外，防滑条凸出踏步面不能太高，一般在 3 mm 以内。

5.5.2 栏杆与扶手构造

1. 栏杆形式与构造

栏杆形式可分为空花式、栏板式和混合式，须根据材料、经济、装修标准和使用对象的不同进行合理的选择和设计。

（1）空花式（图 5-30）：楼梯栏杆以栏杆竖杆作为主要构件，常采用钢材、木材、铝合金型材、铜材和不锈钢等制作。竖栏杆之间的距离不应大于 110 mm。

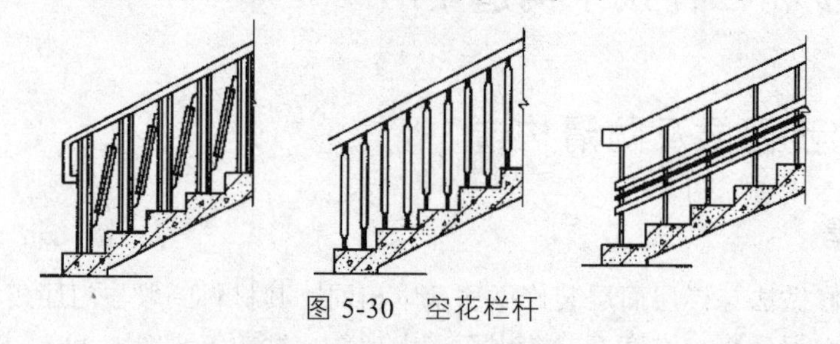

图 5-30　空花栏杆

（2）栏板式（图 5-31）：用栏板代替栏杆，安全、无锈蚀，为承受侧推力，栏板构件应与主体构件连接可靠，常有钢筋混凝土和钢丝网水泥栏板。

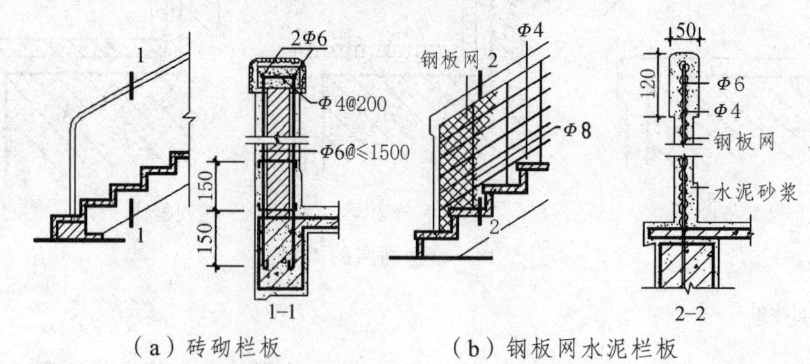

（a）砖砌栏板　（b）钢板网水泥栏板

图 5-31　栏板式栏杆

（3）混合式（图 5-32）：空花式和栏板式两种栏杆形式的组合，栏杆竖杆抗侧力，栏板则作为防护和美观饰件。

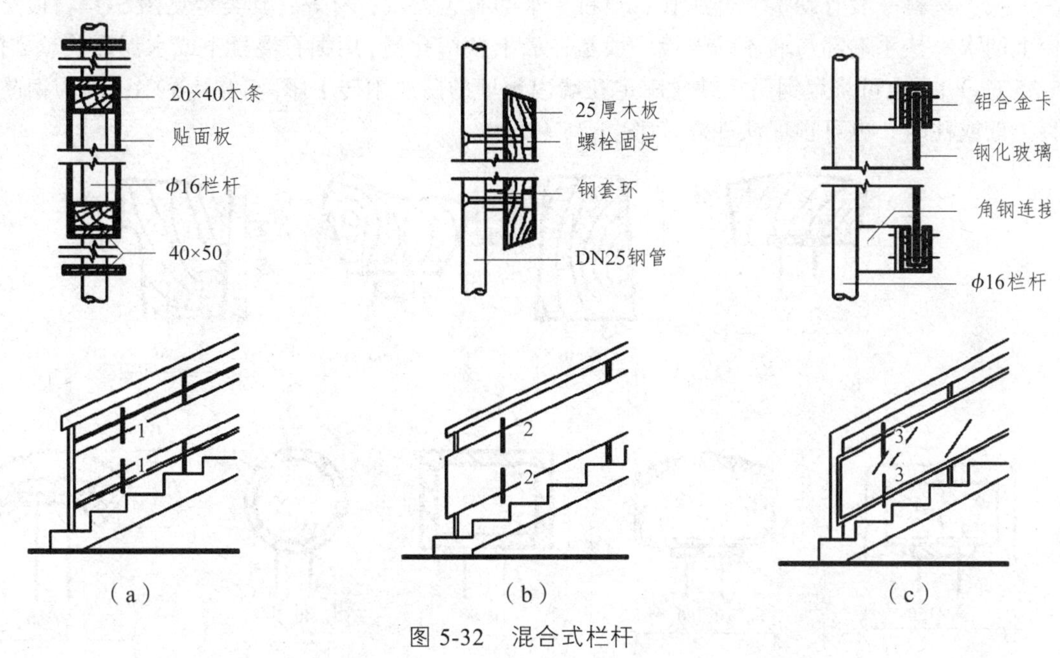

图 5-32　混合式栏杆

（4）栏杆与楼梯段的连接方式：栏杆与楼梯段上的预埋件焊接，即预埋铁件焊接[图 5-33（a）]；栏杆插入楼梯段上的预留洞中，用细石混凝土、水泥砂浆或螺栓固定，即预留孔洞插接[图 5-33（b）、（c）]或螺栓连接[图 5-33（d）、（e）]。

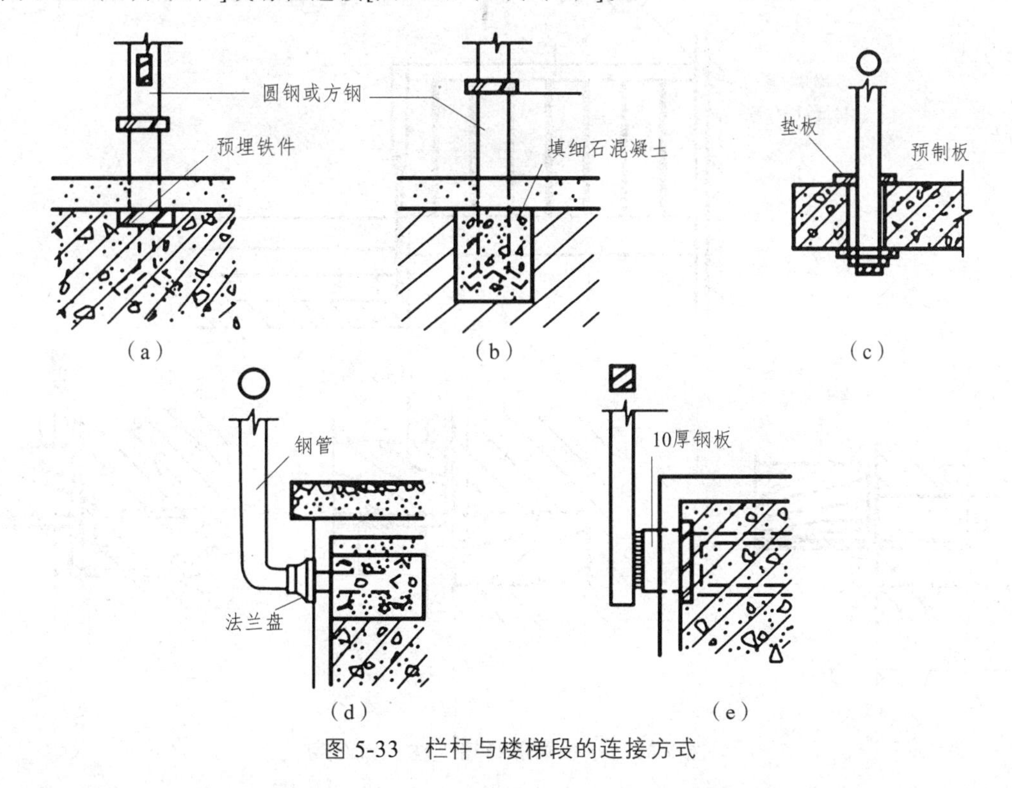

图 5-33　栏杆与楼梯段的连接方式

2. 扶手形式

扶手材料一般有硬木、金属管、塑料、水磨石、天然石材等，其类型见图 5-34。顶层平台上的水平扶手端部与墙体的连接一般是在墙上预留孔洞，用细石混凝土或水泥砂浆填实[图 5-35（a）]；也可将扁钢用木螺丝固定在墙内预埋的防腐木砖上[图 5-35（b）]；当为钢筋混凝土墙或柱时，也可预埋铁件焊接[图 5-35（c）]。

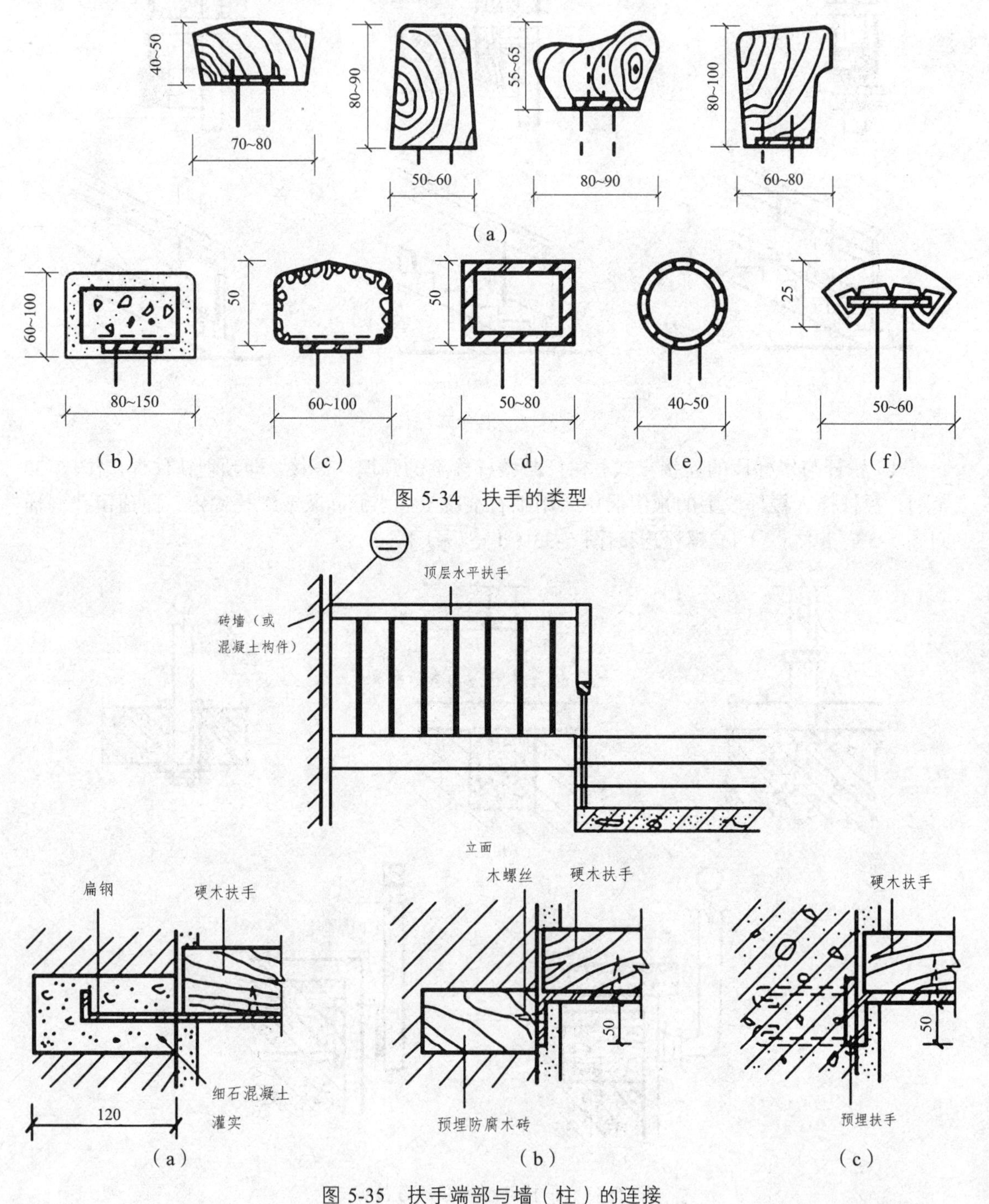

图 5-34 扶手的类型

图 5-35 扶手端部与墙（柱）的连接

5.6　台阶和坡道

室外台阶和坡道是建筑出入口处室内外高差之间的交通联系部件。室外台阶和坡道位置明显、人流量大，并需考虑无障碍设计，又处于半露天位置，特别是当室内外高差较大或基层土质较差时，须慎重处理。

5.6.1　台　阶

1. 台阶尺度

台阶处于室外，踏步宽度应比楼梯大一些，使坡度平缓，以提高行走舒适度。其踏步高（h）一般在 100 ~ 150 mm，踏步宽（b）在 300 ~ 400 mm，步数根据室内外高差确定。在台阶与建筑出入口大门之间，常设一缓冲平台，作为室内外空间的过渡。平台深度一般不应小于 1 000 mm。平台需做 3%左右的排水坡度，以利雨水排除，如图 5-36 所示。考虑有无障碍设计坡道时，出入口平台深度不应小于 1 500 mm。平台处铁箅子空格尺寸不大于 20 mm。

2. 台阶面层

由于台阶位于易受雨水侵蚀的环境之中，所以设计时需慎重考虑防滑和抗风化问题。其面层材料应选择防滑和耐久的材料，如水泥石屑、斩假石（剁斧石）、天然石材、防滑地面砖等。

对于人流量大的建筑的台阶，还宜在台阶平台处设刮泥槽。需注意刮泥槽的刮齿应垂直于人流方向，如图 5-36 所示。

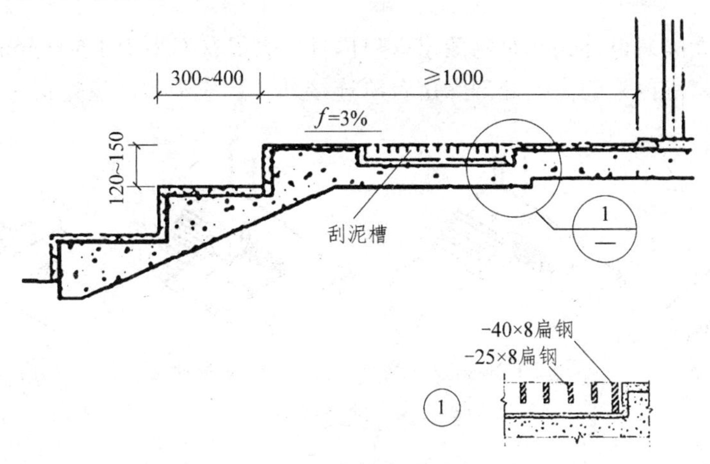

图 5-36　台阶的尺度

3. 台阶垫层

步数较少的台阶，其垫层做法与地面垫层做法类似，一般采用素土夯实后按台阶形状尺寸做 C15 混凝土垫层或砖石垫层。标准较高或地基土质较差的还可在垫层下加铺一层碎砖或碎石层。

对于步数较多或地基土质太差的台阶，可根据情况架空成钢筋混凝土台阶，以避免过多填土或产生不均匀沉降。图 5-37 为几种台阶做法示例。

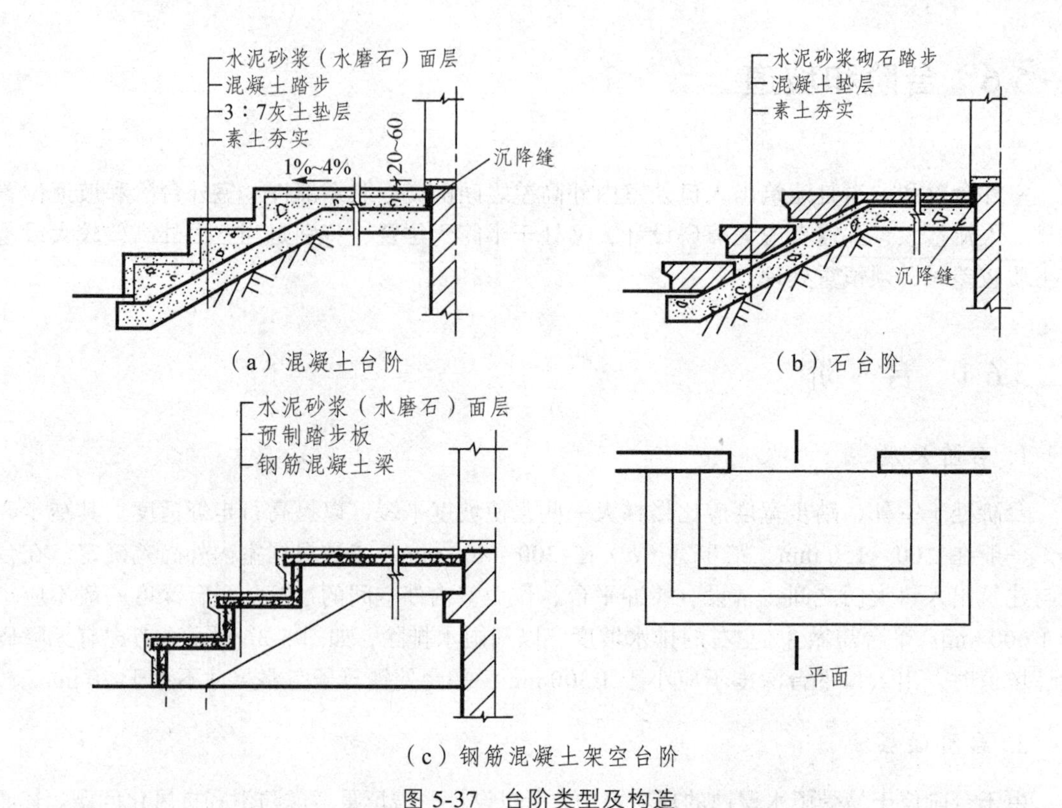

（a）混凝土台阶　（b）石台阶

（c）钢筋混凝土架空台阶

图 5-37　台阶类型及构造

5.6.2　坡　道

在需要进行无障碍设计的建筑物的出入口内外，应留有不小于 1 500 mm×1 500 mm 平坦的轮椅回转面积。室内外的高差处理除用台阶连接外，还应采用坡道连接。坡道的形式如图 5-38 所示。

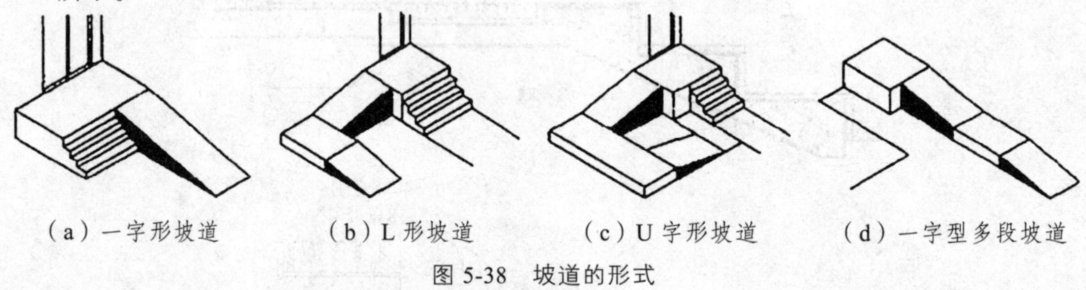

（a）一字形坡道　（b）L 形坡道　（c）U 字形坡道　（d）一字型多段坡道

图 5-38　坡道的形式

1. 坡度尺度

建筑物出入口的坡道宽度不应小于 1 200 mm，坡度不宜大于 1∶12，当坡度为 1∶12 时，每段坡道的高度不应大于 750 mm，水平投影长度不应大于 9000 mm。坡道的坡度、坡段高度和水平长度的最大容许值见表 5-6。当长度超过容许值时需在坡道中部设休息平台，休息平台的深度直行、转弯时均不应小于 1 500 mm，如图 5-39 所示，在坡道的起点和终点处应留有深度不小于 1 500 mm 的轮椅缓冲区。

表 5-6　每段坡道的坡度、坡段高度和水平长度的最大容许值

坡度	1∶20	1∶16	1∶12	1∶10	1∶8
坡段最大高度/m	1.20	0.9	0.75	0.60	0.30
坡段水平最长/m	24.00	14.40	9.00	6.00	2.40

2. 坡道扶手

坡道两侧宜在 900 mm 高度处和 650 mm 高度处设上下层扶手，扶手应安装牢固，能承受身体重量，扶手的形状要易于抓握。两段坡道之间的扶手应保持连贯性。坡道起点和终点处的扶手，应水平延伸 300 mm 以上。坡道侧面临空时，在栏杆下端宜设高度不小于 50 mm 的安全挡台（图 5-40）。

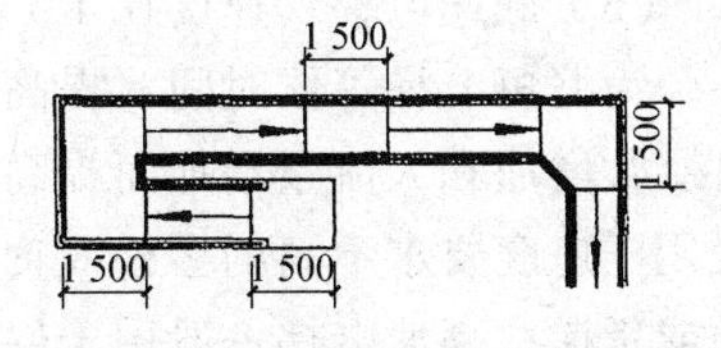

图 5-39　坡道休息平台的最小深度

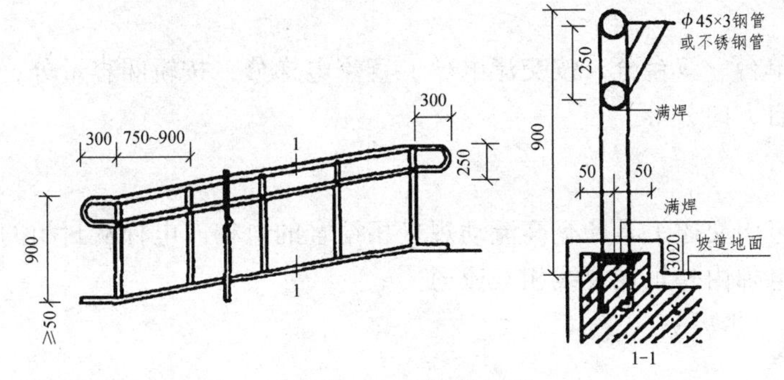

图 5-40　楼梯扶手

3. 坡道地面

坡道地面应平整，面层宜选用防滑及不易松动的材料，构造做法如图 5-41 所示。

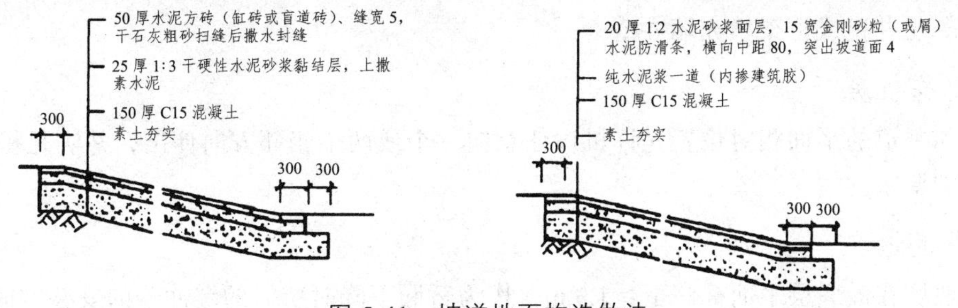

图 5-41　坡道地面构造做法

5.7　电梯与自动扶梯

5.7.1　电　梯

1. 电梯的类型

1）按使用性质分

（1）客梯：主要用于人们在建筑物中上下楼层时的联系。

（2）货梯：主要用于运送货物及设备。

（3）消防电梯：主要用于在发生火灾、爆炸等紧急情况下消防人员紧急救援。

2）按电梯行驶速度分

（1）高速电梯：速度大于 2 m/s，目前最高速度达到 9 m/s。

（2）中速电梯：速度为 1.5 ~ 2 m/s。

（3）低速电梯：速度在 1.5 m/s 以内。

为缩短电梯等候时间，提高运送能力，电梯需选用恰当的速度。电梯速度选用一般随建筑层数增加和人流量增加而提高，以满足在期望的时间段内运送期望的人流量。低速电梯一般用于速度要求不高的客梯或货梯；中速电梯一般用于层数不多、人流量不大的建筑中的客梯或货梯；高速电梯一般用于层数多、人流量大的建筑中。消防电梯常用高速电梯，并要求在内从建筑底层到达顶层。

3）其他分类

电梯还可以按单台、双台分，按交流电梯、直流电梯分，按轿厢容量分，按升降驱动方式分，按电梯门开启方向分等。

4）观光电梯

观光电梯是把竖向交通工具和登高流动观景相结合的电梯。电梯从封闭的井道中解脱出来，透明的轿厢使电梯内外景观视线相互流通。

2. 电梯的组成

电梯由下列几部分组成：

1）电梯井道

不同性质的电梯，其井道根据需要有各种井道尺寸，以配合不同的电梯轿厢。井道壁多为钢筋混凝土井壁或框架填充墙井壁。

2）电梯机房

机房和井道的平面相对位置允许机房任意向一个或两个相邻方向伸出，并满足机房有关设备安装的要求。

3）井道地坑

井道地坑在最底层平面标高下≥1.3 m，作为轿厢下降时所需的缓冲器的安装空间。

4）组成电梯的有关部件

（1）轿厢：是直接载人、运货的厢体。

（2）井壁导轨和导轨支架：支承、固定轿厢上下升降的轨道。

（3）牵引轮及其钢支架、钢丝绳、平衡锤、轿厢开关门、检修起重吊钩等。

（4）有关电器部件：交流电动机、直流电动机、控制柜、继电器、选层器、动力照明、电源开关、厅外层数指示灯和厅外上下召唤盒开关等。

3. 电梯与建筑物相关部位构造

1）电梯井道

每个电梯井道平面净空尺寸需根据选用的电梯型号要求决定，一般为（1800 ~ 2500）mm×（2 100 ~ 2 600） mm。电梯安装导轨支架分预留孔插入式和预埋铁焊接式，井道壁为钢筋混凝土时，应预留 150 mm×150 mm×150 mm 的孔洞，垂直中距 2 m，以便安装支架。井道壁为框架填充墙时，框架（圈梁）上应预埋铁板，铁板后面的焊件与梁中钢筋焊牢。每层中间加圈梁一道，并需设置预埋铁板。当电梯为两台并列时，中间可不用隔墙而按一定的间隔放置钢筋混凝土梁或型钢过梁，以便安装支架。电梯构造组成如图 5-42 所示。

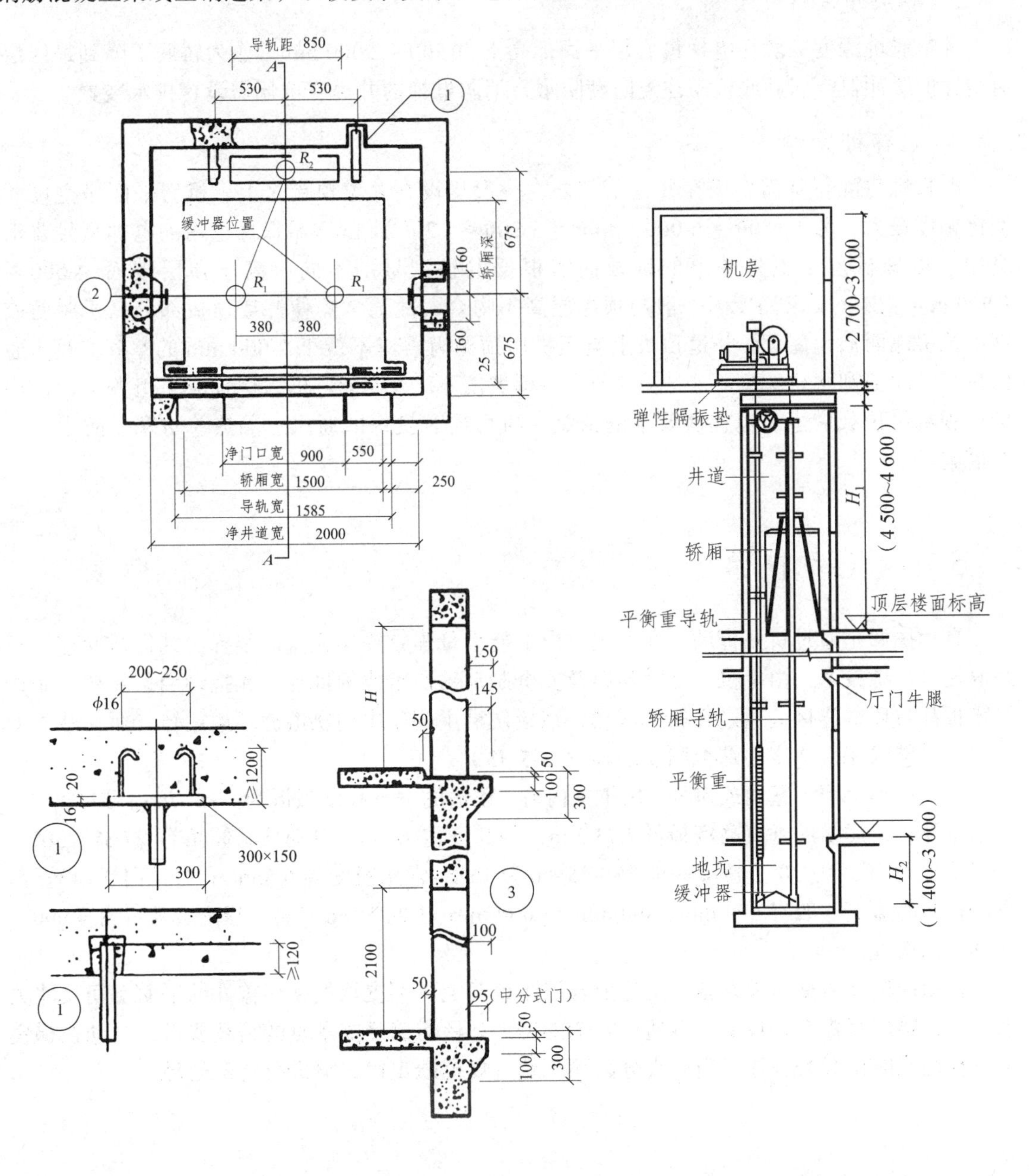

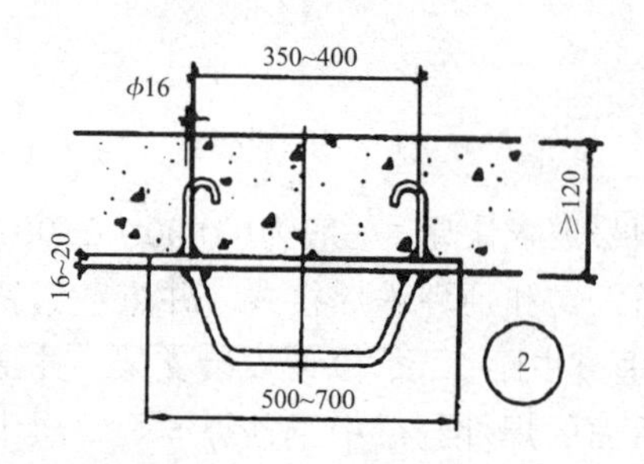

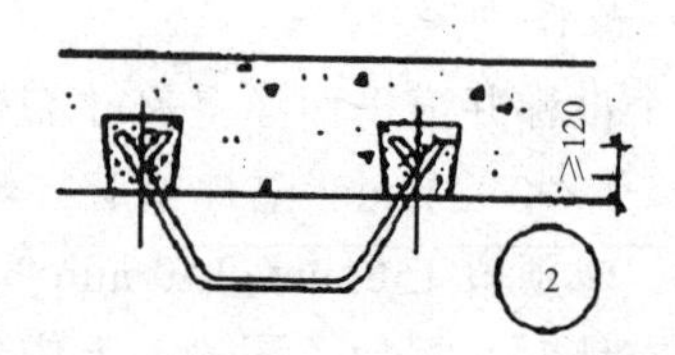

图 5-42 电梯构造组成

2）梯井道底坑

井道底坑深度一般在电梯最底层平面标高下 1 300 ~ 2 000 mm，作为轿厢下降到最底层时所需的缓冲器空间。底坑需注意防潮防水，消防电梯的井道底坑还需设置排水装置。

3）电梯机房

电梯机房除特殊需要设在井道下部外，一般均设在井道顶板之上。机房平面净空尺寸变化幅度很大，为（1600 ~ 6 000）mm×（3 200 ~ 5 200）mm，需根据选用的电梯型号要求决定。电梯机房中电梯井道的顶板面需根据电梯型号的不同，高于顶层楼面 4 000 ~ 4 800 mm。这一要求高度因一般与顶层层高不吻合，故通常需使井道顶板部分高于屋面或整个机房地面高于屋面。井道顶板上空至机房顶棚尚需留不低于 2 000 mm 的空间高度。通向机房的通道和楼梯宽度不小于 1.2 m，楼梯坡度不大于 45°。机房楼板应平坦整洁，机房楼板和机房顶板应满足电梯所要求的荷载。机房需有良好的通风、隔热、防寒、防尘、减噪措施。

5.7.2 自动扶梯

自动扶梯是通过机械传动，在一定方向上能大量连续输送人流的装置。其运行原理是：采取机电系统技术，由电机、变速器以及安全制动器所组成的推动单元拖动两条环链，而每级踏板都与环链连接，通过轧轮的滚动，踏板便沿主构架中的轨道循环地运转，而在踏板上面的扶手带以相应速度与踏板同步运转（图 5-43）。

自动扶梯可用于室内或室外。用于室内时，运输的垂直高度最低为 3 m，最高可达 11 m；用于室外时，运输的垂直高度最低为 3.5 m，最高可达 60 m。自动扶梯倾角有 27.3°、30°、35°几种，常用的为 30°；速度一般为 0.45 ~ 0.75 m/s，常用速度为 0.5 m/s；可正向逆向运行。自动扶梯的宽度一般有 600 mm、800 mm、1 000 mm、1 200 mm 几种，理论载客量为 4 000 ~ 10 000 人次/h。

自动扶梯作为整体性设备与土建配合需注意其上下端支承点在楼盖处的平面空间尺寸关系；注意楼层梁板与梯段上人流通行安全的关系；还需满足支承点的荷载要求；自动扶梯使上下楼层空间连续为一体，当防火分区面积超过规范限定时，需进行特殊处理。

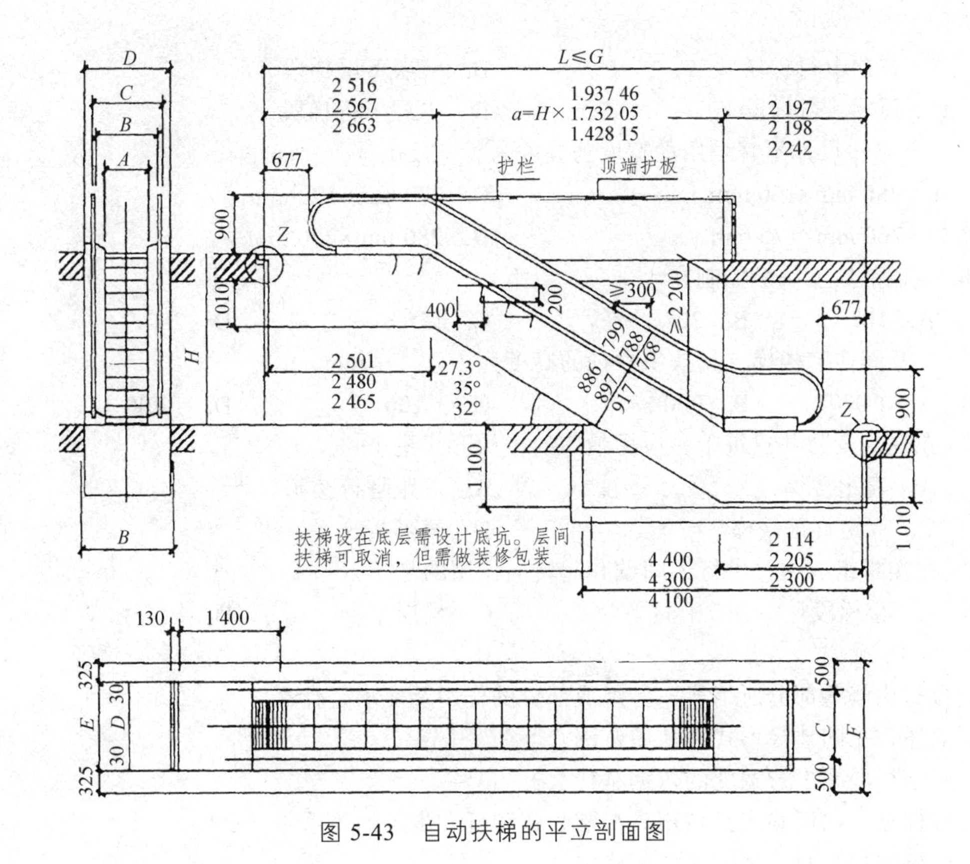

图 5-43　自动扶梯的平立剖面图

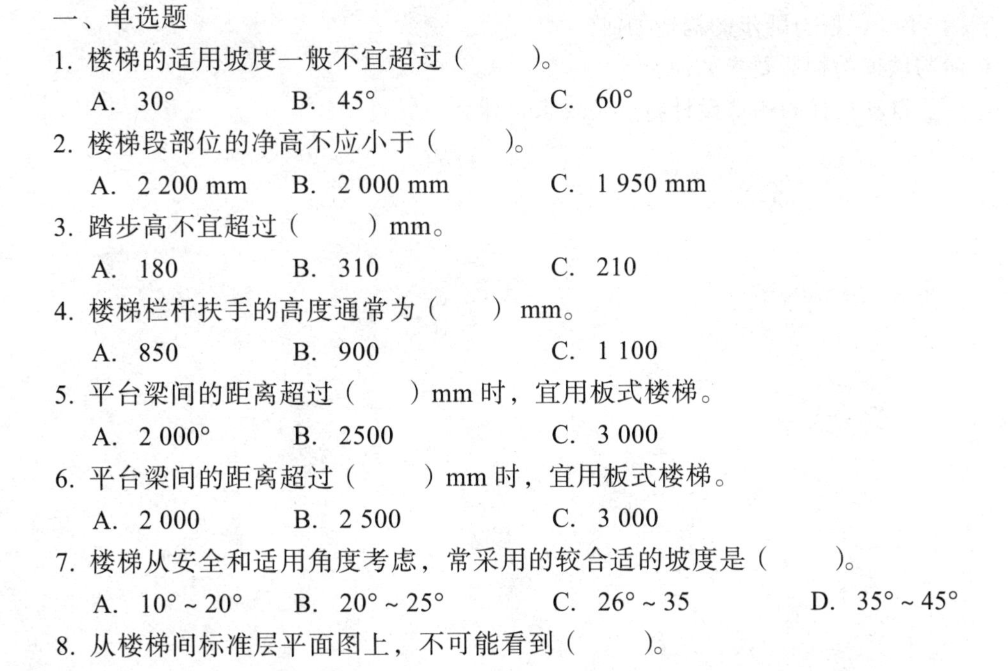

习　题

一、单选题

1. 楼梯的适用坡度一般不宜超过（　　）。

   A. 30°　　B. 45°　　C. 60°

2. 楼梯段部位的净高不应小于（　　）。

   A. 2 200 mm　　B. 2 000 mm　　C. 1 950 mm

3. 踏步高不宜超过（　　）mm。

   A. 180　　B. 310　　C. 210

4. 楼梯栏杆扶手的高度通常为（　　）mm。

   A. 850　　B. 900　　C. 1 100

5. 平台梁间的距离超过（　　）mm 时，宜用板式楼梯。

   A. 2 000°　　B. 2500　　C. 3 000

6. 平台梁间的距离超过（　　）mm 时，宜用板式楼梯。

   A. 2 000　　B. 2 500　　C. 3 000

7. 楼梯从安全和适用角度考虑，常采用的较合适的坡度是（　　）。

   A. 10° ~ 20°　　B. 20° ~ 25°　　C. 26° ~ 35　　D. 35° ~ 45°

8. 从楼梯间标准层平面图上，不可能看到（　　）。

A. 二层上行梯段　　B. 三层下层梯段
C. 顶层下行梯段　　D. 二层下行梯段

9. 下列踏步尺寸不宜采用的宽度与高度为（　　）。
A. 280 mm×160 mm　　B. 270 mm×170 mm
C. 260 mm×170 mm　　D. 280 mm×220 mm

10. 坡道的坡度一般控制在（　　）以下。
A. 10°　　B. 20°　　C. 15°　　D. 25°

11. 小开间住宅楼梯，其扶手栏杆的高度为（　　）mm。
A. 1 000　　B. 900　　C. 1 100　　D. 1 200

12. 在住宅及公共建筑中，应用最广的楼梯形式是（　　）。
A. 直跑楼梯　　B. 双跑平行楼梯
C. 双跑直角楼梯　　D. 扇形楼梯

13. 在楼梯组成中，供行人间歇和起转向作用的是（　　）。
A. 楼梯段　　B. 中间平台　　C. 楼层平台　　D. 栏杆扶手

二、简答题

1. 楼梯由哪些部分所组成？各组成部分的作用及要求是什么？
2. 简述常见的楼梯形式和使用范围。
3. 确定梯段和平台宽度的依据是什么？
4. 楼梯坡度如何确定？踏步高与踏步宽和行人步距的关系是什么？
5. 楼梯间的开间、进深应如何确定？
6. 当在底层平台下做出入口时，为保证净高，常采取哪些措施？
7. 钢筋混凝土楼梯常见的结构形式和特点是什么？
8. 预制装配式楼梯的构造形式是怎样的？
9. 楼梯扶手、栏杆与踏步的构造如何？
10. 台阶与坡道的构造要求如何？
11. 电梯、自动扶梯的构造设计特点及要求是什么？

第6章　屋　顶

6.1　屋顶概述

屋顶是建筑顶部的承重和围护构件，一般由屋面、保温（隔热）层和承重结构三部分组成。屋顶又被称为建筑的“第五立面”，对建筑的形体和立面形象具有较大的影响。屋顶的形式将直接影响建筑物的整体形象。

6.1.1　屋顶的作用

屋顶既是建筑最上层起覆盖作用的围护结构，又是房屋上层的承重结构，同时对房屋上部还起着水平支撑作用。

1. 承受荷载

屋顶要承受自身及其上部的荷载，并将这些荷载通过其下部的墙体或柱子，传递至基础。其上部的荷载包括风、雪和需要放置于屋顶上的设备、构件、植被以及在屋顶上活动的人的荷载等。

2. 围护作用

屋顶是一个重要的围护结构，它与墙体、楼板共同作用围合形成室内空间，同时能够抵御自然界风、霜、雨、雪、太阳辐射、气温变化以及外界各种不利因素对建筑物的影响。

3. 造型作用

屋顶的形态对建筑整体造型有非常重要的作用，无论是中国传统建筑特有的“反宇飞檐”，还是西方传统建筑教堂、宫殿中的各式坡顶都成了其传统建筑的文化象征，具有符号化的造型特征意义。由此可见屋顶是建筑整体造型核心的要素之一，是建筑造型设计中最重要的内容。

6.1.2　屋顶的类型

屋顶按排水坡度大小及建筑造型要求可分为：

1. 平屋顶

平屋顶（图 6-1）坡度很小，常用坡度为 1%～3%，高跨比为 1/10，屋面基本平整，可上人活动，有的可作为屋顶花园，甚至作为直升机停机坪。平屋顶由承重结构、功能层及屋面三部分构成：承重结构多为钢筋混凝土梁（或桁架）及板；功能层除防水功能由屋面解决外，其他层次则根据不同地区而设，如寒冷地区应加设保温层，炎热地区则加隔热层。

图 6-1　平屋顶

2. 坡屋顶

传统坡屋顶多采用在木屋架或钢木屋架、木檩条、木望板上加铺各种瓦屋面等传统做法；而现代坡屋顶则多改为钢筋混凝土屋面桁架（或屋面梁）及屋面板，再加防水屋面等做法。

坡屋顶一般坡度都较大，如高跨比为 1/6～1/4，不论是双坡还是四坡，排水都较通畅，下设吊顶，保温隔热效果都较好，如图 6-2。

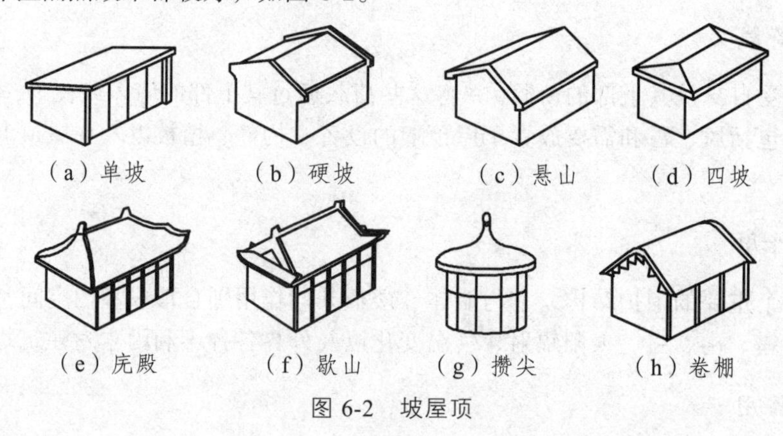

（a）单坡　（b）硬坡　（c）悬山　（d）四坡

（e）庑殿　（f）歇山　（g）攒尖　（h）卷棚

图 6-2　坡屋顶

3. 其他屋顶（如悬索、薄壳、拱、折板屋面等）

现代一些大跨度建筑如体育馆多采用金属板为屋顶材料，如彩色压型钢板或轻质高强、保温防水好的超轻型隔热复合夹芯板等，见图 6-3。

（a）拱屋顶

（b）薄壳屋顶

（c）悬索屋顶

（d）折板屋顶

图 6-3　其他形式屋顶

6.1.3　屋顶的设计要求

1. 防水要求

作为围护结构，屋顶最基本的功能是防止渗漏，因而屋顶构造设计的主要任务就是解决防水问题。一般屋顶构造设计通过采用不透水的屋面材料及合理的构造处理来达到防水的目的，同时也需根据情况采取适当的排水措施，将屋面积水迅速排掉，以减少渗漏的可能。因而，一般屋面都需做一定的排水坡度。屋顶的防水是一项综合性技术，涉及建筑及结构的形式、防水材料、屋顶坡度、屋面构造处理等问题，需综合加以考虑。设计中应遵循“合理设防、防排结合、因地制宜、综合治理”的原则。

我国现行的《屋面工程技术规范》（GB 50345—2012）根据建筑物的性质、重要程度、使用功能要求及防水耐久年限等，将屋面防水划分为四个等级，各等级均有不同的设防要求，如表 6-1。

表 6-1　屋面防水等级和设防要求

项目	屋面防水等级			
	一	二	三	四
建筑物类别	特别重要或对防水有特殊要求的建筑	重要的建筑和高层建筑	一般建筑	非永久性建筑
防水层合理使用年限	25 年	15 年	10 年	5 年
防水层选用材料	宜选用合成高分子卷材、高聚物改性沥青防水卷材、金属板材、合成高分子防水涂料、细石混凝土等材料	宜选用高聚物改性沥青防水卷材、合成高分子防水卷材、金属板材、合成高分子防水涂料、高聚物改性沥青防水涂料、细石混凝土、平瓦、油毡瓦等材料	宜选用三毡四油沥青防水卷材、高聚物改性沥青防水卷材、合成高分子防水卷材、金属板材、高聚物改性沥青防水涂料、合成高分子防水涂料、细石混凝土、平瓦、油毡瓦等材料	可选用二毡三油沥青防水卷材、高聚物改性沥青防水涂料等材料
设防要求	三道或三道以上防水设防	二道防水设防	一道防水设防	一道防水设防

2. 保温隔热要求

在寒冷地区的冬季，室内一般都需要采暖，屋顶应有良好的保温性能，以保持室内温度。否则不仅浪费能源，还可能产生室内表面结露或内部受潮等一系列问题。南方炎热地区的气候属于湿热型气候，夏季气温高、湿度大、天气闷热。如果屋顶的隔热性能不好，在强烈的太阳辐射和气温作用下，大量的热量就会通过屋顶传入室内，影响人们的工作和休息。在处于严寒与炎热地区之间的中间地带，对高标准建筑也需做保温或隔热处理。对于有空调的建筑来说，为保持其室内气温的稳定，减少空调设备的投资和经常维持费用，要求其外围护结构具有良好的热工性能。

屋顶的保温，通常是采用导热系数小的材料，阻止室内热量由屋顶流向室外来实现。屋顶的隔热则通常靠设置通风间层，利用风压及热压差带走一部分辐射热，或采用隔热性能好的材料，减少由屋顶传入室内的热量来达到目的。

3. 结构要求

屋顶要承受风、雨、雪等荷载及其自重。如果是上人的屋顶，和楼板一样，还要承受人和家具等活荷载。屋顶将这些荷载传递给墙、柱等构件，与它们共同构成建筑的受力骨架，因而屋顶也是承重构件，应有足够的强度和刚度，以保证房屋的结构安全；从防水的角度考虑，屋顶也不允许受力后有过大的结构变形，否则易使防水层开裂，造成屋面渗漏。

4. 建筑艺术要求

屋顶是建筑外部形体的重要组成部分。其形式对建筑物的性格特征具有很大的影响。屋顶设计还应满足建筑艺术的要求。中国古典建筑的坡屋顶造型优美，具有浓郁的民族风格。如图 6-4 所示，天安门城楼采用重檐歇山屋顶和金黄色的琉璃瓦屋面，使建筑物显得灿烂辉

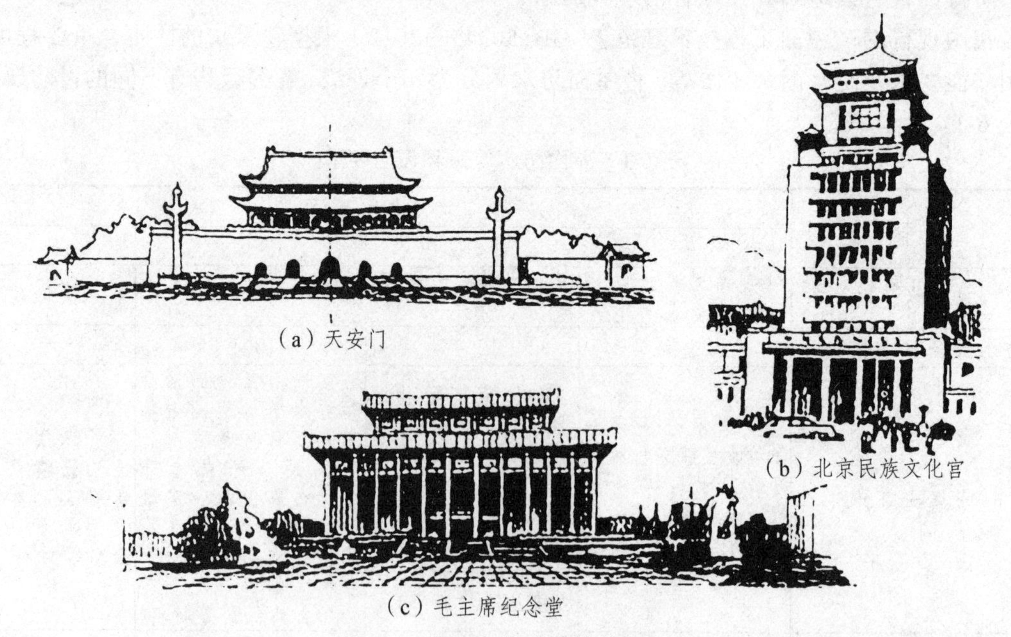

（a）天安门

（b）北京民族文化宫

（c）毛主席纪念堂

图 6-4 中国古典式建筑的屋顶

煌。中华人民共和国成立后，我国修建的不少著名建筑，也采用了中国古建筑屋顶的某些手法，取得了良好的建筑艺术效果：北京民族文化宫塔楼为四角重檐尖屋顶，配以孔雀蓝琉璃瓦屋面，其民族特色分外鲜明；毛主席纪念堂虽采用的是平屋顶，但在檐口部分采用了两圈金黄色琉璃瓦，就与天安门广场上的建筑群取得了协调统一。

国外也有很多著名建筑，由于重视了屋顶的建筑艺术处理而使建筑各具特色。

5. 其他要求

除了上述方面的要求外，社会的进步及建筑科技的发展还对建筑的屋顶提出了更高的要求。例如随着生活水平的提高，人们要求其工作和居住的建筑空间与自然环境更多地取得协调，以改善生态环境。这就提出了利用建筑的屋顶开辟园林绿化空间的要求。国内外的一些建筑如美国的华盛顿水门饭店，我国香港葵芳花园住宅、广州东方宾馆、北京长城饭店等，利用屋顶或天台铺筑屋顶花园，不仅拓展了建筑的使用空间、美化了屋顶环境，也改善了屋顶的保温隔热性能，取得了很好的综合效益。再如：现代超高层建筑出于消防扑救和疏散的需要，要求屋顶设置直升机停机坪等设施；某些有幕墙的建筑要求在屋顶设置擦窗机轨道；某些节能型建筑要求利用屋顶安装太阳能集热器等。

屋顶设计时应对这些多方面的要求加以考查研究，协调好与屋顶基本要求之间的关系，以期最大限度地发挥屋顶的综合效益。

6.2 屋顶的排水

6.2.1 排水坡度

1. 排水坡度的表示方法

1）角度法

角度法即用屋面与水平面的夹角表示屋面的坡度，如$\alpha = 30°$、$45°$等，如图 6-5（a）所示。

2）斜率法（比值法）

斜率法即用斜面的垂直投影高度与水平投影长度之比表示屋面的坡度，如 1∶2、1∶4 等，如图 6-5（b）所示。

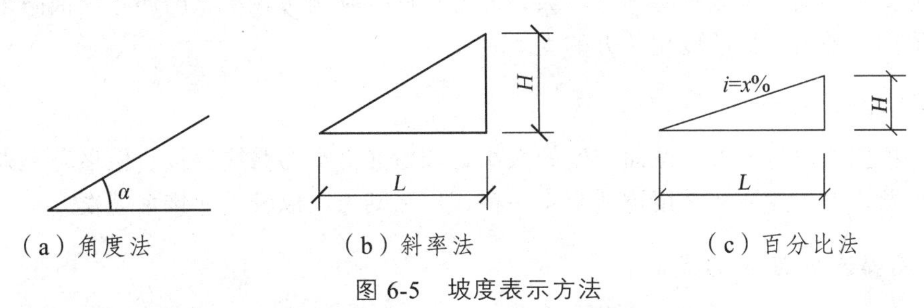

（a）角度法　（b）斜率法　（c）百分比法

图 6-5　坡度表示方法

3）百分比法

百分比法即用斜面的垂直投影高度与水平投影长度之比（用百分比表示）表示屋面的坡度，常用 i 作标记，如 $i = 5\%$等，如图 6-5（c）表示。

2. 影响屋面排水坡度大小的因素

1）防水材料尺寸大小的影响

防水材料的尺寸小，接缝必然较多，容易产生缝隙渗漏，因而屋面应有较大的排水坡度，以便将屋面积水迅速排除。坡屋顶的防水材料多为瓦材，如小青瓦、平瓦、琉璃筒瓦等，覆盖面积较小，应采用较大的坡度，一般为 1∶2～1∶3，如果防水材料的覆盖面积大，接缝少而且严密，使防水层形成一个封闭的整体，屋面的坡度就可以小一些。平屋顶的防水材料多为卷材或现浇混凝土等，其屋面坡度一般为 2%～3%。各种屋面防水材料的常见坡度如图 6-6 所示。

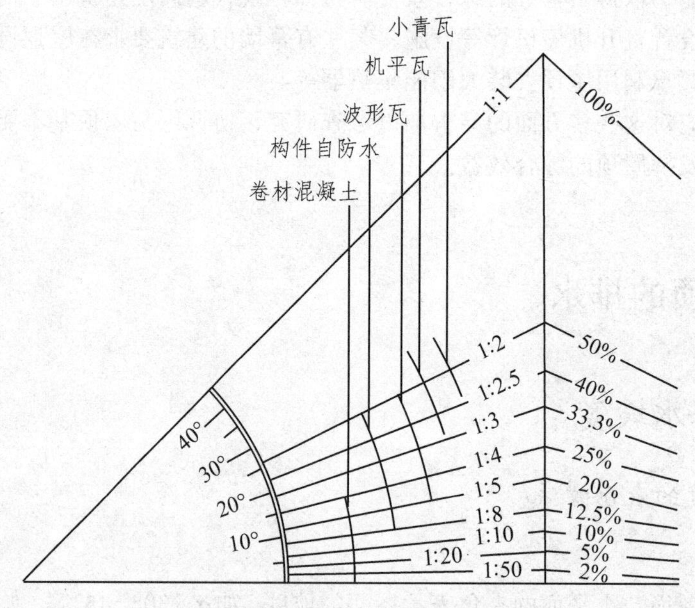

图 6-6　各种屋顶材料常见的坡度

2）年降雨量的影响

降雨量的大小对屋面防水的影响很大。降雨量大，屋面渗漏的可能性较大，屋面坡度就应适当加大。我国南方地区年降雨量较大，北方地区年降雨量较小，因而在屋面防水材料相同时，一般南方地区屋面坡度比北方的大。

3）其他因素的影响

其他一些因素也可能影响屋面坡度的大小，如屋面排水的路线较长、屋顶有上人活动的要求、屋顶蓄水等，屋面的坡度可适当小一些，反之则可以取较大的排水坡度。

3. 屋面排水坡度的形成

形成屋面排水坡度应考虑以下因素：建筑构造做法合理，满足房屋室内外空间的视觉要求；不过多增加屋面荷载；结构经济合理、施工方便等。

1）材料找坡

将屋面板水平搁置，其上用轻质材料垫置起坡，这种方法叫作材料找坡。常见的找坡材料有水泥焦渣、石灰炉渣等。由于找坡材料的强度和平整度往往均较低，应在其上加设水泥砂浆找平层。采用材料找坡的房屋，室内可获得水平的顶棚面，但找坡层会加大结构荷载，当房屋跨度较大时尤为明显。材料找坡适用于跨度不大的平屋顶，坡度宜为 2%，如图 6-7 所示。

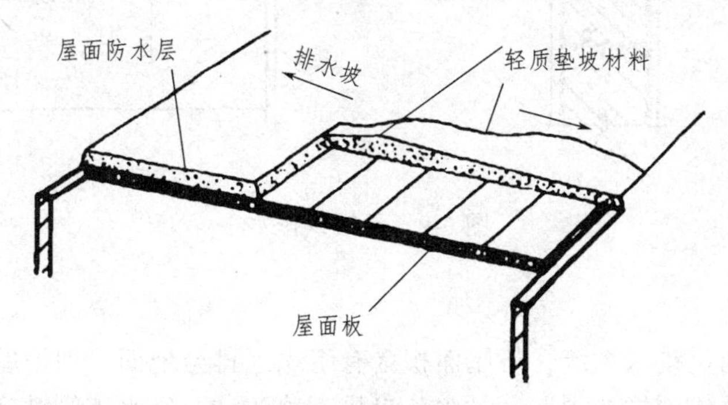

图 6-7　材料找坡

2）结构找坡

将平屋顶的屋面板倾斜搁置，形成所需排水坡度，不在屋面上另加找坡材料，这种方法叫作结构找坡，如图 6-8 所示。结构找坡省工省料，构造简单，不足之处是室内顶棚呈倾斜状。结构找坡适用于室内美观要求不高或设有吊顶的房屋。单坡跨度大于 9 m 的屋顶宜做结构找坡，且坡度不应小于 3%　。坡屋顶也是结构找坡，由屋架形成排水坡度。

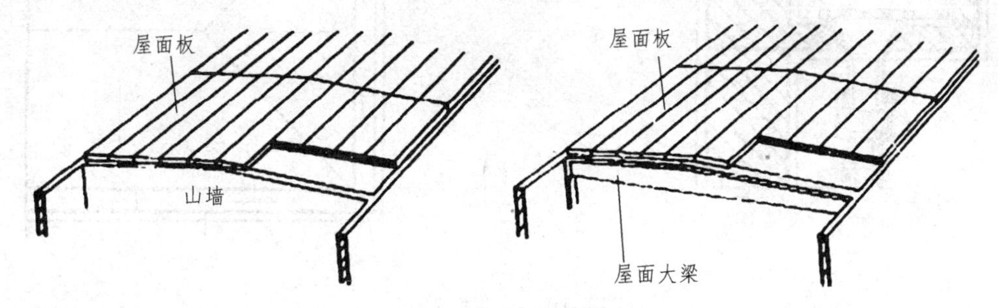

图 6-8　结构找坡

6.2.2　屋顶排水方式

屋顶排水方式分为无组织排水和有组织排水两类。

1. 无组织排水

无组织排水又称自由落水，意指屋面雨水自由地从檐口落至室外地面。自由落水构造简单，造价低廉，缺点是自由下落的雨水会溅湿墙面。这种方法适用于三级及三级以下或檐高小于等于 10 m 的中、小型建筑物或少雨地区建筑，标准较高的低层建筑或临街建筑都不宜采用。常见无组织排水如图 6-9 所示。

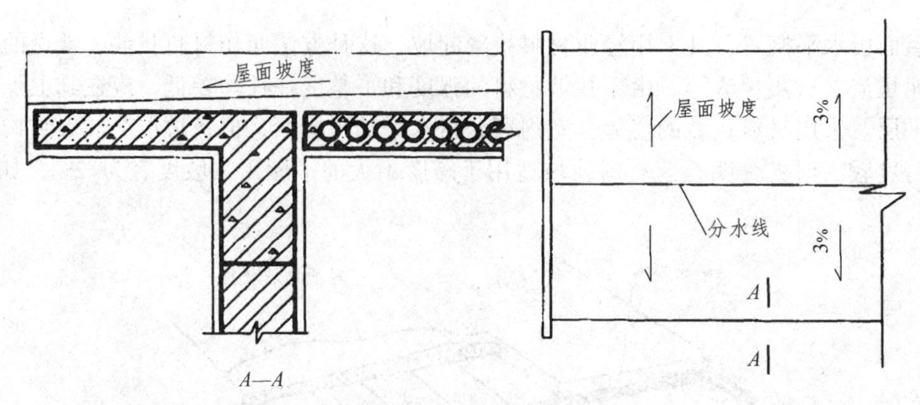

图 6-9　无组织排水

2. **有组织排水**

有组织排水是通过排水系统，将屋面积水有组织地排至地面，即把屋面划分成若干排水区，使雨水有组织地排到檐沟中，经过水落口排至落斗，再经水落管排到室外，最后排往城市地下排水管网系统，如图 6-10 所示。

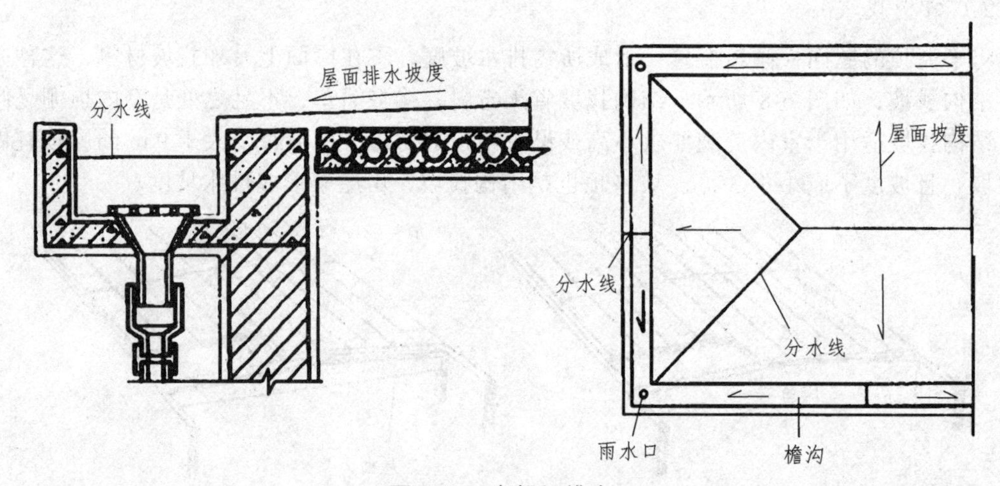

图 6-10　有组织排水

有组织排水又可分为内排水和外排水两种方式。内排水的水落管设于室内，构造复杂，极易渗漏，维修不便，常用于多跨或高层屋顶，一般建筑应尽量采用有组织外排水方式。有组织排水方式的采用与降雨量大小及房屋的高度有关。在年降雨量大于 900 mm 的地区，当檐口高度大于 8 m 时，或年降雨量小于 900 mm 的地区，檐口高度大于 10 m 时，应采用有组织排水。

有组织排水广泛应用于多层及高层建筑，高标准低层建筑、临街建筑及严寒地区的建筑也应采用有组织排水方式。采用有组织排水方式时，应使屋面流水线路短捷，檐沟或天沟流水通畅，雨水口的负荷适当且布置均匀。采用有组织排水对排水系统还有如下要求：

（1）层面流水线路不宜过长，因而屋面宽度较小时可做成单坡排水；如屋面宽度较大，例如 12 m 以上时，宜采用双坡排水。

（2）水落口负荷按每个水落口排除 150～200 m² 屋面集水面积的雨水量计算，且应符合《建筑给水排水设计规范》（GB 50015—2003）（2009 年版）的有关规定。当屋面有高差时，如高处屋面的集水面积小于 100 m²，可将高处屋面的雨水直接排在低屋面上，但出水口处应采取防护措施；如高处屋面面积大于 100 m²，高屋面则应自成排水系统。

（3）檐沟或天沟应有纵向坡度，使沟内雨水迅速排到水落口。纵坡的坡度一般为 1%，用石灰炉渣等轻质材料垫置起坡。

（4）檐沟净宽不小于 200 mm，分水线处最小深度大于 120 mm，沟底水落差不得超过 200 mm。

（5）水落管的管径有 75 mm、100 mm、125 mm 等几种，一般屋顶雨水管内径不得小于 100 mm。管材有铸铁、石棉、水泥、塑料、陶瓷等。水落管安装时离墙面距离不小于 20 mm，管身用管箍卡牢，管箍的竖向间距不大于 1.2 m。

6.2.3　有组织排水常用方案

有组织排水通常采用檐沟外排水、女儿墙外排水及内排水方案。

1. 檐沟外排水

1）平屋顶挑檐沟外排水

这种方案通常采用钢筋混凝土檐沟，由于它是悬挑构件，为了防止倾覆，常采用下列方式固定：现浇式、预制搁置式、自重平衡式。如图 6-11 所示。

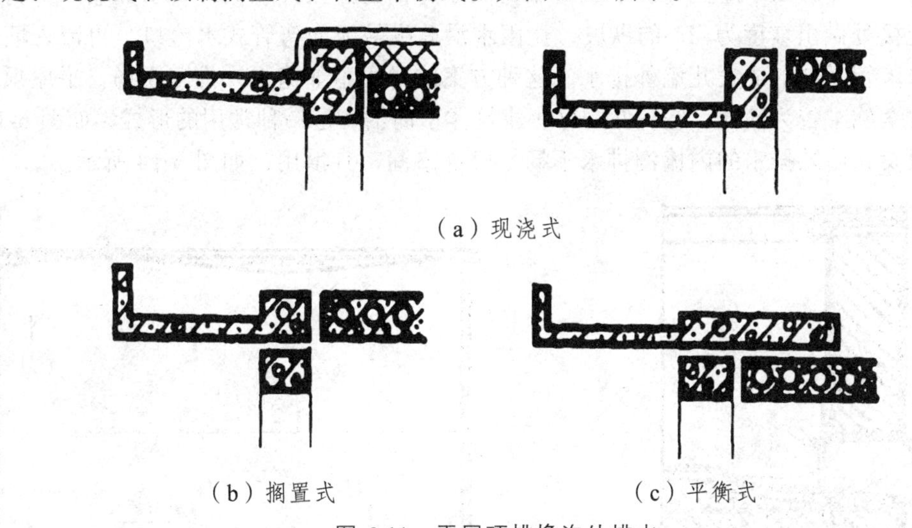

（a）现浇式

（b）搁置式　　（c）平衡式

图 6-11　平屋顶挑檐沟外排水

檐沟外排水是使屋面雨水直接流入挑檐沟内，再由沟内纵坡导入水落口的排水方案。此种方案排水通畅，设计时檐沟的高度可视建筑体型而定。平屋顶挑檐沟外排水是一种常用的排水形式。

2）坡屋顶檐沟外排水

外排水檐沟悬挂在坡屋顶的挑檐处，如图 6-12 所示，可采用镀锌铁皮或石棉水泥等轻质材料制作，水落管则仍可用铸铁、塑料、陶瓦、石棉水泥等材料制作。檐沟的纵坡一般由檐沟斜挂形成，不宜在沟内垫置材料起坡。

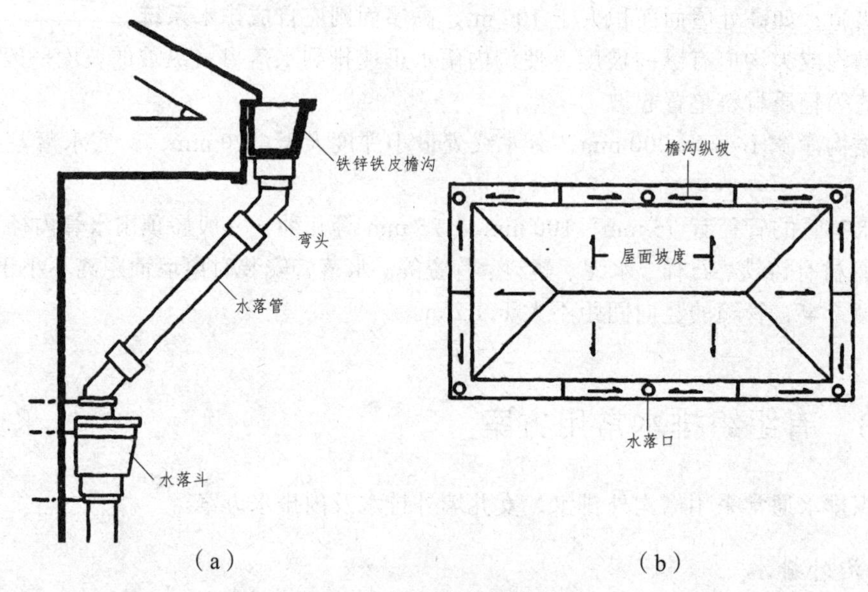

图 6-12 坡屋顶檐沟外排水

2. 女儿墙外排水

房屋周围的外墙高于屋面时即形成封檐，高于屋面的这段外墙又称作女儿墙。如将女儿墙与屋面交接处做出坡度为 1%的纵坡，让雨水沿此纵坡流向弯管式水落口，再流入墙外的水落斗及水落管，即形成女儿墙外排水。这种方案的排水不如檐沟外排水通畅。平屋顶女儿墙外排水方案施工较为简便，经济性较好，建筑体型简洁，是一种常用的形式，如图 6-13 所示。坡屋顶女儿墙外排水的内檐沟排水不畅，极易渗漏，宜慎用，如图 6-14 所示。

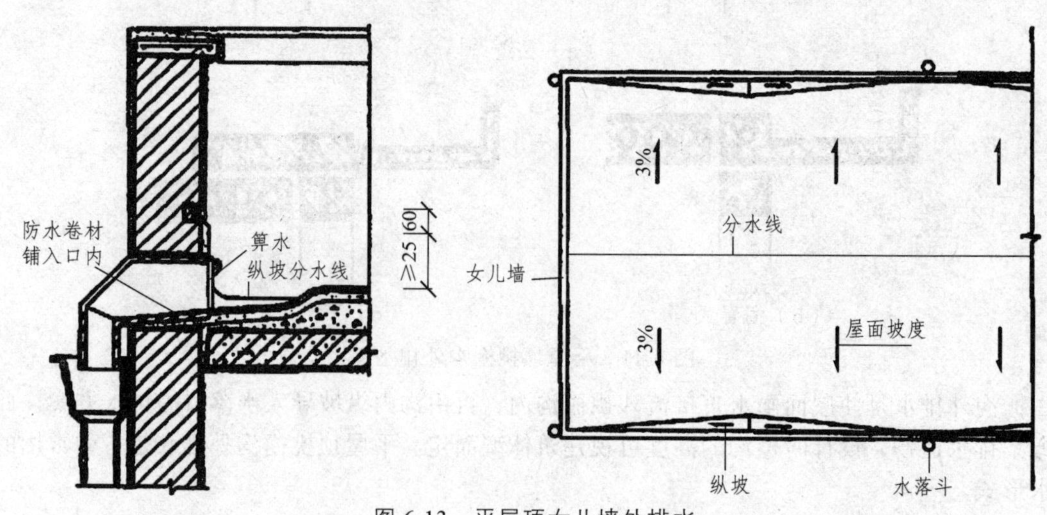

图 6-13 平屋顶女儿墙外排水

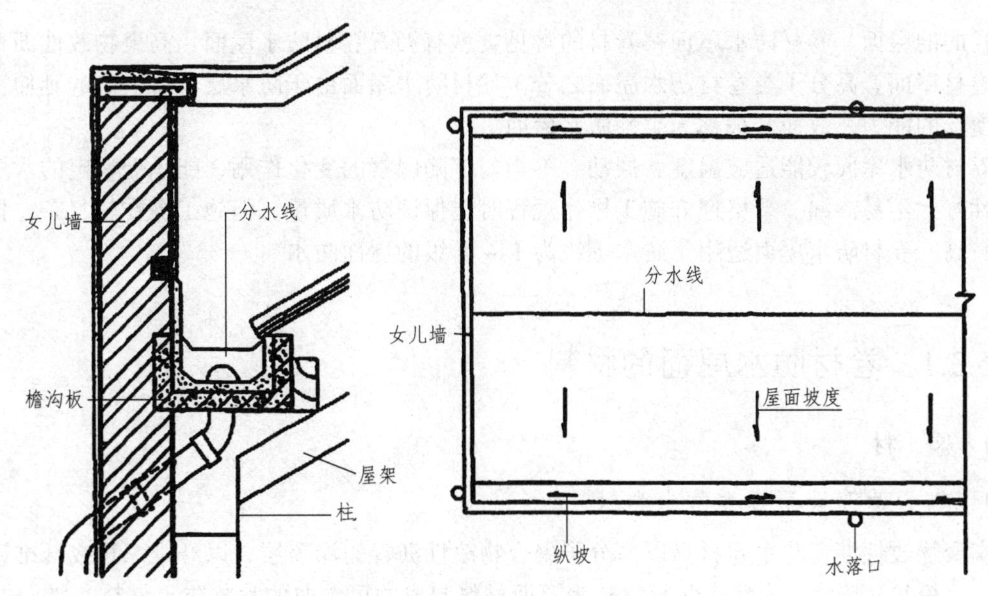

图 6-14 坡屋顶女儿墙外排水

3. 内排水

内排水方案的屋面向内倾斜，坡度方向与外排水相反，如图 6-15 所示。屋面雨水汇集到中间天沟内，再沿天沟纵坡流向水落口，最后排入室内水落管，经室内地沟排往室外。内排水方案的水落管在室内接头甚多，易渗漏，多用于不宜采用外排水的建筑屋顶，如高层及多跨建筑等。

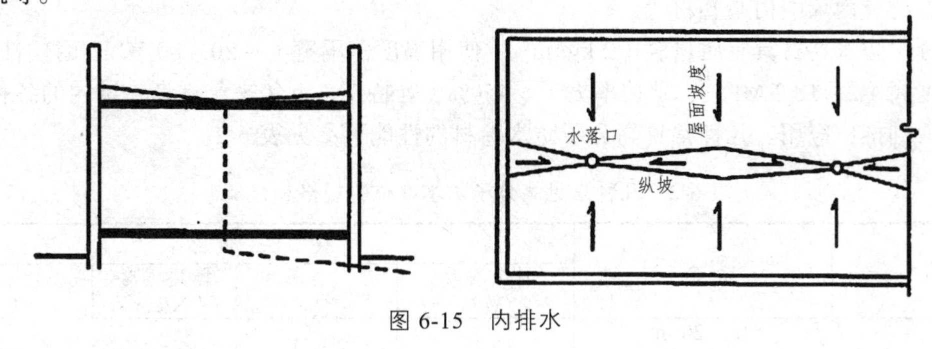

图 6-15 内排水

4. 其他排水方案

上述几种排水方案是屋顶排水最基本的形式，实践中还可根据需要派生出各种不同的排水形式，如蓄水屋面常用的檐沟女儿墙外排水方案，为使水落管隐蔽而做的外墙暗管排水或管道井暗管内排水等。

6.3 卷材防水屋面

卷材防水屋面是用防水卷材与胶黏剂结合在一起的，形成连续致密的构造层，从而达到防水目的的屋面。卷材防水屋面按卷材的常见类型有沥青卷材防水屋面、高聚物改性沥青类防水卷材屋面、高分子类卷材防水屋面之分。卷材防水屋面由于防水层具有一定的延伸性和适应变形的能力，故而又被称为柔性防水屋面。

卷材防水屋面较能适应温度、振动、不均匀沉陷因素的变化作用，能承受一定的水压，整体性好，不易渗漏。严格遵守施工操作规程时能保证防水质量，但施工操作较复杂，技术要求较高。卷材防水屋面适用于防水等级为Ⅰ～Ⅱ级的屋面防水。

6.3.1　卷材防水屋面的材料

1. 卷　材

1）高聚物改性沥青类防水卷材

高聚物改性沥青防水卷材是以高分子聚合物改性沥青为涂盖层，以纤维织物或纤维毡为胎体，以粉状、粒状、片状或薄膜材料为覆面材料制成的可卷曲的片状防水材料，如 SBS 改性沥青油毡、再生胶改性沥青聚酯油毡、铝箔塑胶聚酯油毡、丁苯橡胶改性沥青油毡等。

2）高分子类卷材

凡以各种合成橡胶、合成树脂或二者的混合物为主要原材料，加入适量化学助剂和填充料加工制成的弹性或弹塑性卷材，均称为高分子防水卷材，常见的有三元乙丙橡胶防水卷材、氯化聚乙烯防水卷材、聚氯乙烯防水卷材、氯丁橡胶防水卷材、再生胶防水卷材、聚乙烯橡胶防水卷材、丙烯酸树脂卷材等。

高分子防水卷材具有质量轻（2 kg/ m^2）、使用温度范围宽（－20～80 °C）、耐候性能好、抗拉强度高（2～18.2 MPa）、延伸率大（>450%）等特点，近年来已逐渐在国内的各种防水工程中得到推广应用。几种常见高分子防水卷材的性能可参见表 6-2。

表 6-2　几种常见高分子防水卷材的规格和性能

名称	规格	技术性能指标			
		扯断强度/MPa	扯断伸长率/%	撕裂强度/（N/cm）	脆性温度/°C
三元乙丙橡胶防水卷材	长：20 m 宽：1～2 m 厚：1.0 mm、1.2 mm、1.4 mm、1.6 mm、1.8 mm、2.0 mm	>7.5	>450	>250	<－40
氯化聚乙烯橡胶防水卷材	长：20 m 宽：900 mm 厚：A 型 1.0 mm、1.2 mm、1.5 mm、1.8 mm；B 型：2.0 mm	7.35	>450	>250	－24
BX702 氯丁橡胶防水卷材	长：20 m 宽：100 mm 厚：1.4 mm	抗拉强度 >5.5 MPa	>350	>250	<－40
SBS 改性沥青柔性防水油毡	长：20 m 宽：1000 mm 厚：1 mm、2 mm、3 mm	2.94	>30	98	－20

2. 卷材胶黏剂

用于高聚物改性沥青防水卷材和高分子防水卷材的 RA-86 胶黏剂、主要为各种与卷材配套使用的溶剂型胶黏剂。例如：适用于改性沥青类卷材的 RA-86 型氯丁胶胶黏剂、SBS 改性沥青胶粘剂等；三元乙丙橡胶卷材防水屋面的基层处理剂有聚氯酯底胶，胶黏剂有以氯丁橡胶为主体的 CX-404 胶；氯化聚乙烯橡胶卷材的胶黏剂有 LYX-603、CX404 胶等。

6.3.2 卷材防水屋面构造

1. 构造组成

1）基本层次

卷材防水屋面由多层材料叠合而成，按各层的作用分别为结构层、找平层、结合层、防水层、保护层，如图 6-16 所示。

（1）结构层：多为钢筋混凝土屋面板，可以是现浇板，也可以是预制板。

（2）找平层：卷材防水层要求铺贴在坚固而平整的基层上，以防止卷材凹陷或断裂，因而在松软材料上应设找平层；在施工中，铺设屋面板难于保证平整，所以在预制屋面板上也应设找平层。找平层的厚度取决于基层的平整度，一般采用 20 mm 厚 1∶3 水泥砂浆，也可采用 1∶8 沥青砂浆等。找平层宜留分隔缝，缝宽一般为 5 ~ 20 mm，纵横间距一般不宜大于 6 m。屋面板为预制时，分隔缝应设在预制板的端缝处。分隔缝上应附加 200 ~ 300 mm 宽卷材，和胶黏剂单边点贴覆盖，如图 6-17 所示。

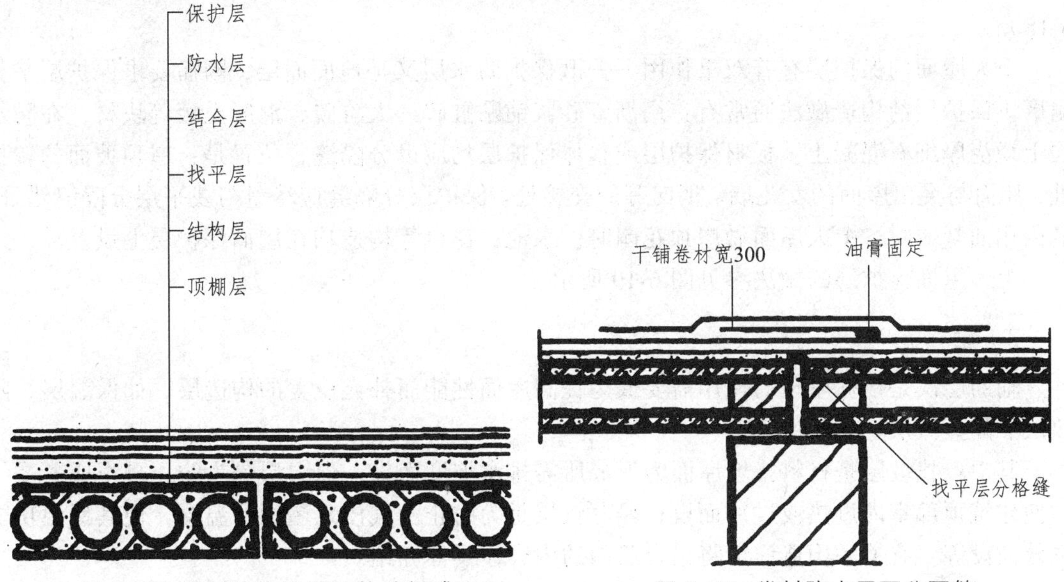

图 6-16 卷材防水屋顶的构造组成

图 6-17 卷材防水屋面分隔缝

（3）结合层：结合层的作用是在基层与卷材胶黏剂间形成一层胶质薄膜，使卷材与基层胶结牢固。沥青类卷材通常用冷底子油作结合层；高分子卷材则多采用配套基层处理剂，也有采用冷底子油或稀释乳化沥青作结合层的。

（4）防水层。

① 高聚物改性沥青防水层：高聚物改性沥青防水卷材的铺贴做法有冷粘法和热熔法两种。冷黏法是用胶黏剂将卷材黏结在找平层上，或利用某些卷材的自黏性进行铺贴。铺贴卷材时注意平整顺直，搭接尺寸准确，不扭曲，应排除卷材下面的空气并滚压黏结牢固。热熔法施工是用火焰加热器将卷材均匀加热至表面光亮发黑，然后立即滚铺卷材使之平展，并滚压牢实。

② 高分子卷材防水层（以三元乙丙卷材防水层为例）：先在找平层（基层）上涂刮基层处理剂（如CX-404胶等），要求薄而均匀，干燥不黏后即可铺贴卷材。卷材一般应由屋面低处向高处铺贴，并按水流方向搭接；卷材可垂直或平行于屋脊方向铺贴。卷材铺贴时要求保持自然松弛状态，不能拉得过紧。卷材长边应保持搭接 50 mm，短边保持搭接 70 mm，铺好后立即用工具滚压密实，搭接部位用胶黏剂均匀涂刷黏合。

图 6-18 不上人卷材防水屋面保护层做法

（5）保护层。

设置保护层的目的是保护防水层，使卷材在阳光和大气的作用下不致迅速老化；同时保护层还可以防止沥青类卷材中的沥青过热流淌，并防止暴雨对沥青的冲刷。保护层的构造做法应视屋面的利用情况而定。不上人时，改性沥青卷材防水屋面一般在防水层上撒粒径为 3 ~ 5 mm 的小石子作为保护层，称为绿豆砂保护层；高分子卷材如三元乙丙橡胶防水屋面保护层做法等通常是在卷材面上涂刷水溶型或溶剂型浅色保护着色剂，如氯丁银粉胶等，如图 6-18 所示。

上人屋面的保护层有着双重作用 ——既保护防水层又是地面面层，因而要求保护层平整耐磨。保护层的构造做法通常有：用沥青砂浆铺贴缸砖、大阶砖、混凝土板等块材；在防水层上现浇厚细石混凝土。板材保护层或整体保护层均应设分隔缝，位置是：屋顶坡面的转折处，屋面与突出屋面的女儿墙、烟囱等的交接处。保护层分隔缝应尽量与找平层分隔缝错开，缝内用油膏嵌封。上人屋面做屋顶花园时，水池、花台等构造均在屋面保护层上设置。

上人屋面保护层的做法参见图 6-19 所示。

2）辅助层次

辅助层次是根据屋顶的使用需要或为提高屋面性能而补充设置的构造层，如保温层、隔热层、隔蒸汽层、找坡层等。

其中：找坡层是材料找坡屋面为形成所需排水坡度而设；保温层是为防止夏季或冬季气候使建筑顶部室内过热或过冷而设；隔蒸汽层是为防止潮气侵入屋面保温层，使其保温功能失效而设等。有关的构造详情将结合后面的内容作具体介绍。

2. 细部构造

卷材防水层是一个封闭的整体，如果在屋面开设孔洞，有管道出屋面，或屋顶边缘封闭不牢，都可能破坏卷材屋面的整体性，形成防水的薄弱环节而造成渗漏。因此，必须对这些细部加强防水处理。

1）泛水构造

泛水是指屋面与垂直墙面相交处的防水处理。女儿墙、山墙、烟囱、变形缝等屋面与垂直墙面相交部位，均需做泛水处理，防止交接缝出现漏水。泛水的构造要点及做法为：

（1）将屋面的卷材继续铺至垂直墙面上，形成卷材泛水，泛水高度不小于 250 mm。

（2）在屋面与垂直于女儿墙面的交接缝处，砂浆找平层应抹成圆弧形或 45°斜面，上刷卷材胶黏剂，使卷材铺贴牢实，避免卷材架空或折断，并加铺一层卷材。

（3）做好泛水上口的卷材收头固定，防止卷材在垂直墙面上下滑。一般做法是：在垂直墙中凿出通长凹槽，将卷材收头压入凹槽内，用防水压条钉压后再用密封材料嵌填封严，外抹水泥砂浆保护。凹槽上部的墙本亦应做防水处理，如图 6-20 所示。

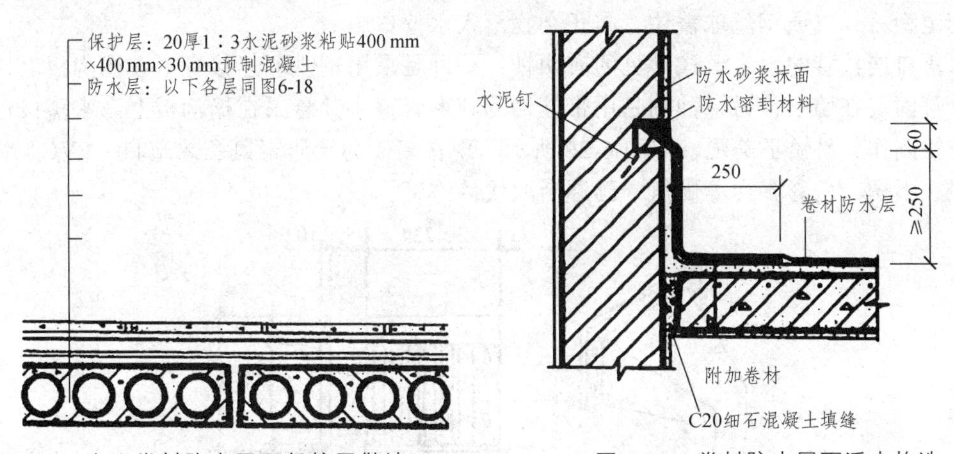

图 6-19　上人卷材防水屋面保护层做法　　　图 6-20　卷材防水屋面泛水构造

2）挑檐口构造

挑檐口按排水形式分为无组织排水和檐沟外排水两种。其防水构造的要点是做好卷材的收头，使屋顶四周的卷材封闭，避免雨水渗入。无组织排水檐沟的收头处通常用油膏嵌实，不可用砂浆等硬性材料，因为油膏有一定弹性，能适应卷材的温度变形；同时，施工无组织排水时应抹好檐口的滴水，使雨水迅速垂直下落，如图 6-21 所示。

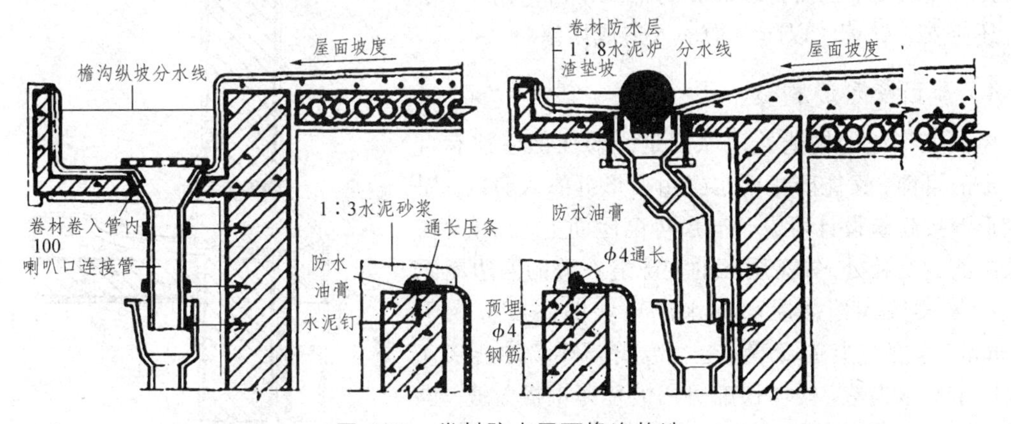

图 6-21　卷材防水屋面檐沟构造

挑檐沟的卷材收头处理通常是在檐沟边缘用水泥钉钉压条将卷材压住，再用油膏或砂浆盖缝。此外，檐沟内转角处水泥砂浆应抹成圆弧形，以防卷材断裂；檐沟外侧应做好滴水，沟内可加铺一层卷材以增强防水能力。

3）水落口构造

水落口是用来将屋面雨水排至水落管而在檐口或檐沟开设的洞口，构造上要求排水通畅，不易渗漏和堵塞。有组织外排水最常用的有檐沟及女儿墙水落口两种构造形式。有组织内排水的水落口设在天沟上，其构造与外檐沟相同。

（1）檐沟外排水水落口构造。在檐沟板预留的孔中安装铸铁或塑料连接管，就形成水落口。水落口周围直径 500 mm 范围内坡度不应小于 5%并应用防水涂膜涂封，其厚度不应小于 2 mm。为防止水落口四周漏水，应将防水卷材铺入连接管内 50 mm，周围用油膏嵌缝，水落口上用定型铸铁罩或钢丝球盖住，防止杂物落入水落口中。

水落口连接管的固定形式常见的有两种：一种是采用喇叭形连接管卡在檐沟板上，再用普通管箍固定在墙上；另一种则是用带挂钩的圆形管箍将其悬吊在檐沟板上。水落口过去一般用铸铁制作，易锈不美观，如图 6-22 所示。现在多改为硬质聚氯乙烯塑料（PVC）管，具有质轻、不锈、色彩多样等优点，已逐渐取代铸铁管。

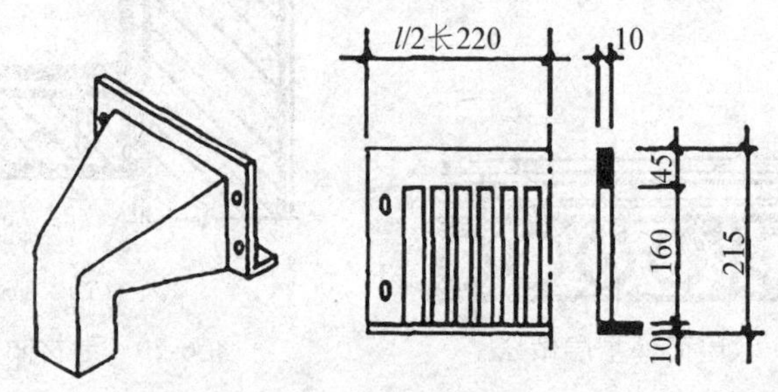

图 6-22 铸铁水落口

（2）女儿墙外排水水落口构造如图 6-23 所示，是在女儿墙上的预留孔洞中安装水落口构件，使屋面雨水穿过女儿墙排至墙外的水落斗中。为防止水落口与屋面交接处发生渗漏，也需将屋面卷材铺入水落口内，水落口上还应安装铁箅，以防杂物落入造成堵塞。

4）屋面变形缝构造

屋面变形缝的构造处理原则是既要保证屋顶有自由变形的可能，又能防止雨水经由变形缝渗入室内。屋面变形缝按建筑设计可设于同层等高屋面上，也可设在高低屋面的交接处。等高层面的变形缝在缝的两边屋面板上砌筑矮墙，挡住屋面雨水。矮墙的高度应大于 250 mm，厚度为半砖墙厚；屋面卷材与矮墙的连接处理类同于泛水构造。矮墙顶部可用镀锌薄钢板盖缝，也可铺一层油毡后用混凝土板压顶，如图 6-24。

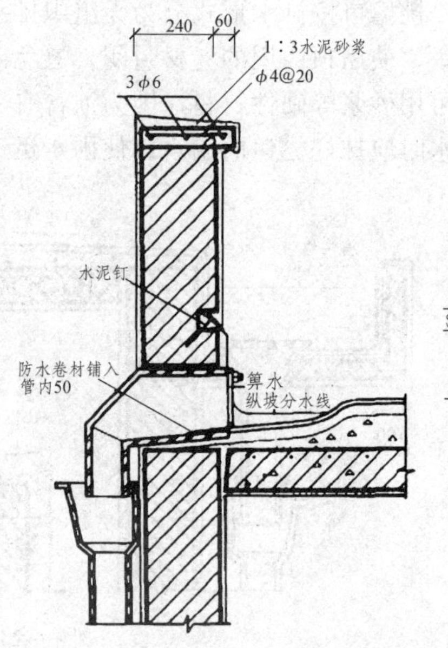

图 6-23 女儿墙外排水水落口

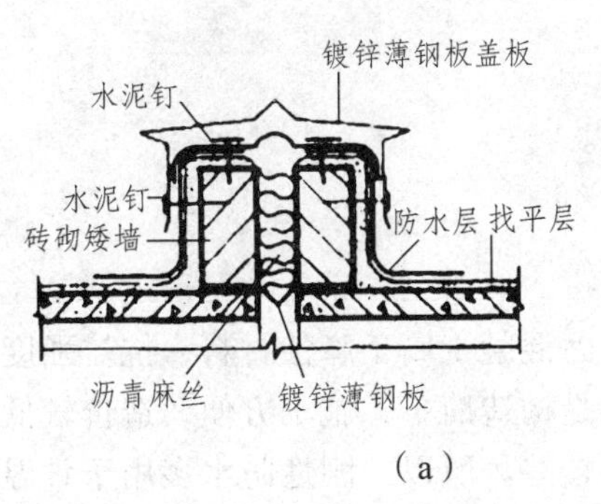

(a)

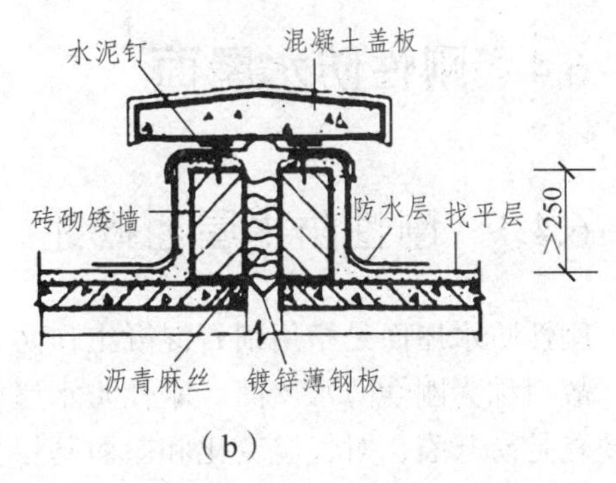

(b)

图 6-24 等高屋面变形缝

高低屋面的变形缝则是在低侧屋面板上砌筑矮墙。当变形缝宽度较小时，可用镀锌薄钢板盖缝并固定在高侧墙上，做法同泛水构造，也可从高侧墙上悬挑钢筋混凝土板盖缝，如图6-25 所示。

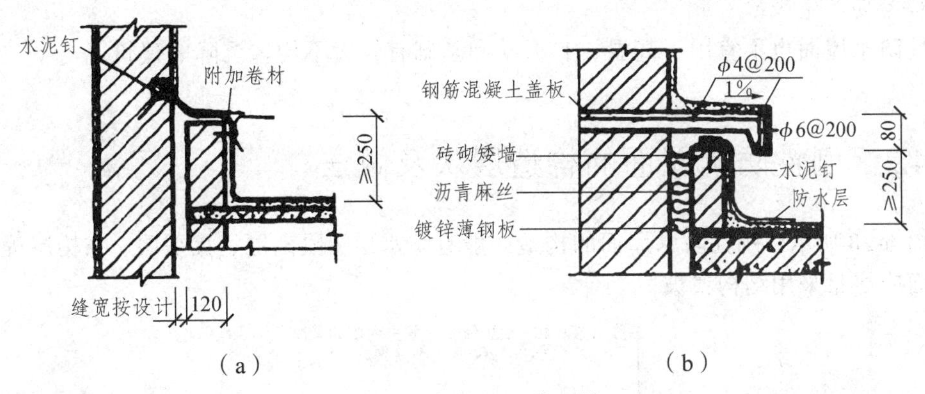

图 6-25 高低屋面变形缝

5）屋面检修孔、屋面出入口构造

不上人屋面需设屋面检修孔，检修孔四周的孔壁可用砖立砌，也可在现浇屋面板时将混凝土上翻制成，高度一般为 300 mm。壁外的防水层应做成泛水并将卷材用镀锌薄钢板盖缝并压钉好，如图 6-26 所示。

出屋面的楼梯间一般需设屋面出入口，最好在设计中让楼梯间的室内地坪与屋面间留有足够的高差，以利防水，否则需在出入口处设门槛挡水。屋面出入口处的构造与泛水构造类同，如图 6-27 所示。

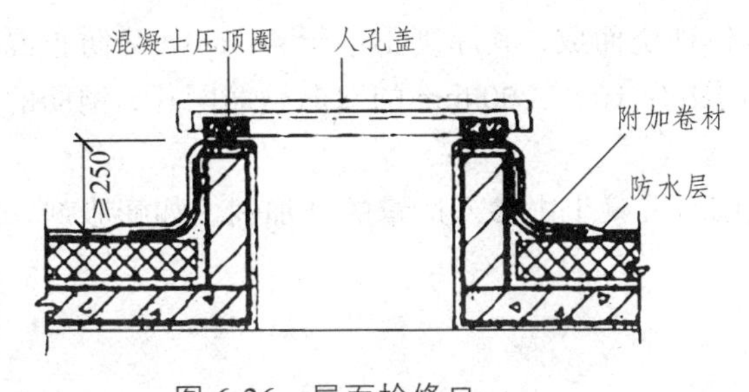

图 6-26 屋面检修口

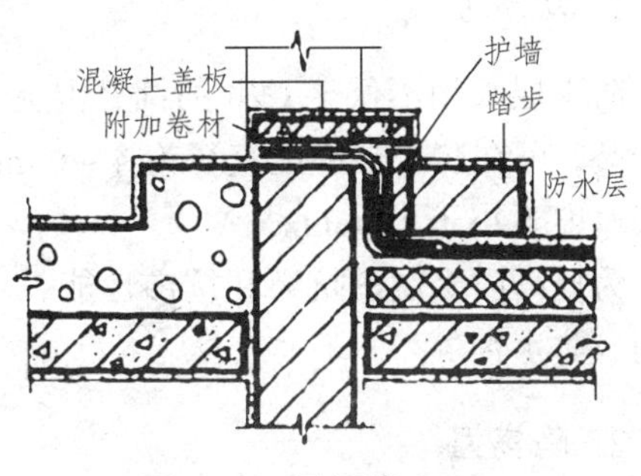

图 6-27 屋面出入口

6.4 刚性防水屋面

6.4.1 刚性防水屋面概述

刚性防水屋面是指用细石混凝土作防水层的屋面，因混凝土属于脆性材料，抗拉强度较低，故而称为刚性防水屋面。刚性防水屋面的主要优点是构造简单，施工方便，造价较低；其缺点是易开裂，对气温变化和屋面基层变形的适应性较差。所以，刚性防水多用于日温差较小的我国南方地区防水等级为Ⅲ级的屋面防水，也可用作防水等级为Ⅰ、Ⅱ级的屋面多道设防中的一道防水层。

刚性防水屋面要求基层变形小，一般只适用于无保温层的屋面，因为保温层多采用轻质多孔材料，其上不宜进行浇筑混凝土的湿作业；此外，混凝土防水层铺设在这种较松软的基层上也很容易产生裂缝。

刚性防水屋面也不宜用于高温、有振动和基础有较大不均匀沉降的建筑。

6.4.2 刚性防水屋面的构造层次及做法

如图 6-28 所示，刚性防水屋面的构造一般有防水层、隔离层、找平层、结构层等。刚性防水屋面应尽量采用结构找坡。

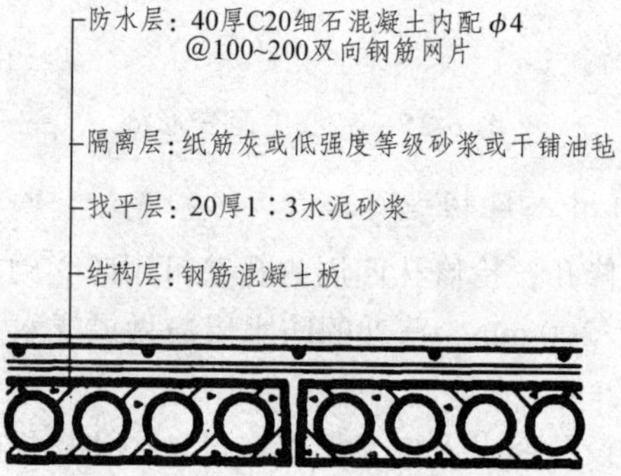

防水层：40厚C20细石混凝土内配ϕ4 @100~200双向钢筋网片
隔离层：纸筋灰或低强度等级砂浆或干铺油毡
找平层：20厚1∶3水泥砂浆
结构层：钢筋混凝土板

图 6-28 刚性防水屋面的构造层次

1. 防水层

防水层采用不低于 C20 的细石混凝土整体现浇而成，其厚度不小于 40 mm。为防止混凝土开裂，可在防水层中配直径为 4 ~ 6 mm、间距为 100 ~ 200 mm 的双向钢筋网片，钢筋的保护层厚度不小于 10 mm。

为提高防水层的抗裂和抗渗性能，可在细石混凝土中渗入适量的外加剂，如膨胀剂、减水剂、防水剂等。

2. 隔离层

隔离层位于防水层与结构层之间，其作用是减少结构变形对防水层的不利影响。

结构层在荷载作用下产生挠曲变形，在温度变化作用下产生胀缩变形。由于结构层较防水层厚，刚度相应也较大，当结构产生上述变形时容易将刚度较小的防水层拉裂，因此，宜在结构层与防水层间设一隔离层使二者脱开。隔离层可采用铺纸筋灰、低强度等级砂浆，或薄砂层上干铺一层油毡等做法。

3. 找平层

当结构层为预制钢筋混凝土屋面板时，其上应用 1 : 3 水泥砂浆做找平层，厚度为 20 mm；若屋面板为整体现浇混凝土结构时则可不设找平层。

4. 结构层

结构层一般采用预制或现浇的钢筋混凝土屋面板。结构应有足够的刚度，以免结构变形过大而引起防水层开裂。

6.4.3　混凝土刚性防水屋面的细部构造

与卷材防水屋面一样，刚性防水屋面也需处理好泛水、天沟、檐口、水落口等细部构造，另外还应做好防水层的分隔缝构造。

1. 分隔缝构造

分隔缝（又称分舱缝）是一种设置在刚性防水层中的变形缝。其作用有二：

（1）大面积的整体现浇混凝土防水层受气温影响产生的温度变形较大，容易导致混凝土开裂。设置一定数量的分隔缝将单块混凝土防水层的面积减小，从而减少其伸缩变形，可有效地防止和限制裂缝的产生。

（2）在荷载作用下屋面板会产生挠曲变形，支承端翘起，易引起混凝土防水层开裂，如在这些部位预留分隔缝就可避免防水层开裂。

由上述分析可知，分隔缝应设置在装配式结构屋面板的支承端、屋面转折处、刚性防水层与立墙的交接处，并应与板缝对齐。分隔缝的纵横间距不宜大于 6 m。在横墙承重的民用建筑中，分隔缝的位置可如图 6-29 所示：屋脊是屋面转折的界线，故此处应设一纵向分隔缝；横向分隔缝每开间设一条，并与装配式屋面板的板缝对齐；沿女儿墙四周的刚性防水层与女儿墙之间也应设分隔缝，因为刚性防水层与女儿墙的变形不一致，所以刚性防水层不能紧贴在女儿墙上，它们之间应做柔性封缝处理，以防女儿墙或刚牲防水层开裂引起渗漏。

其他突出屋面的结构物四周都应设置分隔缝。

分隔缝的构造可参见图 6-30。设计时还应注意：

（1）防水层内的钢筋在分隔缝处应断开。

（2）屋面板缝用浸过沥青的木丝板等密封材料嵌填，缝口用油膏等嵌填。

（3）缝口表面用防水卷材铺贴盖缝，卷材的宽度为 200 ~ 300 mm。

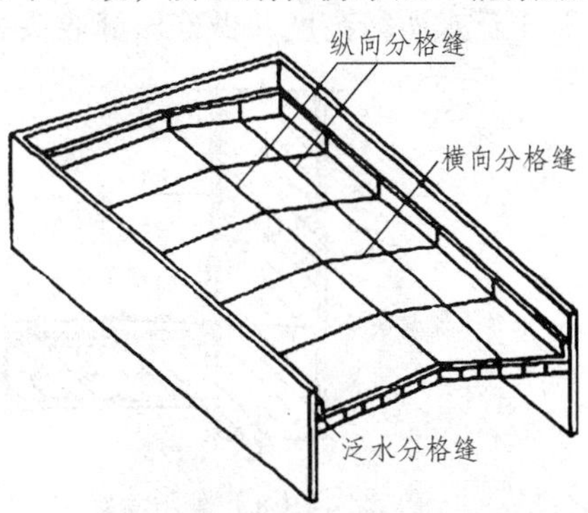

图 6-29　分隔缝的位置

在屋脊和平行于流水方向的分隔缝处，也可将防水层做成翻边泛水，用盖瓦单边坐灰固定覆盖。

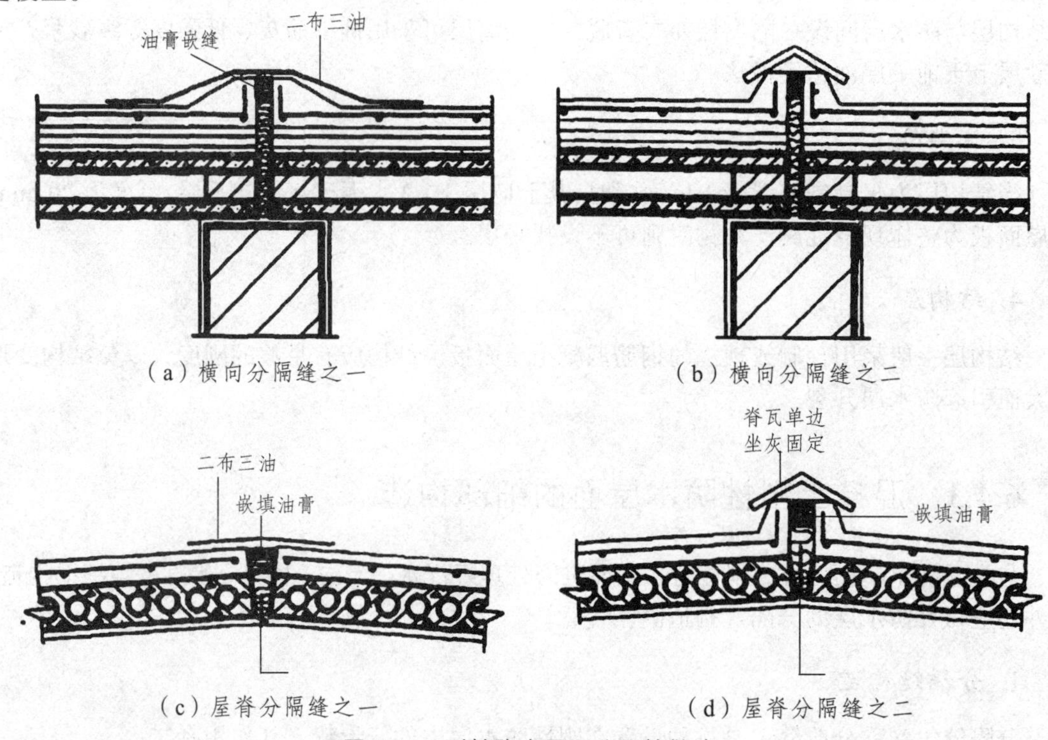

（a）横向分隔缝之一　　（b）横向分隔缝之二

（c）屋脊分隔缝之一　　（d）屋脊分隔缝之二

图 6-30　刚性防水屋面分隔缝做法

2. 泛水构造

刚性防水屋面的泛水构造要点与卷材屋面相同的地方是：泛水应有足够高度，一般不小于 250 mm，泛水应嵌入立墙上的凹槽内并用压条及水泥钉固定。不同的地方是：刚性防水层与屋面突出物（女儿墙、烟囱等）间须留分隔缝，另铺贴附加卷材盖缝形成泛水。下面以女儿墙泛水、变形缝泛水和管道出屋面构造为例说明其构造做法。

1）女儿墙泛水

女儿墙与刚性防水层间留分隔缝，使混凝土防水层在收缩和温度变形时不受女儿墙的影响，可有效地防止其开裂。分隔缝内用油膏嵌缝，如图 6-31（a）所示，缝外用附加卷材铺贴至泛水所需高度并做好压缝收头处理，以免雨水渗进缝内。

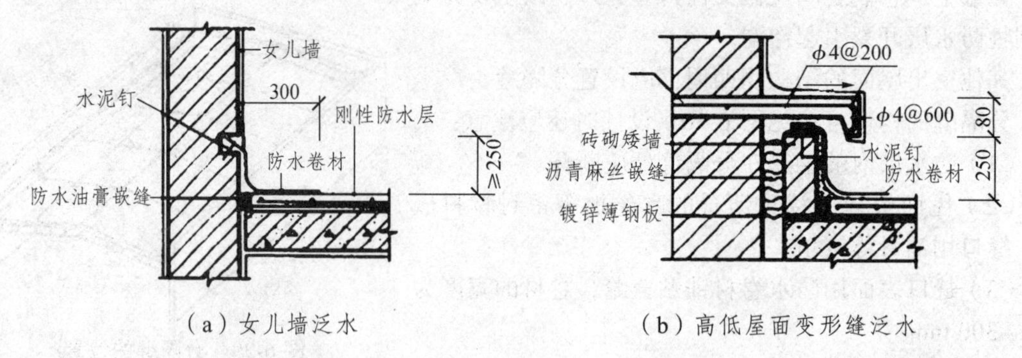

（a）女儿墙泛水　　（b）高低屋面变形缝泛水

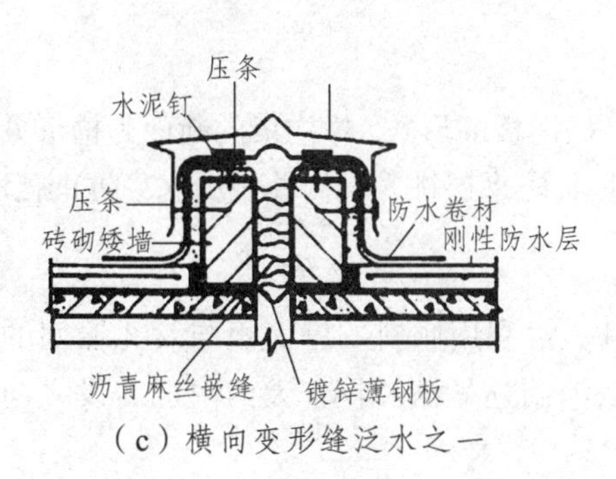

（c）横向变形缝泛水之一

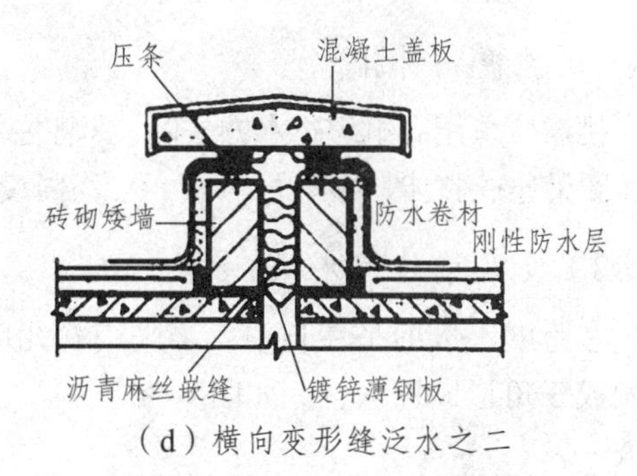

（d）横向变形缝泛水之二

图 6-31　刚性防水屋面反水构造

2）变形缝泛水

变形缝分为高低屋面变形缝和横向变形缝两种情况。图 6-31（b）所示为高低屋面变形缝构造，其低跨屋面也需像卷材屋面那样砌上附加墙来铺贴泛水。

图 6-31（c）、图 6-31（d）为横向变形缝的做法。图（c）与（d）的不同之处是泛水顶端盖缝的形式不一样：前者用可伸缩的镀锌薄钢板作盖缝板并用水泥钉固定在附加墙上；后者采用混凝土预制板盖缝，盖缝前先干铺一层卷材，以减少泛水与盖板之间的摩擦力。

3）管道出屋面构造

伸出屋面的管道（如厨、卫等房间的透气管等）与刚性防水层间亦应留设分隔缝，缝内用油膏嵌填，然后用卷材或涂膜防水层在管道周围做泛水，如图 6-32 所示。

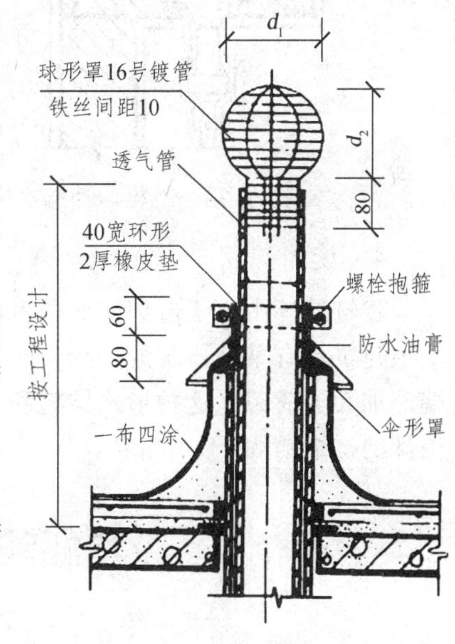

图 6-32　透气管出屋面

3. **檐口构造**

刚性防水屋面常用的檐口形式有自由落水檐口、挑檐沟外排水檐口、女儿墙外排水檐口、坡檐口等。

1）自由落水檐口

当挑檐较短时，可将混凝土防水层直接悬挑出去形成挑檐口，如图 6-33（a）所示。当所需挑檐较长时，为了保证悬挑结构的强度，应采用与屋顶圈梁连为一体的悬臂板形成挑檐，如图 6-33（b）所示。在挑檐板与屋面板上做找平层和隔离层后，浇筑混凝土防水层，檐口处注意做好滴水。

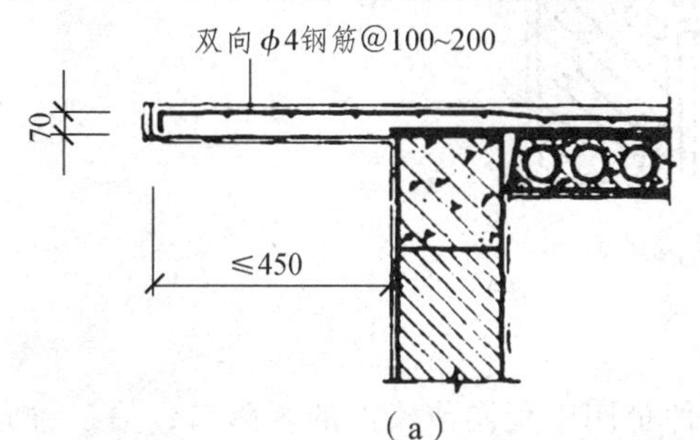

（a）

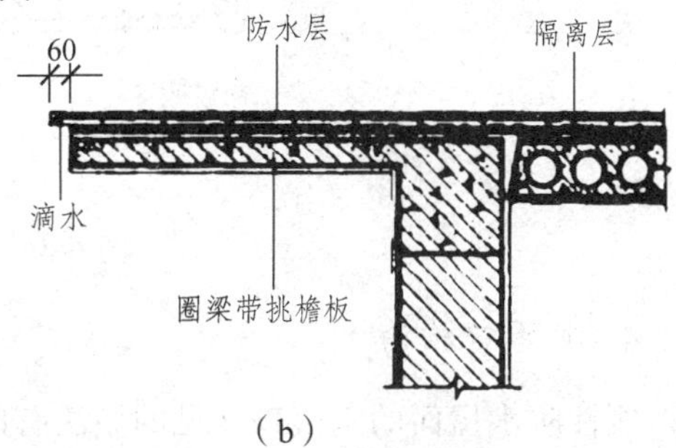

（b）

图 6-33　自由落水挑檐口

2）挑檐沟外排水檐口

挑檐口采用有组织排水方式时，常将檐部做成排水檐沟板的形式。檐沟板的断面为槽形并与屋面圈梁连成整体，如图 6-34 所示。沟内设纵向排水坡，防水层挑入沟内并做滴水，防止爬水。

3）女儿墙外排水檐口

在跨度不大的平屋顶中，当采用女儿墙外排水时，常利用倾斜的屋面板与女儿墙间的夹角做成三角形断面天沟，如图 6-35 所示，其泛水做法与前述做法相同。天沟内也需设纵向排水坡。

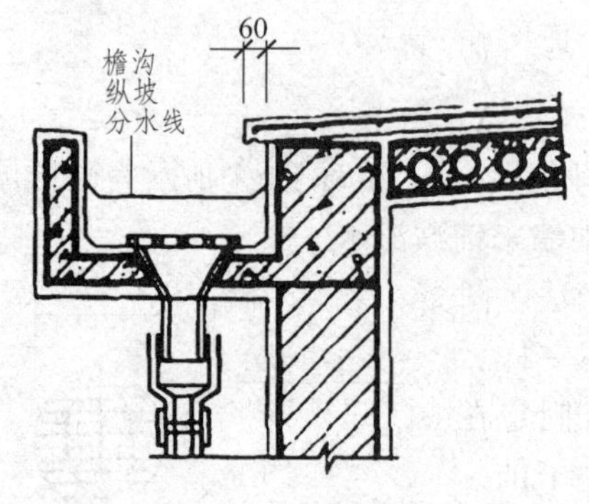

图 6-34 挑檐沟外排水檐口

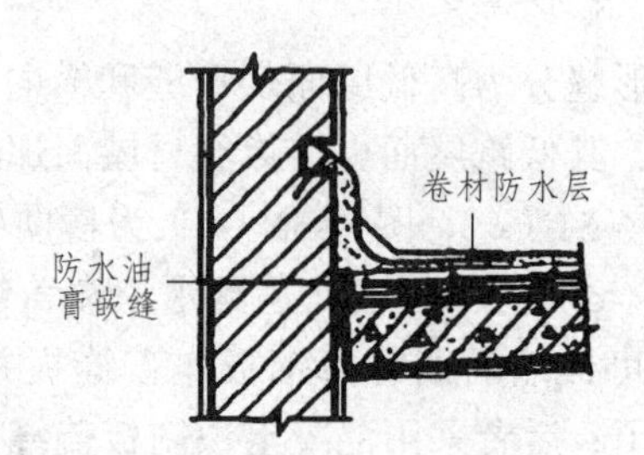

图 6-35 女儿墙外排水檐口

4）坡檐口

建筑设计中出于造型方面的考虑，常采用一种平顶坡檐的处理形式，意在使较为呆板的平顶建筑具有某种传统的韵味，形象更为丰富。坡檐口的构造如图 6-36 所示。由于在挑檐的端部加大了荷载，这种形式结构和构造设计都应特别注意悬挑构件的抗倾覆问题，要处理好构件的拉结锚固。

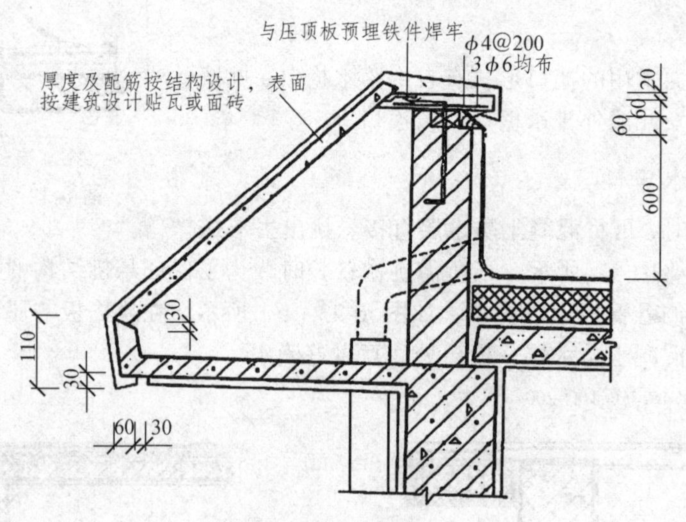

图 6-36 平屋顶坡檐构造

4. 水落口构造

刚性防水屋面的水落口常见的做法有两种：一种是用于天沟或檐沟的水落口，另一种是用于女儿墙外排水的水落口。前者为直管式，后者为弯管式。

1）直管式水落口

这种水落口的构造如图 6-37 所示。安装时为了防止雨水从水落口套管与檐沟底板间的接缝处渗漏，应在水落口的四周加铺宽度约 200 mm 的附加卷材，卷材应铺入套管内壁中，天沟内的混凝土防水层应盖在卷材的上面，防水层与水落口的接缝用油膏嵌填密实。其他做法与卷材防水屋面相似。

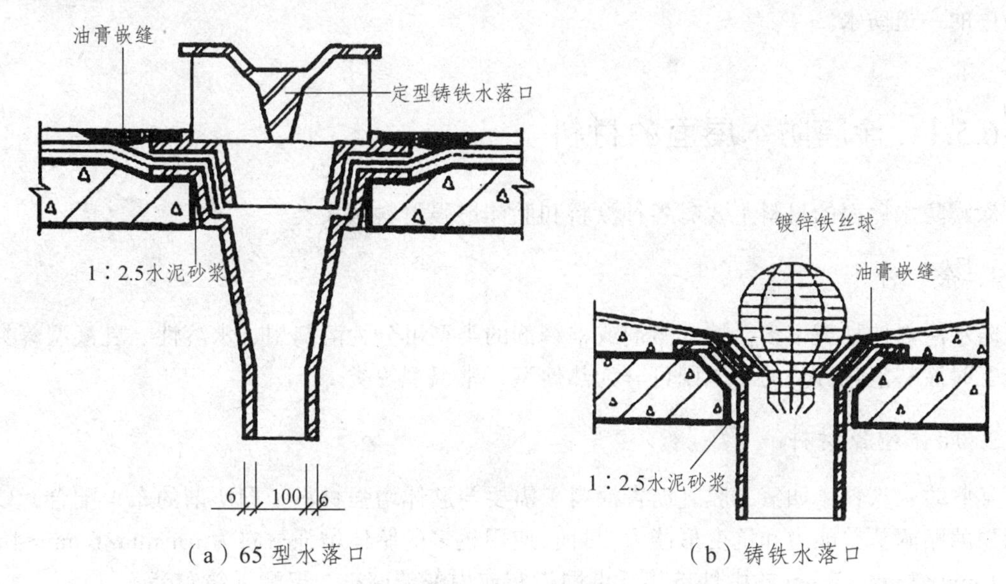

（a）65 型水落口　　（b）铸铁水落口

图 6-37　直管式水落口

2）弯管式水落口

弯管式水落口多用于女儿墙外排水，水落口可用铸铁或塑料做弯头，如图 6-38 所示。

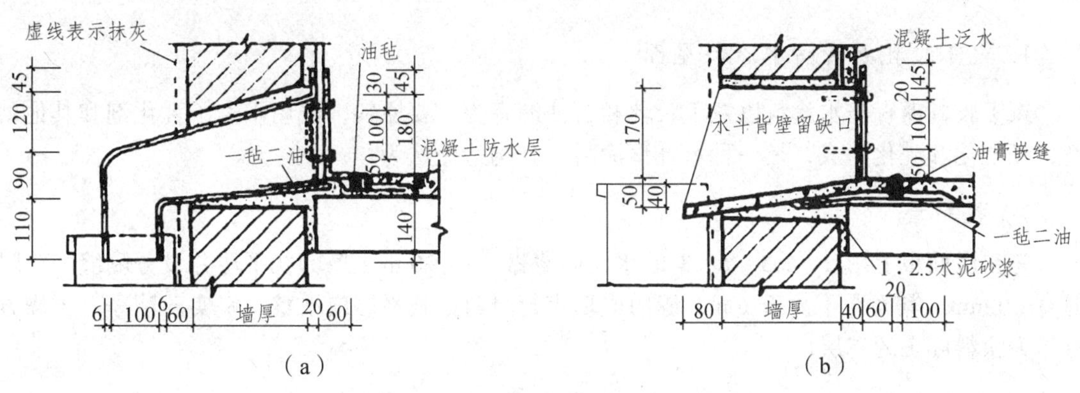

（a）　　（b）

图 6-38　女儿墙外排水的水落口构造

6.5　涂膜防水屋面

涂膜防水屋面是将防水材料涂刷在屋面基层上，利用涂料干燥或固化以后的不透水性来达到防水的目的。以前的涂膜防水屋面由于涂料的抗老化及抗变形能力较差，施工方法落后，多用在构件自防水屋面或小面积现浇钢筋混凝土屋面板上。随着材料和施工工艺的不断改进，现在的涂膜防水屋面具有防水、抗渗、黏结力强、耐腐蚀、耐老化、延伸率大、弹性好、不延燃、无毒、施工方便等诸多优点，已广泛用于建筑各部位的防水工程中。

涂膜防水主要适用于防水等级为Ⅲ、Ⅳ级的屋面防水，也可用作Ⅰ、Ⅱ级屋面多道防水设防中的一道防水。

6.5.1 涂膜防水屋面的材料

涂膜防水屋面的材料主要有各种涂料和胎体增强材料两大类。

1. 涂 料

防水涂料的种类很多，按其溶剂或稀释剂的类型可分为溶剂型、水溶性、乳液型等类，按施工时涂料液化方法的不同则可分为热熔型、常温型等类。

2. 胎体增强材料

某些防水涂料（如氯丁胶乳沥青涂料）需要与胎体增强材料（即所谓的布）配合，以增强涂层的贴附覆盖能力和抗变形能力。目前，使用较多的胎体增强材料为 0.1 mm×6 mm×4 mm 或 0.1 mm×7 mm×7 mm 的中性玻璃纤维网格布或中碱玻璃布、聚酯无纺布等。

6.5.2 涂膜防水层面的构造及做法

1. 氯丁胶乳沥青防水涂料屋面

氯丁胶乳沥青防水涂料以氯丁胶乳和石油沥青为主要原料，选用阳离子乳化剂和其他助剂，经软化和乳化而成，是一种水乳型涂料。其构造做法为：

1）找平层

先在屋面板上用 1∶2.5～1∶3 的水泥砂浆做 15～20 mm 厚的找平层并设分隔缝，分隔缝宽 20 mm，其间距不大于 6 m，缝内嵌填密封材料。找平层应平整、坚实、洁净、干燥方可作为涂料施工的基层。

2）底涂层

将稀释涂料均匀涂布于找平层上作为底涂，干后再刷 2～3 度涂料。

3）中涂层

中涂层为加胎体增强材料的涂层，要铺贴玻纤网格布，有干铺和湿铺两种施工方法。

（1）干铺法：在已干的底涂层上干铺玻纤网格布，展开后加以点黏固定，当铺过两个纵向搭缝以后依次涂刷防水涂料 2～3 度，待涂层干后按上述做法铺第二层网格布，然后再涂刷

1 ~ 2 度涂料。干后在其表面刮涂增厚涂料[防水涂料：细砂=1：（1 ~ 1.2）]。

（2）湿铺法：在已干的底涂层上边涂防水涂料边铺贴网格布，干后再刷涂料。一布二涂的厚度通常大于 2 mm，二布三涂的厚度大于 3 mm。

4）面　层

面层根据需要可做细砂保护层或涂覆着色层。细砂保护层是在未干的中涂层上抛撒 20 目浅色细砂并滚压，使砂牢固地黏结于涂层上；着色层可使用防水涂料或耐老化的高分子乳液作胶黏剂，加上各种矿物颜料配制成成品着色剂，涂布于中涂层表面。全部涂层的做法可参见图 6-39 所示。

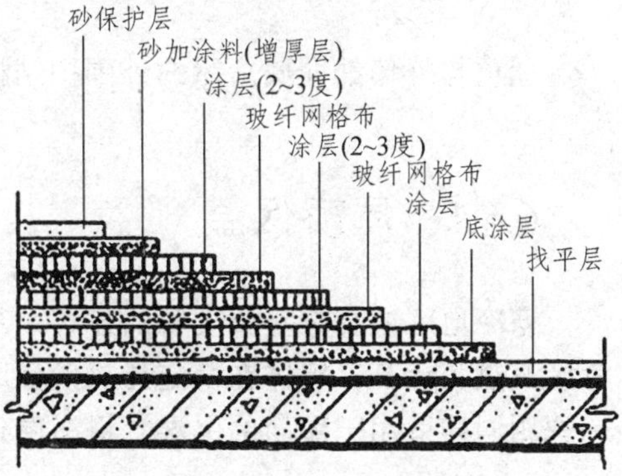

图 6-39　氯丁胶乳沥青防水涂料屋面

2. 焦油聚氨酯防水涂料屋面

焦油聚氨酯防水涂料又名 851 涂膜防水胶，是以异氰酸酯为主剂和以煤焦油为填料的固化剂构成的双组分高分子涂膜防水材料，其甲、乙两液混合后经化学反应能在常温下形成一种耐久的橡胶弹性体，从而起到防水的作用。其防水屋面做法是：将找平以后的基层面吹扫干净并待其干燥后，用配制好的涂液（甲、乙二液的质量比为 1：2）均匀涂刷在基层上。不上人屋面可待涂层干后在其表面刷银灰色保护涂料；上人屋面在最后一遍涂料未干时撒上绿豆砂，3 d 后在其上做水泥砂浆或浇混凝土贴地砖的保护层。

3. 塑料油膏防水屋面

塑料油膏以废旧聚氯乙烯塑料、煤焦油、增塑剂、稀释剂、防老化剂及填充材料等配制而成。其防水屋面做法是：先用预制油膏条冷嵌于找平层的分隔缝中，在油膏条与基层的接触部位和油膏条相互搭接处刷冷黏剂 1 ~ 2 遍，然后按产品要求的温度将油膏热熔液化，按基层表面涂油膏、铺贴玻纤网格布、压实、表面再刷油膏、刮板收齐边缘的顺序进行，根据设计要求可做成一布二油或二布三油。

涂膜防水屋面的细部构造要求及做法类同于卷材防水屋面，可根据图 6-40 和图 6-41 所示的例子加以比较。

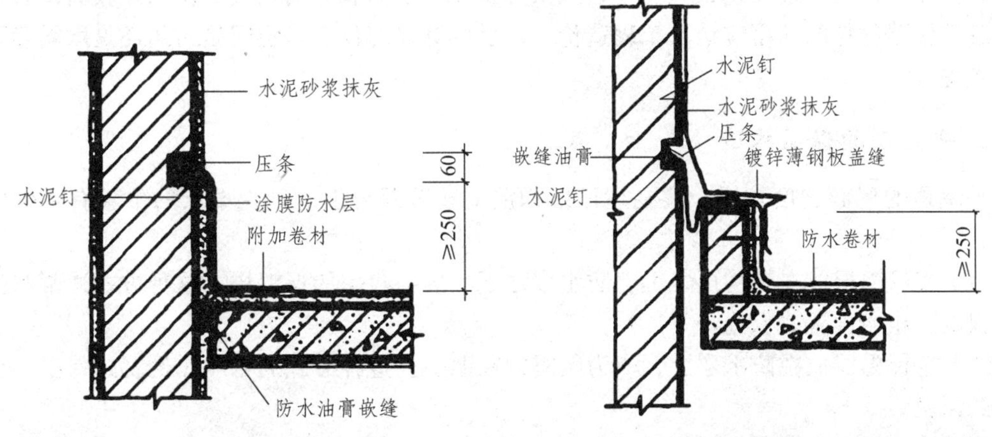

图 6-40　涂膜防水屋面面的女儿墙泛水　　图 6-41　涂膜防水屋面高低屋面的泛水

6.6 屋顶的保温和隔热

屋顶与外墙都同属房屋的外围护结构，不仅要能遮风避雨，还应具有保温和隔热的功能。

6.6.1 屋顶保温

寒冷地区或装有空调设备的建筑，其屋顶应设计成保温屋面。保温屋面按稳定传热原理考虑其热工计算，墙体在稳定传热条件下防止室内热损失的主要措施是提高墙体的热阻，这一原则同样适用于屋面的保温，提高屋顶热阻的办法是在屋面设置保温屋。

1. 保温材料

屋顶保温材料一般为轻质、疏松、多孔或纤维的材料，其重度不大于 10 kN/m^3，导热系数不大于 0.25 W/（m·K）。屋顶保温材料按其成分有无机材料和有机材料两种，按其形状可分为以下三种类型。

1）松散保温材料

常用的松散材料有膨胀蛭石（粒径 3～15 mm）、膨胀珍珠岩、矿棉、岩棉、玻璃棉、炉渣（粒径 5～40 mm）等。

2）整体保温材料

屋顶整体保温的做法通常是用水泥或沥青等胶结材料与松散保温材料拌和，整体浇筑在需保温的部位。所用整体保温材料有沥青膨胀珍珠岩、水泥膨胀珍珠岩、水泥膨胀蛭石、水泥炉渣等。

3）板状保温材料

屋顶用板状保温材料有加气混凝土板、泡沫混凝土板、膨胀珍珠岩板、膨胀蛭石板、矿棉板、泡沫塑料板、岩棉板、木丝板、刨花板、甘蔗板等。有机纤维材的保温性能一般较无机板材为好，但耐久性较差，只有在通风条件良好、不易腐烂的情况下使用才较为适宜。

各类保温材料的选用应结合工程造价、铺设的具体部位、保温层是封闭还是敞露等因素加以考虑。

2. 平屋顶的保温构造

平屋顶的屋面坡度较缓，宜在屋面结构层上放置保温层。其保温层的位置有两种处理方式：

（1）将保温层放在结构层之上、防水层之下，成为封闭的保温层。这种方式通常叫作正置式保温，也叫内置式保温。

（2）将保温层放在防水层上，成为敞露的保温层。这种方式通常叫作倒置式保温，也叫外置式保温。

刚性防水屋面由于防水层易开裂渗漏，造成内置的保温层受潮失去保温作用，一般不宜设置保温层，故而保温层多设于卷材防水或涂膜防水屋面。

图 6-42 为正置式油毡平屋顶保温屋面构造。

与非保温屋面不同的是，保温屋面增加了保温层和保温层上下的找平层及隔汽层。保温层上设找平层是因为保温材料的强度通常较低，表面也不够平整，其上需经找平后才便于铺贴防水卷材。保温层下设隔汽层是因为冬季室内气温高于室外，热气流从室内向室外渗透，空气中的水蒸气随热气流从屋面板的孔隙渗透进保温层，由于水的导热系数比空气大得多，一旦多孔隙的保温材料进了水便会大大降低其保温效果。同时，积存在保温材料中的水分遇热也会转化为蒸汽而膨胀，容易引起卷材防水层的起鼓。因此，正置式保温层下应铺设隔蒸汽层，常用做法是“一毡二油”或“一布四油”。隔蒸汽层阻止了外界水蒸气渗入保温层，但也产生了一些副作用：因为保温层的上下均被不透水的材料封住，如施工中保温材料或找平层未干透就铺设了防水层，残存于保温层中的水蒸气就无法散发出去。

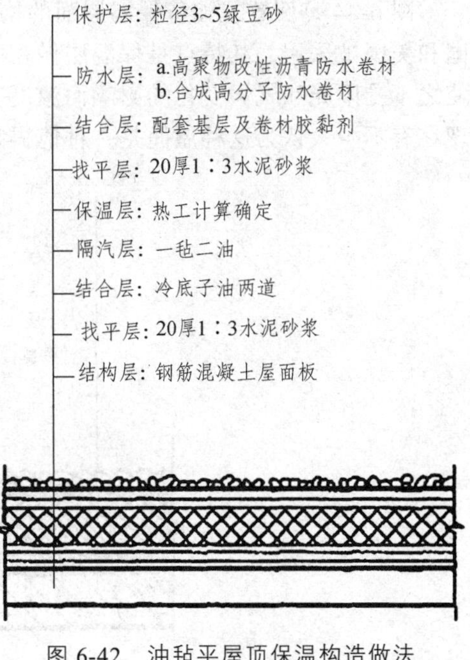

图 6-42　油毡平屋顶保温构造做法

为了解决这个问题，需在保温层中设置排气道，道内填塞大粒径的炉渣，这样既可让水蒸气在其中流动，又可保证防水层的坚实牢靠，如图 6-43（a）所示。找平层内的相应位置也应留槽做排气道，并在其上干铺一层宽 200 mm 的卷材，卷材用胶黏剂单边点贴铺盖。排气道应在整个屋面纵横贯通，并与连通大气的排气孔相通，如图 6-43（b）、（c）、（d）。排气孔的数量视基层的潮湿程度而定，一般以每 36 m^2 设置一个为宜。

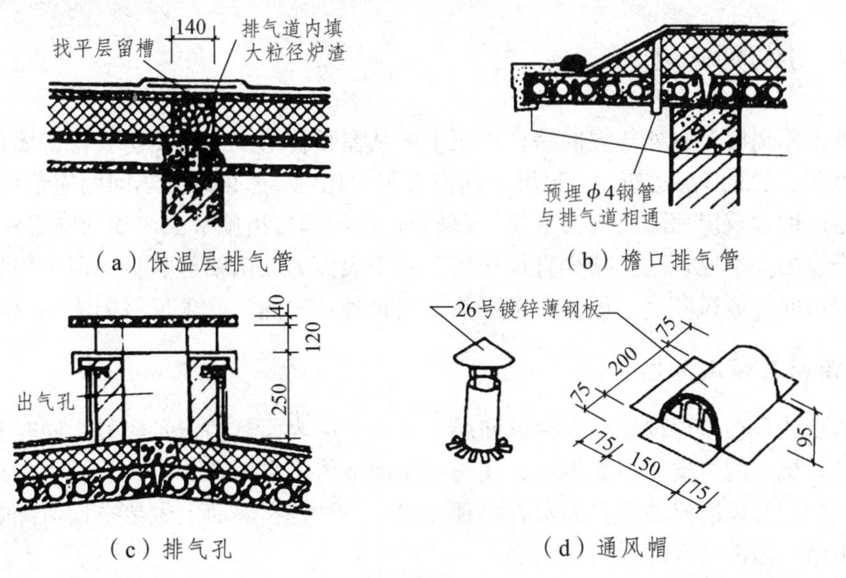

图 6-43　排气道构造

图 6-44 是倒置式油毡保温屋面的构造做法。倒置式保温屋面于 20 世纪 60 年代开始在德国和美国被采用，其特点是保温层做在防水层之上，对防水层起到一个屏蔽和防护的作用，使之不受阳光和气候变化的影响而温度变形较小，也不易受到来自外界的机械损伤。因此，现在有不少人认为这种屋面是一种值得推广的保温屋面。

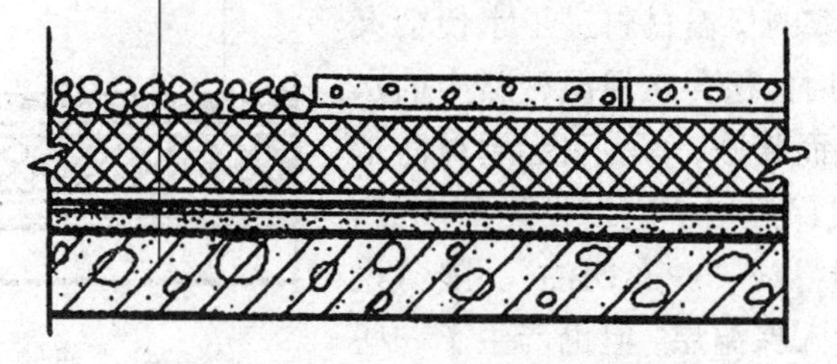

图 6-44 倒置式保温油毡屋面

倒置式保温屋面的保温材料应采用吸湿性小的憎水材料，如聚苯乙烯泡沫塑料板、聚氨酯泡沫塑料板等，不宜采用如加气混凝土或泡沫混凝土这类吸湿性强的保温材料。保温层上应铺设防护层，以防止保温层表面破损和延缓其老化。保护层应选择有一定重量、足以压住保温层的材料，使之不致在下雨时漂浮起来，可选择大粒径的石子或混凝土板做保护层，不能采用绿豆砂保护层。因此，倒置式屋面的保护层要比正置式的厚重一些。

倒置式保温屋面因其保温材料价格较高，一般适用于高标准建筑的保温屋面。

6.6.2 屋顶隔热

在夏季太阳辐射和室外气温的综合作用下，从屋顶传入室内的热量要比从墙体传入室内的热量多得多。在低多层建筑中，顶层房间占有很大比例，屋顶的隔热问题应予以认真考虑。我国南方地区的建筑屋面隔热尤为重要，应采取适当的构造措施解决屋顶的降温和隔热问题。屋顶隔热降温的基本原理是：减少直接作用于屋顶表面的太阳辐射热量。所采用的主要构造做法是：屋顶间层通风隔热、屋顶蓄水隔热、屋顶种植隔热、屋顶反射阳光隔热等。

1. 屋顶间层通风隔热

通风隔热就是在屋顶设置架空通风间层，使其上层表面遮挡阳光辐射，同时利用风压和热压作用将间层中的热空气不断带走，使通过屋面板传入室内的热量大为减少，从而达到隔热降温的目的。通风间层的设置通常有两种方式：一种是在屋面上做架空通风隔热间层，另一种是利用吊顶棚内的空间做通风间层。

1）架空通风隔热间层

架空通风隔热间层设于屋面防水层上，架空层内的空气可以自由流通。其隔热原理是：一方面利用架空的面层遮挡直射阳光；另一方面架空层内被加热的空气与室外冷空气产生对流，将层内的热量源源不断地排走，从而达到降低室内温度的目的。架空通风层通常用砖、瓦、混凝土等材料及制品制作，如图 6-45 所示。其中最常用的是图 6-45（a），即砖墩架空混凝土板（或大阶砖）通风层。

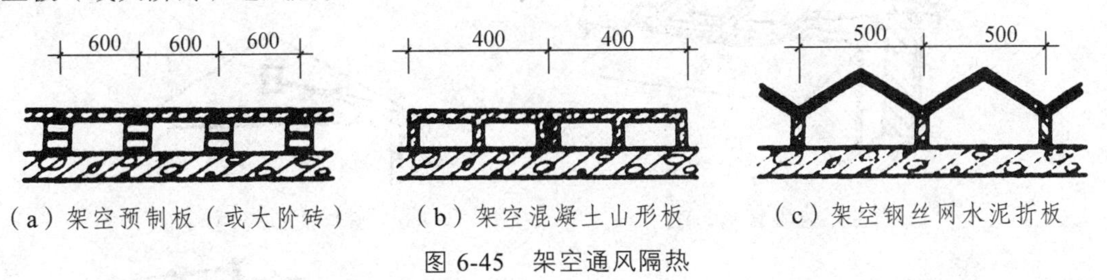

（a）架空预制板（或大阶砖）　（b）架空混凝土山形板　（c）架空钢丝网水泥折板

图 6-45　架空通风隔热

架空通风层的设计要点有：

（1）架空层的净空高度应随屋面宽度和坡度的大小而变化：屋面宽度和坡度越大，净空越高，但不宜超过 360 mm，否则架空层内的风速反而变小，影响降温效果。架空层的净空高度一般以 180 ~ 300 mm 为宜。屋面宽度大于 10 m 时，应在屋脊处设置通风桥以改善通风效果。

（2）为保证架空层内的空气流通顺畅，其周边应留设一定数量的通风孔。图 6-46（a）所示是将通风孔留设在对着风向的女儿墙上。如果在女儿墙上开孔有碍于建筑立面造型，也可以在离女儿墙至少 250 mm 宽的范围内不铺架空板，让架空板周边开敞，以利空气对流。

（3）隔热板的支承物可以做成砖垄墙式的，如图 6-46（b）所示，也可做成砖墩式的，如图 6-46（a）所示。当架空层的通风口能正对当地夏季主导风向时，采用前者可以提高架空层的通风效果。但当通风孔不能朝向夏季主导风向时，采用砖垄墙式的反而不利于通风。这时最好采用砖墩支承架空板方式，这种方式与风向无关，但通风效果不如前者。这是因为：砖垄墙架空板通风是一种巷道式通风，只要正对主导风向，巷道内就易形成流速很快的对流风，散热效果好；而砖墩架空层内的对流风速要慢得多。

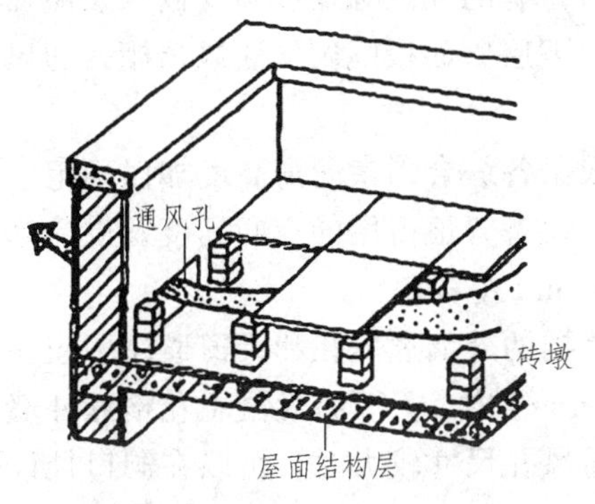

（a）架空隔热层与女儿墙通风孔

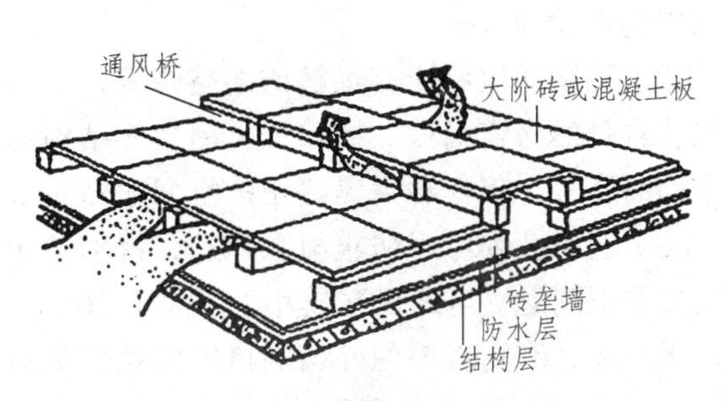

（b）架空隔热层与通风桥

图 6-46　通风桥与通风孔

2）顶棚通风隔热间层

利用顶棚与屋面间的空间做通风隔热层可以起到与架空通风层同样的作用。图 6-47 所示为几种常见的顶棚通风隔热屋面构造示意。

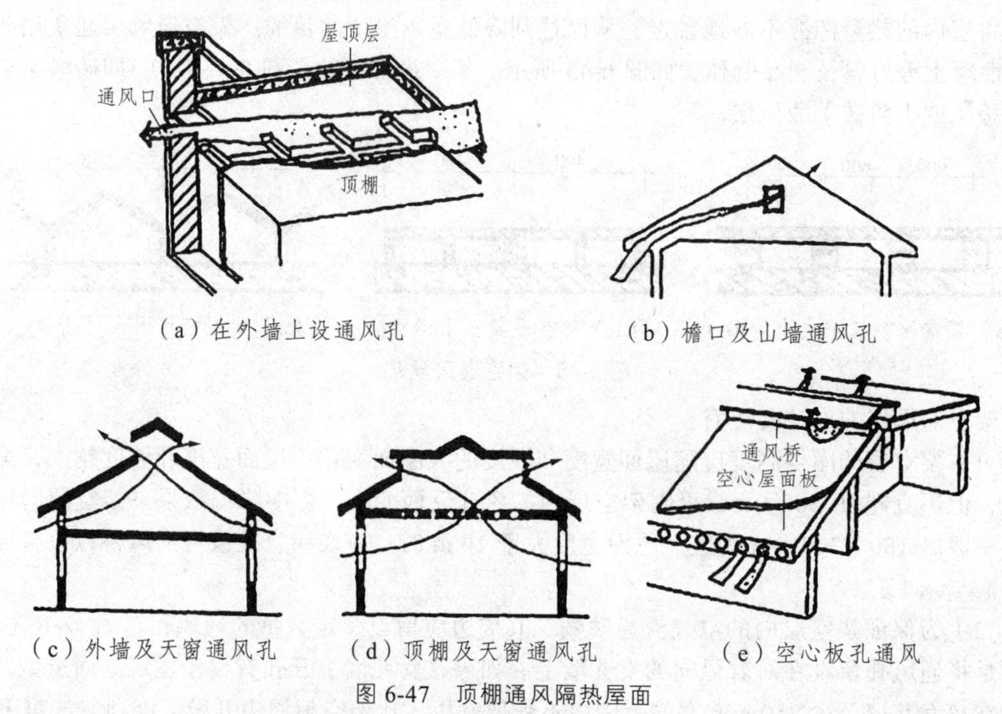

（a）在外墙上设通风孔　（b）檐口及山墙通风孔
（c）外墙及天窗通风孔　（d）顶棚及天窗通风孔　（e）空心板孔通风

图 6-47　顶棚通风隔热屋面

顶棚通风隔热间层在设计中应注意满足下列要求：

（1）必须设置一定数量的通风孔，使顶棚内的空气能迅速对流。平屋顶的通风孔通常开设在外墙上，孔口饰以混凝土花格或其他装饰性构件，如图 6-47（a）所示。坡屋顶的通风孔常设在挑檐顶棚处、檐口外墙处、山墙上部，如图 6-47（b）、（c）所示。屋顶跨度较大时还可以在屋顶上开设天窗作为出气孔，以加强顶棚层内的通风，图 6-47（d）。进气孔可根据具体情况设在顶棚或外墙上。有的地方还利用空心屋面板的孔洞作为通风散热的通道，如图 6-47（e）所示，其进风孔设在檐口处，屋脊处设通风桥。有的地区则在屋顶安放双层屋面板而形成通风隔热层，其中上层屋面板用来铺设防水层，下层屋面板则用作通风顶棚，通风层的四周仍需设通风孔。

（2）顶棚通风层应有足够的净空高度，其高度应根据各综合因素所需高度加以确定，如通风孔自身的必需高度，屋面梁、屋架等结构的高度，设备管道占用的空间高度及供检修用的空间高度等。仅作通风隔热用的空间净高一般为 500 mm 左右。

（3）通风孔须考虑防止雨水飘进，特别是无挑檐遮挡的外墙通风孔和天窗通风口应注意解决好飘雨问题。当通风孔较小（不大于 300 mm×300 mm）时，只要将混凝土花格靠外墙的内边缘安装，利用较厚的外墙洞口即可挡住飘雨；当通风孔尺寸较大时，可以在洞口处设百叶窗片挡雨：如图 6-48 所示。

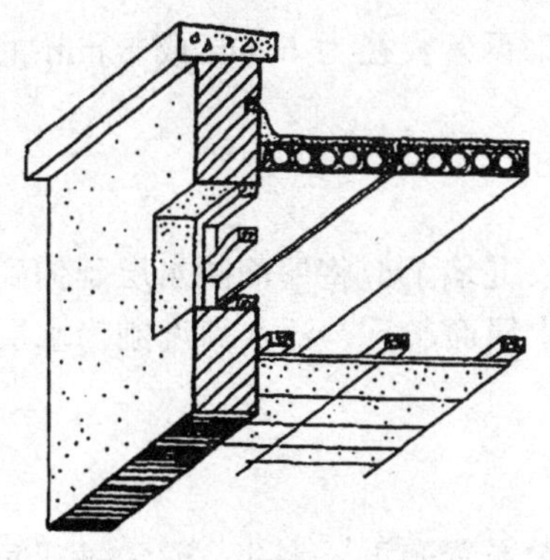

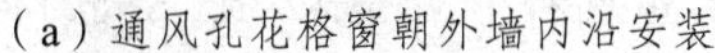
（a）通风孔花格窗朝外墙内沿安装

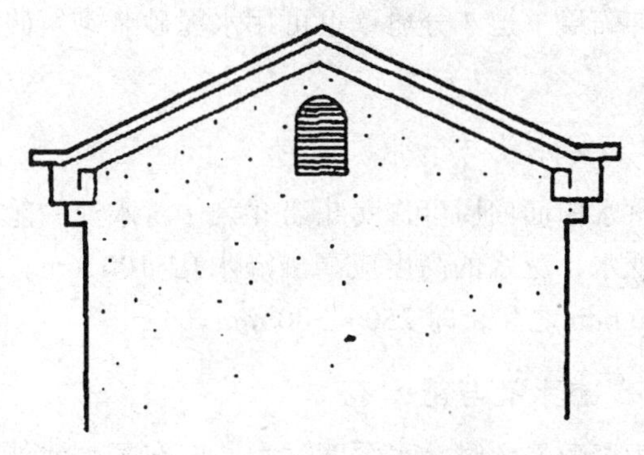
（b）通风孔用百叶窗挡雨

图 6-48　通风孔挡雨措施

2. 屋顶蓄水隔热

蓄水隔热屋面利用平屋顶所蓄积的水层来达到屋顶隔热的目的。其原理为：在太阳辐射和室外气温的综合作用下，水能吸收大量的热而由液体蒸发为气体，从而将热量散发到空气中，减少了屋顶吸收的热能，起到隔热的作用。水面还能反射阳光，减少阳光辐射对屋面的热作用。水层在冬季还有一定的保温作用。此外，水层长期将防水层淹没，使混凝土防水层处于水的养护下，可减少由于温度变化引起的开裂和防止混凝土的碳化，使诸如沥青和嵌缝胶泥之类的防水材料在水层的保护下推迟老化，延长使用年限。

总的来说，蓄水屋面具有既能隔热又可保温，既能减少防水层的开裂又可延长其使用寿命等优点。在我国南方地区，蓄水屋面对于建筑的防暑降温和提高屋面的防水质量能起到很好的作用。如果在水层中养殖一些水浮莲之类的水生植物，利用植物吸收阳光进行光合作用和叶片遮蔽阳光的特点，其隔热降温的效果将会更加理想。

蓄水屋面的构造设计主要应解决好以下几方面的问题：

1）水层深度及屋面坡度

过厚的水层会加大屋面荷载；过薄的水层夏季又容易被晒干，不便于管理。从理论上讲，50 mm 深的水层即可满足降温与保护防水层的要求，但实际比较适宜的水层深度为 150 ~ 200 mm。为保证屋面蓄水深度的均匀，蓄水层面的坡度不宜大于 0.5%。

2）防水层的做法

蓄水屋面既可用于刚性防水屋面，也可用于卷材防水屋面。采用刚性防水层时，也应按规定做好分格缝，防水层做好后应及时养护，蓄水后不得断水。采用卷材防水层时，其做法与前述的卷材防水屋面相同，应注意避免在潮湿条件下施工。

3）蓄水区的划分

为了便于分区检修和避免水层产生过大的风浪，蓄水屋面应划分为若干蓄水区，每区的边长不宜超过 10 m。

蓄水区间用混凝土做成分舱壁，壁上留过水孔，使各蓄水区的水层连通，如图 6-49（a）所示，但变形缝的两侧应设计成互不连通的蓄水区。当蓄水屋面的长度超过 40 m 时，应做横向伸缩缝一道。分舱壁也可用水泥砂浆砌筑砖墙，顶部设置直径为 6 mm 或 8 mm 的钢筋砖带。

4）女儿墙与泛水

蓄水屋面四周可作女儿墙并兼作蓄水池的舱壁。在女儿墙上应将屋面防水层延伸到墙面形成泛水，泛水的高度应高出溢水孔 100 mm。若从防水层面起算，泛水高度刚为水层深度与 100 mm 之和，即 250 ~ 300 mm。

5）溢水孔与泄水孔

为避免暴雨时蓄水深度过大，应在蓄水池外壁上均匀布置若干溢水孔，通常每开间约设一个，以使多余的雨水溢出屋面。为便于检修时排除蓄水，应在池壁根部设泄水孔，每开间约一个。泄水孔和溢水孔均应与排水檐沟或水落管连通，如图 6-49（b）、（c）所示。

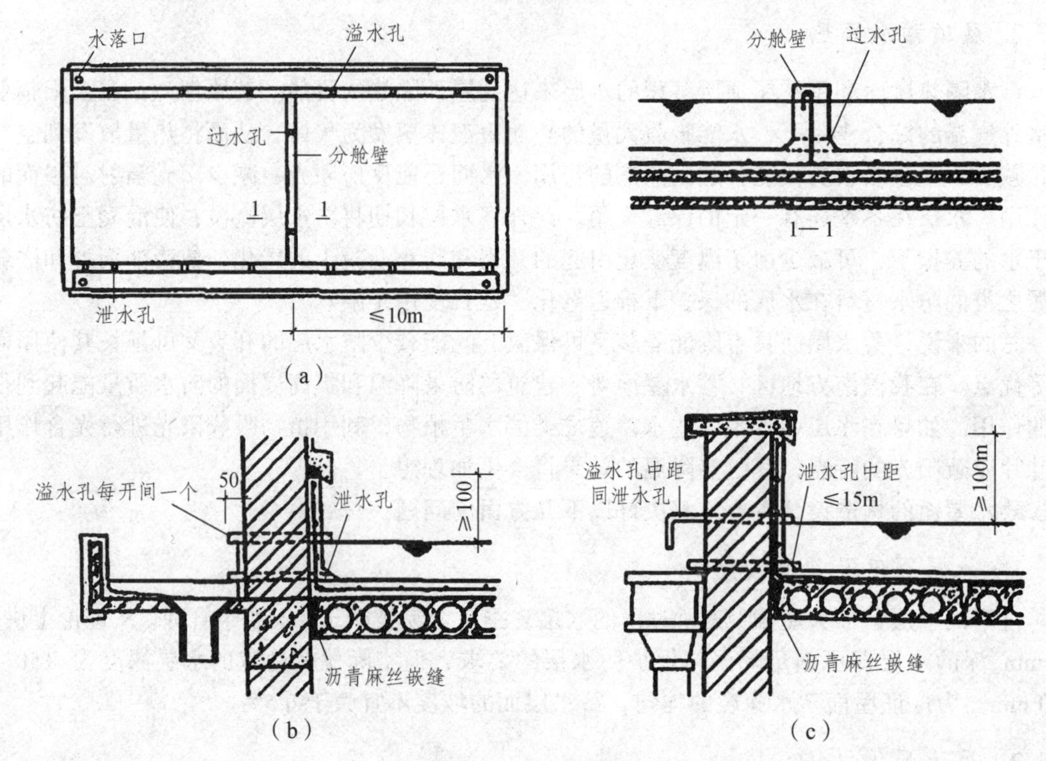

图 6-49 蓄水屋面

6）管道的防水处理

蓄水屋面不仅有排水管，一般还应设给水管，以保证水源的稳定。所有的给排水管、溢水管、泄水管均应在做防水层之前装好，并用油膏等防水材料妥善嵌填接缝。

综上所述，蓄水屋面与普通平屋顶防水屋面不同的就是增加了一壁三孔。所谓一壁是指蓄水池的舱壁，三孔是指溢水孔、泄水孔、过水孔。一壁三孔概括了蓄水屋面的构造特征。

近年来，我国南方部分地区也有采用深蓄水屋面做法的，其蓄水深度为 600 ~ 700 mm，视各地气象条件而定。采用这种做法是出于水源完全由天然降雨提供，不需人工补充水的考虑。为了保证池中蓄水不致干涸，蓄水深度应大于当地气象资料统计提供的历年最大雨水蒸发量，也就是说蓄水池中的水即使在连晴高温的季节也能保证不干。深蓄水屋面的主要优点是不需人工补充水，管理便利，池内还可以养鱼增加收入。但这种屋面的荷载很大，超过一般屋面板承受的荷载。为确保结构安全，应单独对屋面结构进行验算。

3. 屋顶种植隔热

种植隔热的原理是：在平屋顶上种植植物，借助栽培介质隔热及植物吸收阳光进行光合作用和遮挡阳光的双重功效来达到降温隔热的目的。

种植隔热根据栽培介质层构造方式的不同可分为一般种植隔热和蓄水种植隔热两类。

1）一般种植隔热屋面

一般种植隔热屋面是在屋面防水层上直接铺填种植介质，栽培各种植物。其构造要点为：

（1）选择适宜的种植介质。

为了不过多地增加屋面荷载，宜尽量选用轻质材料作栽培介质，常用的有谷壳、蛭石、陶粒、泥炭等，即所谓的无土栽培介质。近年来，还有以聚苯乙烯、尿甲醛、聚甲基甲酸酯等合成材料泡沫或岩棉、聚丙烯腈絮状纤维等作栽培介质的，其质量更轻，耐久性和保水性更好。

为了降低成本，也可以在发酵后的锯末中掺入约 30%体积比的腐殖土作栽培介质，但其密度较大，需对屋面板进行结构验算，且容易污染环境。

栽培介质的厚度应满足屋顶所栽种的植物正常生长的需要，可参考表 6-3 选用，但一般不宜超过 300 mm。

表 6-3　种植层深度

植物种类	种植层深度/mm	备　注
草皮	150 ~ 300	前者为该类植物的最小生存深度，后者为最小开花结果深度
小灌木	300 ~ 450	
大灌木	450 ~ 600	
浅根乔木	600 ~ 900	
深根乔木	900 ~ 1500	

（2）种植床的做法。

种植床又称苗床，可用砖或加气混凝土来砌筑床埂。床埂最好砌在下部的承重结构上，内外用 1∶3 水泥砂浆抹面，高度宜大于种植层 60 mm 左右。每个种植床应在其床埂的根部设不少于两个的泄水孔，以防种植床内积水过多造成植物烂根。为避免栽培介质的流失，泄水孔处需设滤水网，滤水网可用塑料网或塑料多孔板、环氧树脂涂覆的铁丝网等制作（图 6-50）。

（3）种植屋面的排水和给水。

一般种植屋面应有一定的排水坡度（1% ~ 3%），以便及时排除积水。通常在靠屋面低侧的种植床与女儿墙间留出 300 ~ 400 mm 的距离，利用所形成的天沟组织排水。如采用含泥砂的栽培介质，屋面排水口处宜设挡水槛，以便沉积水中的泥砂，这种情况要求合理地设计屋面各部位的标高，如图 6-51 所示。

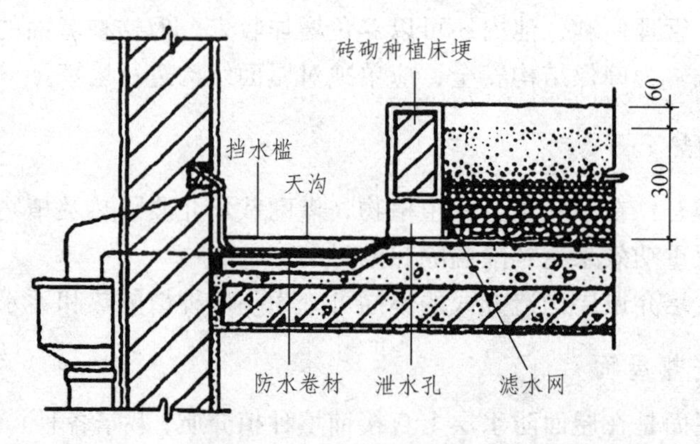

图 6-50　种植屋面构造示意

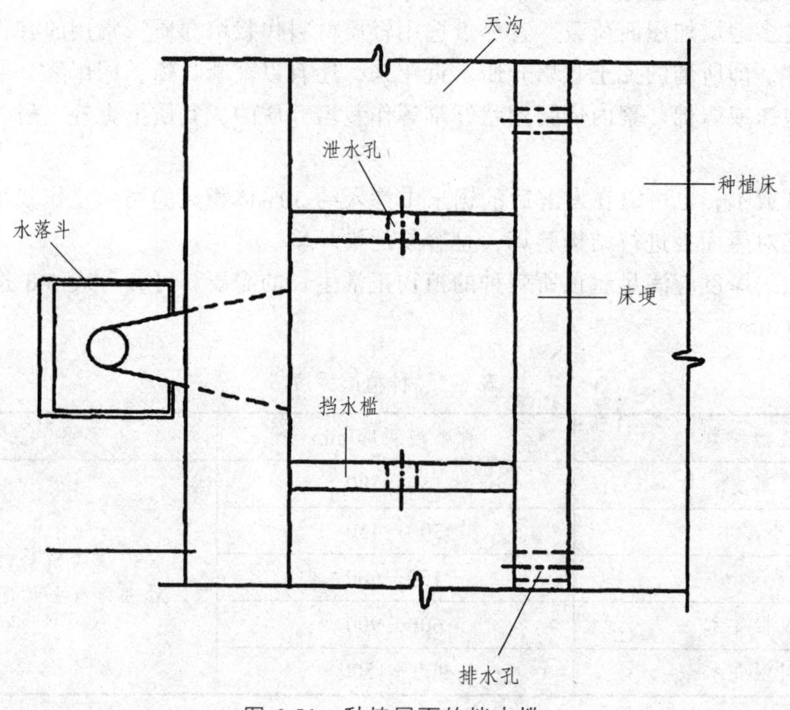

图 6-51　种植屋面的挡水槛

种植层的厚度一般都不大，为了防止久晴天气苗床内干涸，宜在每一种植分区内设给水阀一个，以供人工浇水之用。

（4）种植屋面的防水层。

种植屋面可以采用一道或多道（复合）防水设防，但最上面一道应为刚性防水层，要特别注意防水层的防蚀处理。防水层上的裂缝可用一布四涂盖缝，分隔缝的嵌缝油膏应选用耐腐蚀性能好的；不宜种植根系发达、对防水层有较强侵蚀作用的植物，如松、柏、榕树等。

（5）注意安全防护问题。

种植屋面是一种上人屋面，需要经常进行人工管理（如浇水、施肥、栽种），因而屋顶四周应设女儿墙等作为护栏以利安全。护栏的净保护高度不宜小于 1.05 m。如屋顶栽有较高大的树木或设有藤架等设施，还应采取适当的紧固措施，以免被风刮倒伤人。

2）蓄水种植隔热屋面

蓄水种植隔热屋面是将一般种植屋面与蓄水屋面结合起来，进一步完善其构造后所形成的一种新型隔热屋面，其基本构造层次如图 6-52 所示，以下分别介绍其构造要点。

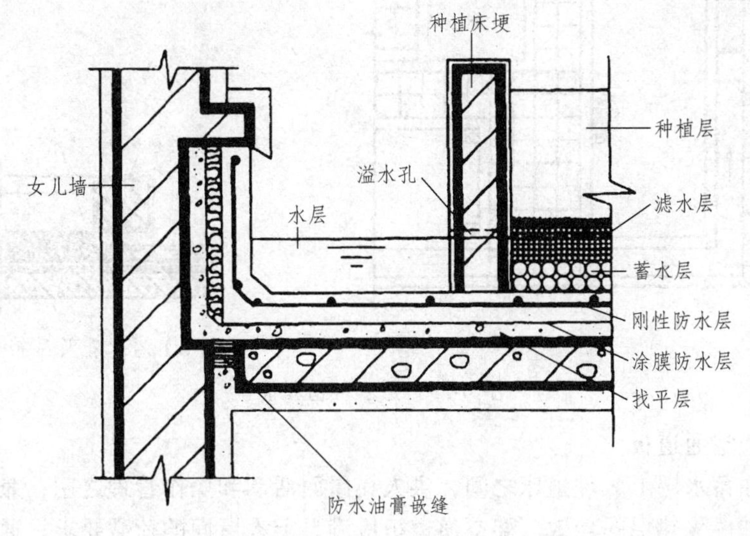

图 6-52　蓄水种植屋面的基本构造

（1）防水层。

蓄水种植屋面由于有一蓄水层，故而防水层应采用设置涂膜防水层和配筋细石混凝土防水层的复合防水设防做法，以确保防水质量。应先做涂膜（或卷材）防水层，再做刚性防水层。各层做法与前述防水层做法相同。需要注意的是：由于刚性防水层的分隔缝施工质量往往不易保证，因此除女儿墙泛水处应严格按要求做好分隔缝外，屋面的其余部分可不设分隔缝。屋面刚性防水层最好一次全部浇捣完成，以免渗漏。

（2）蓄水层。

种植床内的水层靠轻质多孔粗骨料蓄积，粗骨料的粒径不应小于 25 mm，蓄水层（包括水和粗骨料）的深度不小于 60 mm。种植床以外的屋面也蓄水，深度与种植床内相同。

（3）滤水层。

考虑到保持蓄水层的畅通，不致被杂质堵塞，应在粗骨料的上面铺 60 ~ 80 mm 厚的细骨料滤水层。细骨料按 5 ~ 20 mm 粒径级配、下粗上细地铺填。

（4）种植层。

蓄水种植屋面的构造层次较多，为尽量减轻屋面板的荷载，栽培介质的堆积重度不宜大于 10 kN/ m^3。

（5）种植床埂。

蓄水种植屋面应根据屋顶绿化设计用床埂进行分区，每区面积不宜大于 100 m^2。床埂宜高于种植层 60 mm 左右，床埂底部每隔 1200 ~ 1500 mm 设一个溢水孔，孔下口与水层面相平。溢水孔处应铺设粗骨料或安设滤网以防止细骨料流失，如图 6-53 所示。

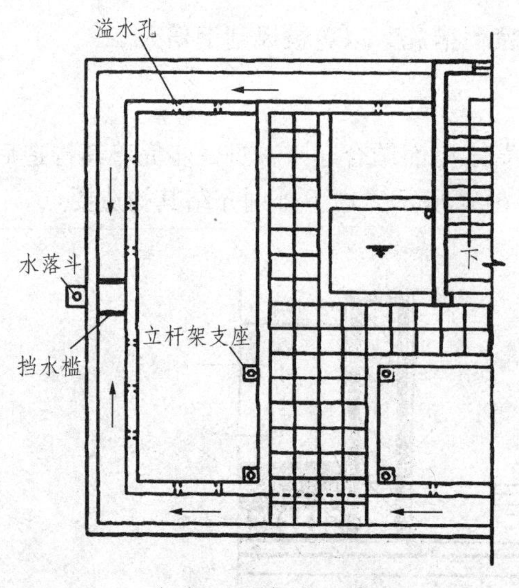

(a) 平面布置示例

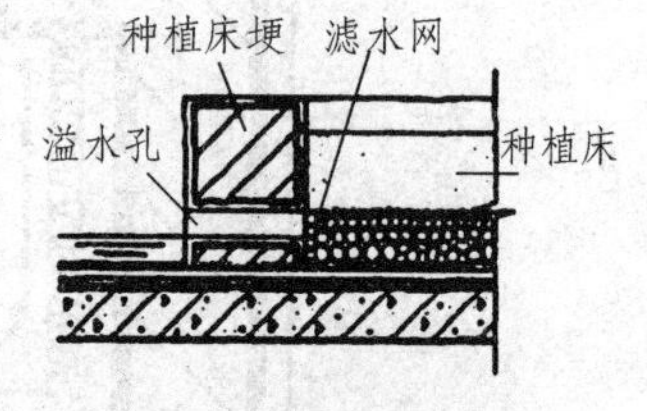

(b) 溢水孔及种植床

图 6-53 蓄水种植屋面

(6) 人行架空通道板。

架空板设在蓄水层上、种植床之间，供人在屋面活动和操作管理之用，兼有给屋面非种植覆盖部分增加一隔热层的功效。架空通道板应满足上人屋面的荷载要求，通常可支承在两边的床埂上。

其他构造要求与一般种植屋面相同。

蓄水种植屋面与一般种植屋面主要的区别是增加了一个连通整个屋面的蓄水层，从而弥补了一般种植屋面隔热不完整、对人工补水依赖较多等缺点，又兼具有蓄水屋面和一般种植屋面的优点，隔热效果更佳，但相对来说造价也较高。

种植屋面不但在降温隔热的效果方面优于所有其他隔热屋面（表 6-4），而且在净化空气、美化环境、改善城市生态、提高建筑综合利用效益等方面也具有极为重要的作用，是一种值得大力推广应用的屋面形式。

表 6-4 几种屋面的内表面温度比较表

隔热方案	不同时间内表面温度/°C						内表面最高温度/°C	优劣次序
	15:00	16:00	17:00	18:00	19:00	20:00		
蓄水种植屋面	31.3	31.9	32.0	31.8	31.7		32.0	1
架空小板通风屋面		36.8	38.1	38.4	38.3	38.2	38.4	6
双层屋面板通风屋面	34.9	35.2	36.4	35.8	35.7		36.4	5
蓄水屋面		34.4	35.1	35.6	35.3	34.6	35.6	4
蓄水养浮水屋面		34.1	34.3	34.5	34.4	34.0	34.5	3
一般种植屋面	33.5	33.6	33.7	33.5	33.2		33.7	2

4. 屋顶反射降温隔热

屋面受到太阳辐射后，一部分辐射热量被屋面材料吸收，另一部分被屋面反射出去。反射热量与入射热量之比称为屋面材料的反射率（用百分数表示）。该比值取决于屋顶表面材料的颜色和粗糙程度，色浅而光滑的表面比色深而粗糙的表面具有更大的反射率。表 6-5 为不同材料不同颜色屋面的反射率。设计中如果能恰当地利用材料的这一特性，也能取得良好的降温隔热效果。例如屋面采用浅色砾石、混凝土，或涂刷白色涂料，均可起到明显的降温隔热作用。

表 6-5　各种屋面材料的反射率

屋面材料与颜色	反射率/%	屋顶表面材料与颜色	反射率/%
沥青玛琋脂	15	石灰刷白	80
油毡	15	砂	59
镀锌薄钢板	35	红	26
混凝土	35	黄	65
铅箔	89	石棉网	34

如果在吊顶棚通风隔热层中加铺一层铝箔纸板，其隔热效果更加显著，因为铝箔的反射率在所有材料中是最高的。

习　题

一、选择题

1. 屋顶具有的功能有（　　）。

①遮风　②避雨　③保温　④隔热

A. ①②　　B. ①②④　　C. ③④　　D. ①②③④

2. 以下哪种情况应使用有组织排水？（　　）。

A. 年降雨量≤≤900 mm，檐口离地面高度>10 m

B. 年降雨量≤900 mm，檐口离地面高度≤10 m

C. 年降雨量>900 mm，檐口离地面高度为 3 m

D. 年降雨量>900 mm，檐口离地面高度<4 m

3. 下列哪种建筑的屋面应采用有组织排水方式？（　　）

A. 高度较低的简单建筑

B. 积灰多的屋面

C. 有腐蚀介质的屋面

D. 降雨量较大地区的屋面

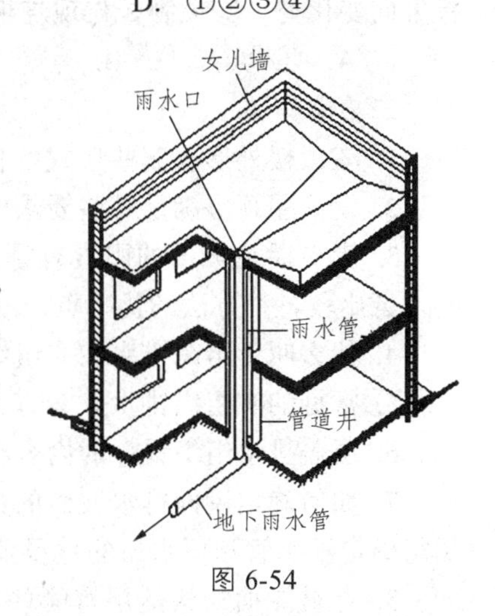

图 6-54

4. 如图 6-54 所示排水方式属于（　　）排水。

A. 自由落水　　B. 挑檐沟外排水

C. 女儿墙加挑檐沟外排水　　D. 天沟内排水

5.（　　）排水方式适合用于大型性建筑和严寒地区建筑。

A. 无组织排水　　B. 女儿墙外排水
C. 女儿墙加挑檐沟外排水　　D. 内排水

6. 屋面防水中泛水高度最小值为（　　）。

A. 150 mm　　B. 200 mm　　C. 250 mm　　D. 300 mm

7. 当平屋顶采取用材料找坡时适合（　　）。

A. 利用预制板的搁置找坡　　B. 选用轻质材料找坡
C. 利用油毡的厚度找坡　　D. 利用结构层找坡

8. 使用结构找坡时会导致室内顶棚倾斜，使住户使用上不习惯，可以通过（　　）加以改善。

A. 设置吊顶　　B. 设置屋面找平层
C. 设置屋面隔汽层　　D. 设置结构层

9. 当建筑屋面采用柔性防水铺设时，采用吸湿性好的保温材料做保温层，应该设置（　　）以保证保温层的正常使用。

A. 结合层　　B. 找坡层　　C. 隔汽层　　D. 保护层

10. 刚性防水屋面指采用刚性材料作为防水层的屋面，其常用材料不包括下列的（　　）。

A. 防水砂浆　　B. 细石混凝土
C. 配筋细石混凝土　　D. 水泥膨胀珍珠岩

11. 刚性防水屋面指采用刚性材料作为防水层的屋面，其优点很多但不包括（　　）。

A. 施工方便　　B. 节省材料
C. 适应结构和温度变形　　D. 维修方便

12. 刚性防水屋面中为了避免大面积浇筑混凝土防水层热胀冷缩和荷载作用下屋面板产生的挠曲变形所造成的防水层破裂，需要在屋面（　　）位置设置分格缝。

①装配式结构屋面板的支承端　②屋面转折处　③屋面与立墙交接处　④预制屋面板铺板方向变化处　⑤预制板与现浇板交接处

A. ①②⑤　　B. ①②③　　C. ②③④⑤　　D. ①②③④⑤

二、简答题

1. 屋顶楼外形有哪些形式？各种形式屋顶的特点及适用范围是什么？

2. 设计屋顶应满足哪些要求？

3. 影响屋顶坡度的因素有哪些？各种屋顶的坡度值是多少？屋顶坡度的形成方法有哪些？试比较各种方法的优缺点。

4. 什么叫无组织排水和有组织排水？它们的优缺点和适用范围是什么？

5. 常见的有组织排水方案有哪几种？各适用于何种条件？

6. 层盖排水组织设计的内容和要求是什么？

7. 如何确定屋面排水坡面的数目？如何确定天沟（或檐沟）断面的大小和天沟纵坡值？如何确定雨水管和雨水口的数量及尺寸规划？

8. 卷材屋面的构造层有哪些？各层如何做法？卷材防水层下面的找平层为何要设分隔缝？上人和不上人的卷材屋面在构造层次及做法上有什么不同？

9. 卷材防水屋面的泛水、天沟、檐口、雨水口等细部构造的要点是什么？试画出它们的典型构造图。

10. 何谓刚性防水屋面？刚性防水屋面有哪些构造层？各层如体做法？注意为什么要设隔离层？

11. 刚性防水屋面为什么容易开裂？可以采取哪些措施预防开裂？

12. 为什么要在刚性屋面的防水层中设分隔缝？分隔缝应设在哪些部位？分隔缝的构造要点有哪些？试画出其典型的构造图。

13. 什么叫涂膜防水屋面？

14. 平屋顶和坡屋顶的保温有哪些构造做法（用构造图表示）？各种做法适用于何种条件？

15. 平屋顶和坡屋顶的隔热有哪些构造做法（用构造图表示）？各种做法适用于何种条件？

第7章　门和窗

7.1　门窗的类型和设计要求

7.1.1　门窗的作用

门在房屋建筑中的作用主要是交通联系，并兼采光和通风；窗的作用主要是采光、通风及眺望。在不同情况下，门和窗还有分隔、保温、隔声、防火、防辐射、防风沙等要求。

门窗在建筑立面构图中的影响也较大，它们的尺度、比例、形状、组合、透光材料的类型等，都影响着建筑的艺术效果。

7.1.2　门窗的分类

1. 按门窗材质分

依据材质，门窗大致可以分为以下几类：木门窗、钢门窗、塑钢门窗、铝合金门窗、玻璃钢门窗、不锈钢门窗、铁花门窗等。我国自改革开放以来，人民生活水平不断提高，门窗及其衍生产品的种类不断增多，档次逐步上升，例如隔热断桥铝合门、木铝复合门、铝木复合门、实木门窗、阳光房、玻璃幕墙、木质幕墙等等。

2. 按门窗功能分

门窗按功能分为防盗门、自动门、旋转门等。

3. 按开启方式分

门窗按开启方式分为固定窗、上悬窗、中悬窗、下悬窗、立转窗、平开门窗、滑轮平开窗、滑轮窗、平开下悬门窗、推拉门窗、推拉平开窗、折叠门、地弹簧门、提升推拉门、推拉折叠门、内倒侧滑门等。

4. 按性能分

门窗按性能分为隔声型门窗、保温型门窗、防火门窗、气密门窗等。

5. 按应用部位分

门窗按应用部位分为内门窗、外门窗。

7.1.3　门窗的设计要求

1. 门窗的建筑立面分格设计

门窗是建筑的单元，是立面效果的装饰符号，最终体现出建筑的特点。尽管不同建筑对门窗的设计有不同的要求，门窗大样分格千变万化，但我们还是可以找寻出一些规律。

门窗立面分格要符合美学特点。分格设计时，要考虑如下因素：

（1）分格比例的协调性。

（2）门窗立面分格既要有一定的规律，又要体现变化，在变化中求规律，分格线条疏密有度。等距离、等尺寸划分显示了严谨、庄重、严肃；不等距自由划分则显示韵律、活泼和动感。

（3）至少同一房间、同一墙面门窗的横向分格线条要尽量处于同一水平线上，竖向线条尽量对齐。

（4）门窗立面设计时要考虑建筑的整体效果要求，比如建筑的虚实对比、光影效果、对称性等。

2. 门窗的通透性设计

门窗立面在主视部位的视线高度范围内（1.5 ~ 1.8 m）最好不要设置横框和竖框，以免遮挡视线。

3. 门窗玻璃安全设计

玻璃的选择：玻璃厚度经计算确定，并不宜小于 5 mm。建筑下列部位的门窗必须采用安全玻璃（钢化玻璃或夹层玻璃）：

（1）7 层及 7 层以上建筑的外开窗。

（2）与水平面夹角小于 75°倾斜屋顶上距室内地面大于 3 m 的倾斜窗。

7.1.4　平开门的构造

平开门一般由门框、门扇、亮子、五金零件及其附件组成。

门扇按其构造方式不同，有镶板门、夹板门、拼板门、玻璃门和纱门等类型。亮子又称腰头窗，在门上方，为辅助采光和通风之用，有平开、固定及上、中、下悬几种。门框是门扇、亮子与墙的联系构件。五金零件一般有铰链、插销、门锁、拉手、门碰头等。附件有贴脸板、筒子板等。木门的组成见图 7-1。

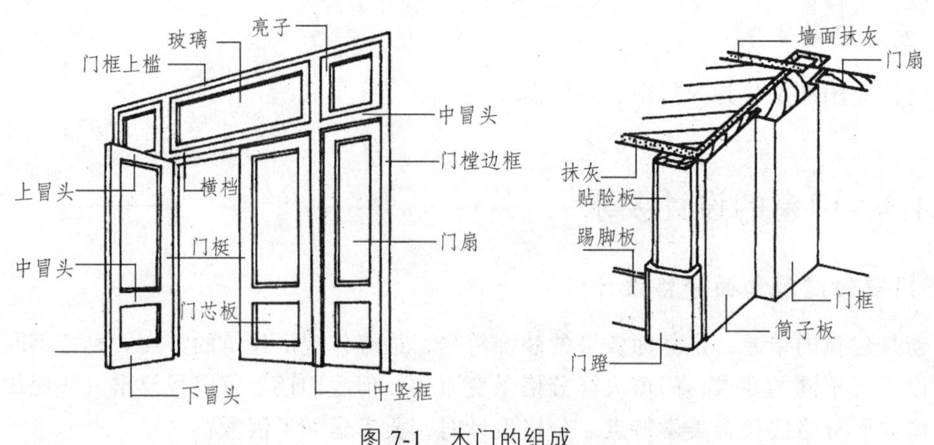

图 7-1 木门的组成

1. 门 框

门框一般由两根竖直的边框和上框组成。当门带有亮子时，还有中横框，多扇门则还有中竖框。

（1）门框断面。

门框的断面形式与门的类型、层数有关，同时应利于门的安装，并应具有一定的密闭性。门框的断面形式与尺寸见图 7-2。

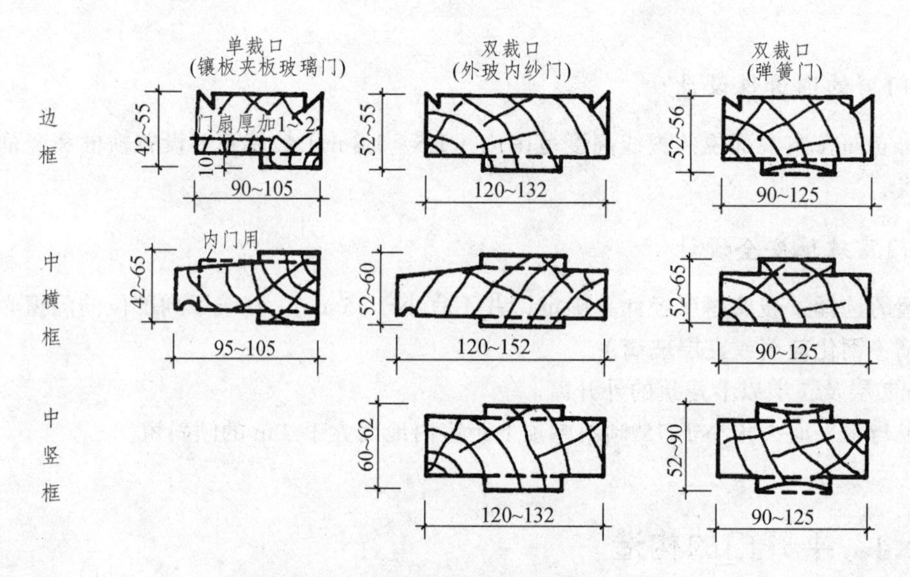

图 7-2 门框的断面形式与尺寸

（2）门框安装。

门框的安装根据施工方式分后塞口和先立口两种。门框的安装方式见图 7-3。

（3）门框在墙中的位置。

门框在墙中的位置，可在墙的中间或与墙的一边平齐，一般多与开启方向一侧平齐，尽可能使门扇开启时贴近墙面。门框位置、门贴脸板及筒子板见图 7-4。

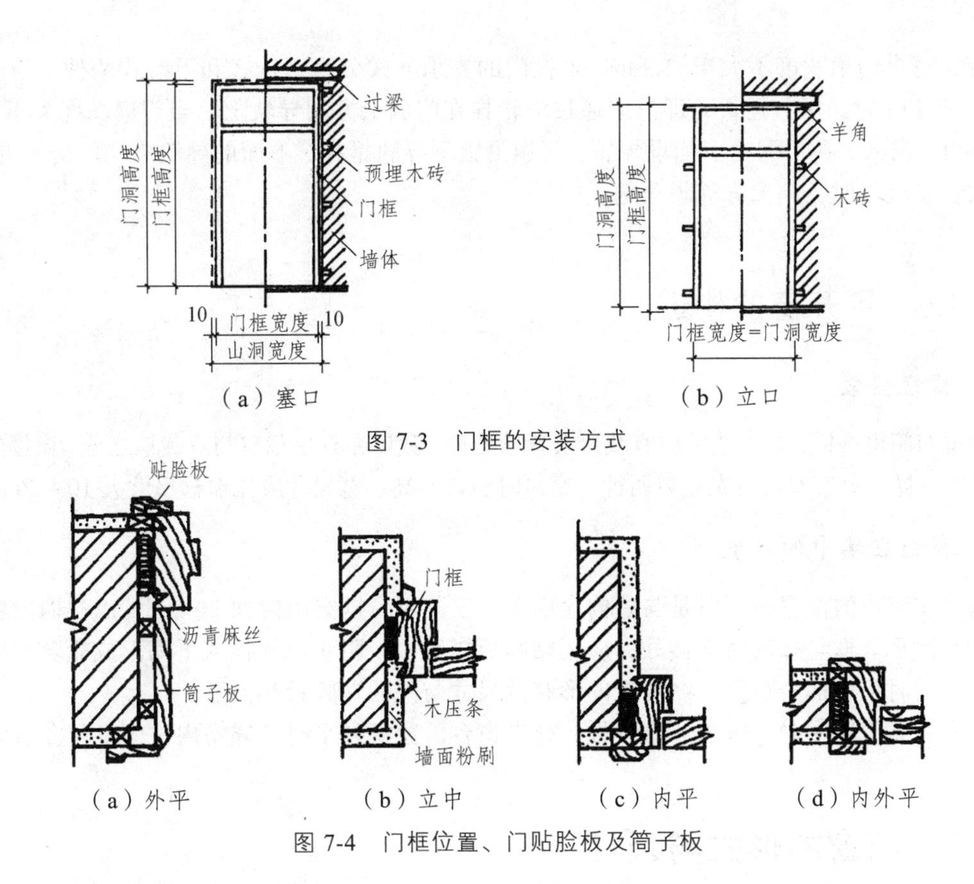

图 7-3　门框的安装方式

图 7-4　门框位置、门贴脸板及筒子板

2. 门　扇

常用的木门门扇有镶板门（包括玻璃门、纱门）、夹板门和拼板门等。

（1）镶板门。

镶板门是广泛使用的一种门，门扇由边梃、上冒头、中冒头（可作数根）和下冒头组成骨架，内装门芯板而构成。镶板门构造简单，加工制作方便，适于一般民用建筑作内门和外门。

（2）夹板门。

夹板门门扇是用断面较小的方木做成骨架，两面粘贴面板而成。门扇面板可用胶合板、塑料面板和硬质纤维板，面板不再是骨架的负担，而是和骨架形成一个整体，共同抵抗变形。夹板门的形式可以是全夹板门、带玻璃或带百叶夹板门。

由于夹板门构造简单，可利用小料、短料，自重轻，外形简洁，便于工业化生产，故在一般民用建筑中应用广泛。

（3）拼板门。

拼板门的门扇由骨架和条板组成。有骨架的拼板门称为拼板门，而无骨架的拼板门称为实拼门。有骨架的拼板门又分为单面直拼门、单面横拼门和双面保温拼板门三种。

7.1.5　推拉门的构造

推拉门由门扇、门轨、地槽、滑轮及门框组成。门扇可采用钢木门、钢板门、空腹薄壁钢门等，每个门扇宽度不大于 1.8 m。推拉门的支承方式分为上挂式和下滑式两种，当门扇高度小于 4 m 时，用上挂式，即门扇通过滑轮挂在门洞上方的导轨上。当门扇高度大于 4 m 时，多用下滑式，在门洞上下均设导轨，门扇沿上下导轨推拉，下面的导轨承受门扇的重量。推拉门位于墙外时，门上方需设雨篷。

7.1.6 平开窗的构造

1. 窗框安装

窗框与门框一样，在构造上应有裁口及背槽处理，裁口亦有单裁口与双裁口之分。窗框的安装与门框一样，分后塞口与先立口两种。塞口时洞口的高、宽尺寸应比窗框尺寸大 10 ~ 20 mm。

2. 窗框在墙中的位置

窗框在墙中的位置，一般是与墙内表面平，安装时窗框突出砖面 20 mm，以便墙面粉刷后与抹灰面平。框与抹灰面交接处，应用贴脸板搭盖，以阻止由于抹灰干缩形成缝隙后风透入室内，同时可增加美观度。贴脸板的形状及尺寸与门的贴脸板相同。

当窗框立于墙中时，应内设窗台板，外设窗台。窗框外平时，靠室内一面设窗台板。

7.2 门窗的形式与尺度

7.2.1 门的形式

门按其开启方式通常有平开门、弹簧门、推拉门、折叠门、转门等。门的开启形式见图 7-5。

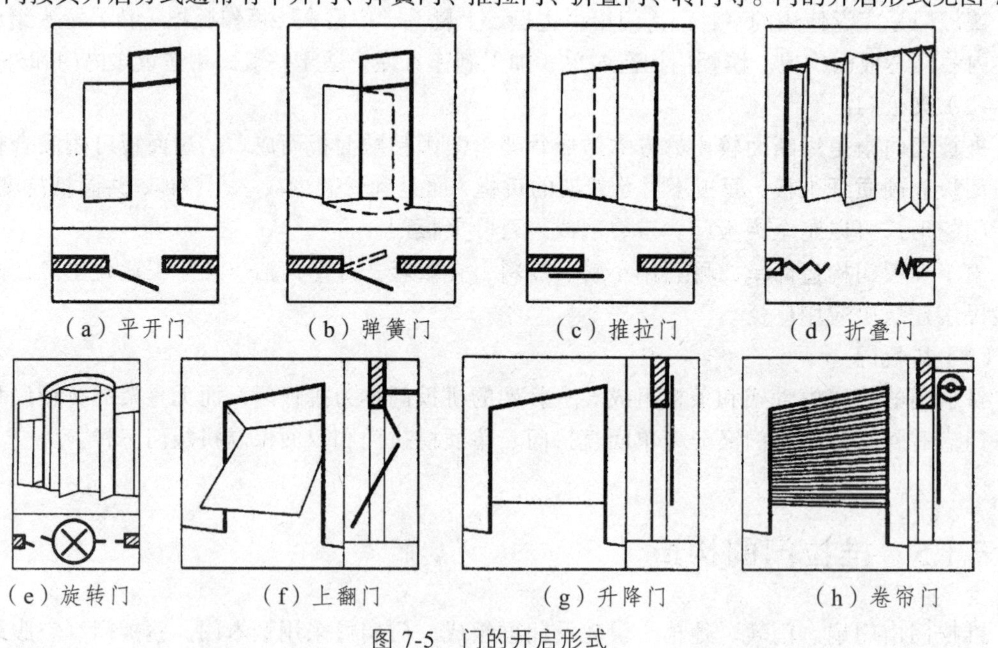

图 7-5 门的开启形式

（1）平开门：有内开和外开、单扇和双扇之分。其构造简单，开启灵活，密封性能好，制作和安装较方便，但开启时占用空间较大。

（2）弹簧门：多用于人流多的出入口，开启后可自动关闭，密封性能差。

（3）推拉门：分单扇和双扇，能左右推拉且不占空间，但密封性能较差，可手动和自动。自动推拉门多用于办公、商业等公共建筑，采用光控的较多。

（4）折叠门：用于尺寸较大的洞口。开启后门窗相互折叠，占用空间较少。

（5）旋转门：用四扇门相互垂直形成十字形，绕中竖轴旋转的门。其密封性能好、保温好、隔热好、卫生方便，多用于宾馆、饭店、公寓等大型公共建筑。

（6）卷帘门：有手动和自动、正卷和反卷之分，开启时不占用空间。

（7）翻板门：外表平整，不占空间，多用于仓库、车库。

7.2.2　门的尺度

门的尺度通常是指门洞的高宽尺寸。门作为交通疏散通道，门洞口宽度和高度尺寸是由人体平均高度、搬运物体（如家具、设备）尺寸、人流数、人流量、建筑物的比例来决定的，并要符合现行《建筑模数协调标准》（GB/T 50002—2013）的规定。

1. 门的高度

门的高度一般以 300 mm 为模数，特殊情况以 100 mm 为模数。门的高度一般为 2 000 mm、2 100 mm、2 200 mm、2 400 mm、2 700 mm、3 000 mm、3 300 mm 等，当门高超过 2 200 mm 时，门上应设亮子。当门设有亮子时，亮子高度一般为 300 ~ 600 mm，则门洞高度为 3 000 mm。公共建筑大门高度可视需要适当提高。

2. 门的宽度

门的宽度一般以 100 mm 为模数，当门宽大于 1 200 mm 时，以 300 mm 为模数。单扇门门宽一般为 800 ~ 1 000 mm，双扇门为 1 200 ~ 1 800 mm。宽度在 2 100 mm 以上时，则做成三扇、四扇门或双扇带固定扇的门，因为门扇过宽易产生翘曲变形，同时也不利于开启。辅助房间（如浴厕、储藏室等）门的宽度可窄些，一般为 700 ~ 800 mm。

7.2.3　窗的形式

窗的形式划分有两种，分别是以使用的材料划分和按窗的开启方式划分。

1. 按使用材料划分

窗按所使用材料分为木窗、钢窗、铝合金窗、塑钢窗、玻璃钢窗等。

木窗是用松、杉木制作而成的，具有制作简单，经济，密封性能、保温性能好等优点，但相对透光面积小，防火性能差，耗用木材，耐久性能低，易变形、损坏等。

钢窗是由型钢经焊接而成的。钢窗与木窗相比较，具有坚固、不易变形、透光率大、防火性能高、便于拼接组合等优点，但钢窗密封性能差，保温性能低，耐久性差，易生锈，维修费高。

因此，目前木窗、钢窗应用很少，已被铝合金窗和塑钢窗等所替代。

铝合金窗是由铝合金型材用拼接件装配而成，具有轻质高强、美观耐久、耐腐蚀、刚度大、变形小、开启方便等优点。但铝合金窗不足之处在于弹性模量较小（约为钢的 1/3）、热膨胀系数大、耐热性低等。目前铝合金窗应用较多。

塑钢窗是由塑钢型材拼接而成的，具有密闭性能好、节能、保温、隔热、隔声、易于加工、表面光洁美观、便于开启等优点，但焊接处易开裂。塑钢窗比其他窗在节能和改善室内热环境方面，有更为优越的技术特性。

玻璃钢窗 ——玻璃纤维增强塑料窗，具有轻质、高强、防腐、保温、密封隔音、结构精巧、坚固耐久、性能可靠、热膨胀系数小（同玻璃）、电绝缘等特点。因此，玻璃钢窗具有优良的物理、化学性能，其主要性能远优于钢铁、塑料、铝合金，是目前我国广泛推行的节能窗之一。

2. 按开启方式划分

窗的开启方式主要取决于窗扇铰链安装的位置和转动方式。通常窗的开启方式见图 7-6。

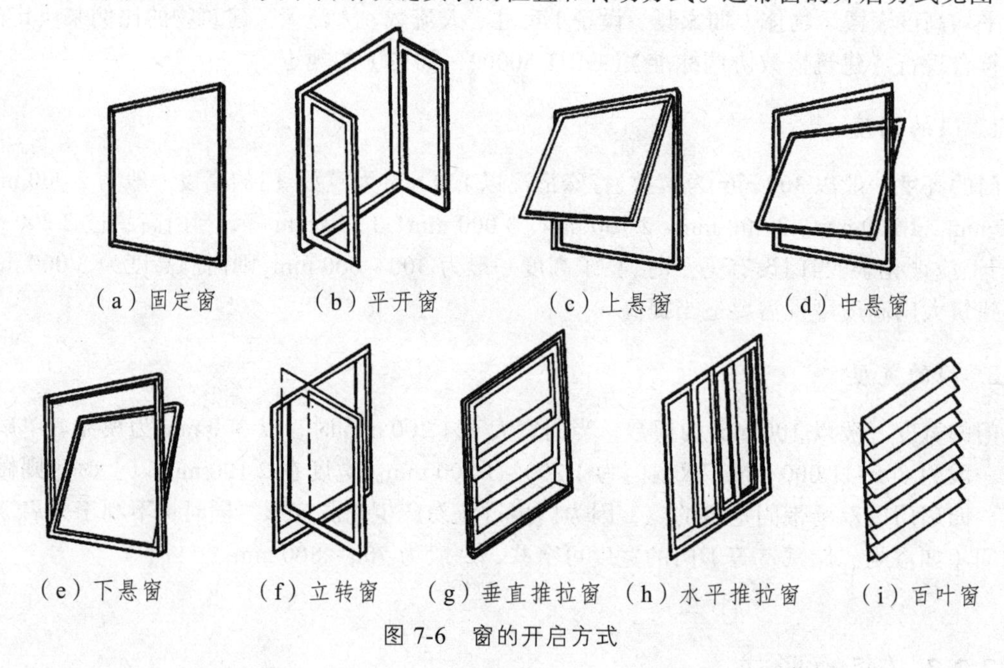

图 7-6 窗的开启方式

（1）固定窗。

无窗扇、不能开启的窗为固定窗。固定窗的玻璃直接嵌固在窗框上，可供采光和眺望之用。

（2）平开窗。

平开窗的铰链安装在窗扇一侧，与窗框相连，可向外或向内水平开启。平开窗有单扇、双扇、多扇，有向内开与向外开之分。其构造简单、开启灵活、制作维修均方便，是民用建筑中采用最广泛的窗。

（3）悬窗。

悬窗因铰链和转轴的位置不同，可分为上悬窗、中悬窗和下悬窗。为防雨水飘入室内，上悬窗必须向外开启；中悬窗上半部内开、下半部外开，有利通风，开启方便，适于高窗；下悬窗一般内开，不防雨，不能用于外窗。

（4）立转窗。

立转窗引导风进入室内效果较好，防雨及密封性较差，多用于单层厂房的低侧窗。因密闭性较差，立转窗不宜用于寒冷和多风沙的地区。

（5）推拉窗。

推拉窗分垂直推拉窗和水平推拉窗两种。它们不多占使用空间，窗扇受力状态较好，适宜安装较大玻璃，但通风面积受到限制。

（6）百叶窗。

百叶窗主要用于遮阳、防雨及通风，但采光差。百叶窗可用金属、木材、钢筋混凝土等制作，有固定式和活动式两种形式。

7.2.4　窗的尺度

窗的尺度主要取决于房间的采光、通风、构造做法和建筑造型及模数等要求，并要符合现行《建筑模数协调标准》（GB/T 50002—2013）的规定。一般先根据房屋的使用性质确定采光等级（分Ⅰ～Ⅴ级，Ⅰ级最高，Ⅴ级最低），再根据采光等级确定具体窗地比（采光面积与房间地面面积之比）。不同房间根据使用功能的要求，有不同的窗地比，如居住房间为 1/8～1/10、教室为 1/4～1/5、会议室为 1/6～1/8、医院手术室为 1/2、走廊和楼梯间等为 1/10 以下。窗的基本尺寸一般以 300 mm 为模数，居住建筑可以 100 mm 为模数。

常见窗的宽度有 600 mm、1 000 mm、1 200 mm、1 500 mm、1 800 mm、2 100 mm、2 400 mm、3 000 mm、3300 mm、3600 mm 等。

常见窗的高度有 600 mm、900 mm、1 200 mm、1 500 mm、1 800 mm、2 100 mm、2 400 mm、2 700 mm 等，一般窗的高度超过 1 500 mm 时，窗上部设亮子。

对一般民用建筑用窗，各地均有通用图，各类窗的高度与宽度尺寸通常采用扩大模数 3M 数列作为洞口的标志尺寸，需要时只要按所需类型及尺度大小直接选用即可。

7.3　特殊门窗简介

7.3.1　特殊要求的门

1. 防火门

防火门用于加工易燃品的车间或仓库。根据车间对防火门耐火等级的要求，门扇可以采用钢板、木板外贴石棉板再包以镀锌铁皮或木板外直接包镀锌铁皮等构造措施。考虑到木材受高温会碳化而放出大量气体，应在门扇上设泄气孔。防火门常采用自重下滑关闭门，它是将门上导轨做成 5%～8%的坡度，火灾发生时，易熔合金片熔断后，重锤落地，门扇依靠自重下滑关闭。当洞口尺寸较大时，可做成两个门扇相对下滑的形式。

2. 保温门、隔声门

保温门要求门扇具有一定热阻值和对门缝作密闭处理，故常在门扇两层面板间填以轻质、疏松的材料（如玻璃棉、矿棉等）。隔声门的隔声效果与门扇的材料及门缝的密闭有关。隔声门常采用多层复合结构，即在两层面板之间填吸声材料，如玻璃棉、玻璃纤维板等。

一般保温门和隔声门的面板常采用整体板材（如五层胶合板、硬质木纤维板等），因为这种板材不易发生变形。门缝密闭处理对门的隔声、保温以及防尘有很大影响，通常采用的措施是在门缝内粘贴填缝材料，如橡胶管、海绵橡胶条、泡沫塑料条等。还应注意裁口形式，斜面裁口比较容易关闭紧密，可避免由于门扇胀缩而引起的缝隙不密合。

7.3.2 特殊窗

1. 固定式通风高侧窗

在我国南方地区，结合气候特点，人们创造出了多种形式的通风高侧窗。它们的特点是：能采光，能防雨，能常年进行通风，不需设开关器，构造较简单，管理和维修方便，多在工业建筑中采用。

2. 防火窗

防火窗必须采用钢窗或塑钢窗，镶嵌铅丝玻璃以免破裂后掉下，其作用是防止火焰蹿入室内或窗外。

3. 保温窗、隔声窗

保温窗常采用双层窗及双层玻璃的单层窗两种。双层窗可内外开或内开。双层玻璃单层窗又分为：

（1）双层中空玻璃窗，双层玻璃之间的距离为 5 ~ 15 mm，窗扇的上下冒头应设透气孔。

（2）双层密闭玻璃窗，两层玻璃之间为封闭式空气间层，其厚度一般为 4 ~ 12 mm，充以干燥空气或惰性气体，玻璃四周密封。这样可增大热阻、减少空气渗透，避免空气间层内产生凝结水。

若采用双层窗隔声，应采用不同厚度的玻璃，以减少吻合效应的影响。厚玻璃应位于声源一侧，玻璃间的距离一般为 80 ~ 100 mm。

7.4 遮阳设施

7.4.1 遮阳的简介及种类

在炎热地区，夏季阳光直射室内，会使房间过热，并产生眩光，严重影响人们的工作和生活。外墙窗户采取遮阳措施，可以避免阳光直射室内，降低室内温度，节省能耗，同时对丰富建筑立面造型也有很好的作用。

遮阳的种类（图 7-7）很多，对于低层建筑，运用植物对建筑物进行遮阳是一种既有效又经济的措施，也可结合立面造型，运用钢筋混凝土构件作遮阳处理，通常采用水平式遮阳板、垂直式遮阳板、综合式遮阳板以及挡板式遮阳板。近年来在国内外大量运用的各种轻型遮阳，常用不锈钢、铝合金及塑料等材料制作。

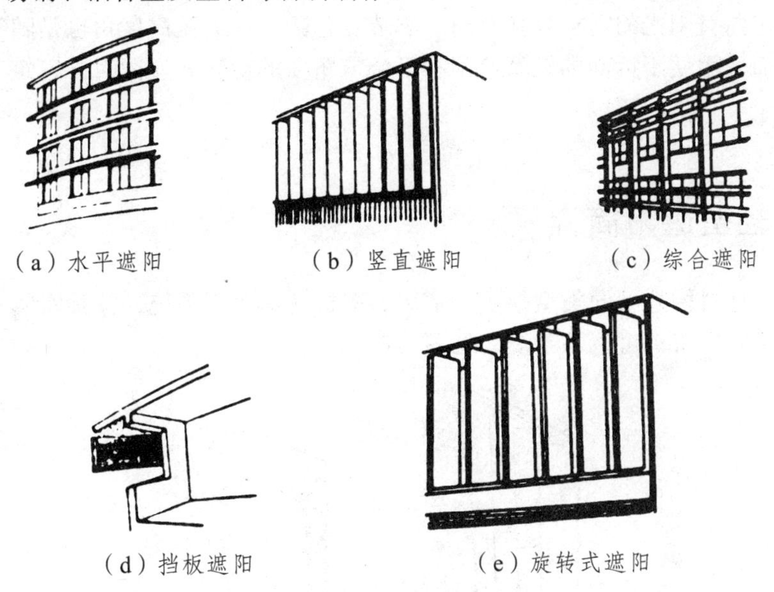

（a）水平遮阳　（b）竖直遮阳　（c）综合遮阳

（d）挡板遮阳　（e）旋转式遮阳

图 7-7　遮阳种类

对于标准较低的建筑或临时建筑，可用油毡、波形瓦、纺织物等做成活动性遮阳；对于标准较高的建筑，从其结构出发可设置永久性遮阳。永久性遮阳不仅能起到遮阳、隔热的作用，而且还可以挡雨、丰富美化建筑立面。

1. 水平遮阳

水平遮阳设于窗洞口上方或中部，能遮挡从窗口上方射来的、高度较大的阳光，适于南向或接近南向的建筑。

2. 垂直式遮阳板

垂直式遮阳板复制能够遮挡高度角较小的、从窗口两侧斜射来的阳光，适用于偏东、偏西的南或北向窗口。

3. 综合式遮阳板

水平式和垂直式的综合式遮阳板，能遮挡窗口上方和左右两侧射来的阳光，适用于南、东南、西南的窗口以及北回归线以南低纬度地区的北向窗口。

4. 挡板式遮阳板

挡板式遮阳板能够遮挡高度角较小的、正射窗口的阳光，适用于东西向窗口。根据以上形式，挡板式遮阳板可以演变成各种各样的其他形式。例如单层水平板遮阳其挑出长度过大时，可做成双层或多层水平板，挑出长度可缩小而具有相同的遮阳效果。又如综合式水平式遮阳，在窗口小、窗间墙宽时，以采用单个式为宜；若窗口大而窗间墙窄时则以采用连续式为宜。

5. 旋转式遮阳

由于建筑室内对阳光的需求是随时间、季节变化的，而太阳高度角也是随气候、时间不同而不同，因而采用便于拆卸的轻型遮阳和可调节角度的旋转式遮阳对于建筑节能和满足使用要求均很好。

7.4.2 轻型遮阳简介

轻型遮阳因材料构造不同类型很多，常用的有机翼形遮阳系统，按其安装方式的不同可分为固定安装系统和机动可调节系统，见图 7-8。

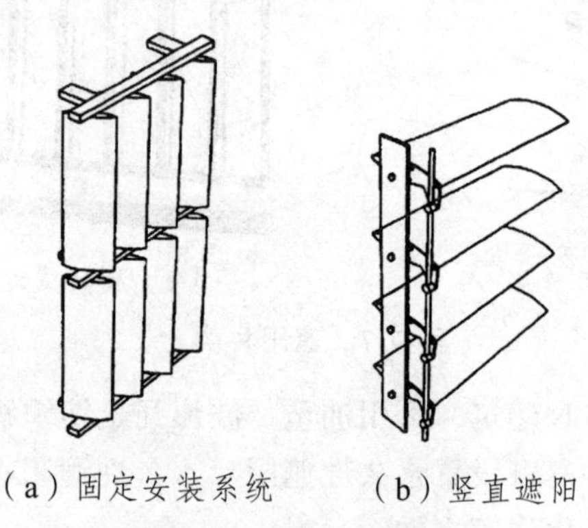

（a）固定安装系统　　（b）竖直遮阳

图 7-8 机翼形遮阳系统

固定安装系统是将叶片装在边框固定的位置上，叶片安装角度从 0°～180°（以 5°递增）变化。

机动可调安装系统中叶片通过可调节的传动杆连接到电动机上，以使叶片按需要在 0°～120°之间任意调整。

习 题

一、选择题

1. 以下选项不属于门的作用的是（　　）。

　A. 防火和防盗　　B. 围护和美观

　C. 采光和通风　　D. 观察和传递

2. 为了提高门窗的密闭性，可在下列哪个部分加设密封条？（　　）

　A. 镶玻璃处　　B. 框扇之间　　C. 边框与墙之间　　D. 上窗与墙之间

3. 采用轻钢龙骨石膏板隔墙时，门窗与墙体的连接应采用下列哪一项？（　　）

A. 预埋钢板连接　　B. 膨胀螺栓连接

C. 射钉连接　　D. 木螺钉连接

4. 门窗洞口与门窗实际尺寸之间的预留缝隙大小主要取决于（　　）。

A. 门窗本身幅面大小　　B. 外墙抹灰或贴面材料种类

C. 有无假框　　D. 门框种类

5. 有关常用窗的开启，下列叙述何者不妥？（　　）

A. 中、小学等需儿童擦窗的外窗应采用内开下悬式或距地一定高度的内开窗

B. 卫生间宜采用上悬或下悬

C. 平开窗的开启窗，其净宽宜大于 0.8 m，净高不宜大于 1.4 m

D. 推拉窗的开启窗，其净宽宜大于 0.9 m，净高不宜大于 1.5 m

6. 下列窗户中，哪一种窗户的传热系数最大？（　　）

A. 单层门窗　　B. 单框双玻塑钢窗

C. 单层铝合金窗　　D. 单层彩板钢窗

7. 下列哪一种窗扇的抗风能力最差？（　　）

A. 铝合金推拉窗　　B. 铝合金外开平开窗

C. 塑钢推拉窗　　D. 塑钢外开平开窗

8. 甲级钢质防火门的耐火极限是（　　）。

A. 0.6 h　　B. 0.9 h　　C. 1.2 h　　D. 1.5 h

9. 下列窗户中，哪一种窗户的传热系数最大？（　　）

A. 单层门窗　　B. 单框双玻塑钢窗

C. 单层铝合金窗　　D. 单层彩板钢窗

10. 适用于宾馆、大厦、饭店等多层建筑房间的门锁，是下列哪一种？（　　）

A. 弹子门锁　　B. 球形门锁　　C. 组合门锁　　D. 叶片执手插锁

二、简答题

1. 窗的作用、分类及开启方式有哪些？

2. 铝合金窗、塑钢窗的构造要求有哪些？

3. 门的作用与分类如何？

4. 平开木门、铝合金门的构造要求有哪些？

5. 遮阳的作用是什么？遮阳的种类及对应关系如何？

6. 如何理解门窗节能？门窗节能的途径有哪些？

第 8 章　变形缝

8.1　变形缝概述

在工业与民用建筑中，由于受气温变化、地基不均匀沉降以及地震等因素的影响，建筑结构内部将产生附加应力和变形，如处理不当，将会造成建筑物，产生裂缝、破坏甚至倒塌，影响使用与安全。其解决办法有：加强建筑物的整体性，使之具有足够的强度与刚度来克服这些破坏应力，而不产生破坏；预先在这些变形敏感部位将结构断开，留出一定的缝隙，以保证各部分建筑物在这些缝隙中有足够的变形宽度而不造成建筑物的破损。这种将建筑物垂直分割开来的预留缝隙被称为变形缝。

8.1.1　变形缝的类型

1. 伸缩缝

伸缩缝亦称温度缝，是指为防止建筑构件因温度变化而热胀冷缩使建筑物出现裂缝或破坏的变形缝。伸缩缝可以将过长的建筑物分成几个长度较短的独立部分，以此来减少由于温度的变化而对建筑物产生的破坏。在建筑施工中设置伸缩缝时，一般是每隔一定的距离设置一条伸缩缝，或者是在建筑平面变化较大的地方预留缝隙，将基础以上建筑构件全部断开，分为各自独立的能在水平方自由伸缩的部分，通过这些做法来使伸缩缝两侧的建筑物能自由伸缩。在具体的建筑施工中，伸缩缝设置的间距一般为 60 m，伸缩缝宽度为 20 ~ 30 mm。

2. 沉降缝

沉降缝是指当建筑物的建筑基层土质差别较大或者是建筑物与相邻的其他部分的高度、荷载和结构形式差别较大时设置的变形缝，因为如果建筑物地基土质差别较大或者是与周围的建筑环境不统一，就会造成建筑物的不均匀沉降，甚至会导致建筑物中一些部位出现位移。为了预防上述不良情况的出现，建筑物在施工过程中一般会在适当的位置设置垂直缝隙，把一个建筑物按刚度不同划分为若干个独立的部分，从而使建筑物中刚度不同的各个部分可以自由地沉降。沉降缝与伸缩缝不同，沉降缝可以从建筑物基础到屋顶在构造上完全断开，而伸缩缝则不能这样，同时沉降缝的宽度也可以随着建筑物地基状况和建设高度的不同而不同。

3. 防震缝

防震缝是指将形体复杂和结构不规则的建筑物划分成为体型简单、结构规则的若干个独立单元的变形缝。防震缝的主要目的是提高建筑物的抗震性能。防震缝的两侧一般采用双墙、双柱的模式建造，缝隙一般是从建筑物的基础面以上沿建筑物的全高设置的。防震缝从建筑物的基础顶面断开并贯穿建筑物的全高。防震缝的缝隙尺寸一般为 50 ~ 100 mm。缝的两侧应有墙体将建筑物分为若干体型简单、结构刚度均匀的独立单元。

有很多建筑物对这三种接缝进行了综合考虑，即所谓的“三缝合一”：缝宽按照防震缝宽度处理，基础按沉降缝断开。

8.1.2　变形缝的设置要求

1. 伸缩缝

昼夜温差引起的热胀冷缩在建筑物的长度超过一定值的时候，会产生并积累相当大的变形应力，从而对建筑物屋面、墙面、窗洞口等造成很大的影响，如使屋面断裂，房屋靠近两端的墙面会出现斜裂缝，上几层窗洞口等薄弱环节被拉裂等。如果屋面有隔热保温措施的，温度变化引起的结构变形可以较小，反之则较大。建筑物的屋顶或楼板层本身的水平刚度也对适应这类变形有影响。装配式的建筑较易适应变形而整浇的则较难适应变形。

1）设置条件

根据建筑物的长度、结构类型和屋盖刚度以及屋面是否设保温或隔热层来考虑，伸缩缝应设在因温度和收缩变形引起应力集中、砌体产生裂缝可能性最大处。伸缩缝的间距可按如表 8-1 和表 8-2 考虑设置。

表 8-1　砌体房屋伸缩缝的最大间距（m）

屋盖或楼盖类别		间距
整体式或装配整体式钢筋混凝土结构	有保温层或隔热层的屋盖、楼盖	50
	无保温层或隔热层的屋盖	40
装配式无檩体系钢筋混凝土结构	有保温层或隔热层的屋盖、楼盖	60
	无保温层或隔热层的屋盖	50
装配式有檩体系钢筋混凝土结构	有保温层或隔热层的屋盖	75
	无保温层或隔热层的屋盖	60
瓦材屋盖、木屋盖或楼盖、轻钢屋盖		100

注：① 对烧结普通砖、烧结多孔砖、配筋砌块砌体房屋，取表中数值；对石砌体、蒸压灰砂普通砖、蒸压粉煤灰普通砖、混凝土砌块、混凝土普通砖和混凝土多孔砖房屋，取表中数值乘以 0.8 的系数；当墙体有可靠外保温措施时，其间距可取表中数值。

② 在钢筋混凝土屋面上挂瓦的屋盖应按钢筋混凝土屋盖采用。

③ 层高大于 5 m 的烧结普通砖、烧结多孔砖、配筋砌块砌体结构单层房屋，其伸缩缝间距可按表中数值乘以 1.3 取值。

④ 温差较大且变化频繁地区和严寒地区不采暖的房屋及构筑物墙体的伸缩缝的最大间距，应按表中数值予以适当减小。

⑤ 墙体的伸缩缝应与结构的其他变形缝相重合，缝宽度应满足各种变形缝的变形要求；在进行立面处理时，必须保证缝隙的变形作用。

表 8-2 钢筋混凝土结构伸缩缝最大间距（m）

结构类别		室内或土中	露天
排架结构	装配式	100	70
框架结构	装配式	75	50
	现浇式	55	35
剪力墙结构	装配式	65	40
	现浇式	45	30
挡土墙或地下室墙壁等结构	装配式	40	30
	现浇式	30	20

注：① 装配整体式结构的伸缩缝间距，可根据结构的具体情况取表中装配式结构与现浇式结构之间的数值。
② 框架-剪力墙结构或框架-核心筒结构房屋的伸缩缝间距，可根据结构的具体情况取表中框架结构与剪力墙结构之间的数值。
③ 当屋面无保温或隔热措施时，框架结构、剪力墙结构的伸缩缝间距宜按表中露天栏的数值取用。
④ 现浇挑檐、雨罩等外露结构的局部伸缩缝间距不宜大于 12 m。

2）构造要求

热胀冷缩引起的变形主要集中在建筑物上部，设伸缩缝时建筑物在基础部分不用断开，只需将上部结构断开即可。

3）缝宽

伸缩缝缝宽一般为 20 ~ 30 mm。

2. 沉降缝

沉降缝是防止建筑物因地基不均匀沉降引起破坏而设置的缝隙。沉降缝把建筑物分成若干个整体刚度较好、自成沉降体系的结构单元，以适应不均匀的沉降。

1）设置条件

（1）平面形状复杂、高度变化较大、连接部位比较薄弱。
（2）同一建筑物相邻部分的层数相差两层以上或层高相差超过 10 m。
（3）建筑物相邻部位荷载差异较大。
（4）建筑物相邻部位结构类型不同。
（5）地基土压缩性有明显差异处。
（6）房屋或基础类型不同处。
（7）房屋分期建造的交接处。

2）构造要求

设置沉降缝是为减少地基不均匀沉降对建筑物造成危害，设沉降缝处应从基础到屋顶沿结构全部断开。

3）沉降缝的宽度

一般地基的建筑物高度 $H<5$ m，沉降缝宽度为 30 mm；建筑物高度 $H=5\sim10$ m，沉降缝宽度为 50 mm；建筑物高度 $H=10\sim15$ m，沉降缝宽度为 70 mm。软弱地基建筑物高度为 2 ~ 3 层，沉降缝宽度为 50 ~ 80 mm；建筑物高度为 4 ~ 5 层，沉降缝宽度为 80 ~ 120 mm；建筑物高度为 5 层以上，沉降缝宽度>120 mm。湿陷性黄土地基沉降缝宽度为 30 ~ 70 mm。

3. 防震缝

防震缝是针对地震时容易产生应力集中而引起建筑物结构断裂，发生破坏的部位而设置的缝。

对于设计烈度在 7 ~ 9 度的地震区，当房屋体型比较复杂时，必须将房屋分成几个体型比较规则的结构单元，以利于抗震。抗震缝将建筑物划分成若干体型简单、结构刚度均匀的独立单元。

1）设置条件

（1）建筑平面复杂（图 8-1），有较大突出部分时。

（2）建筑物立面高差在 6 m 以上时。

（3）建筑物有错层且楼板高差较大时。

（4）建筑相邻部分的结构刚度、质量相差较大时。

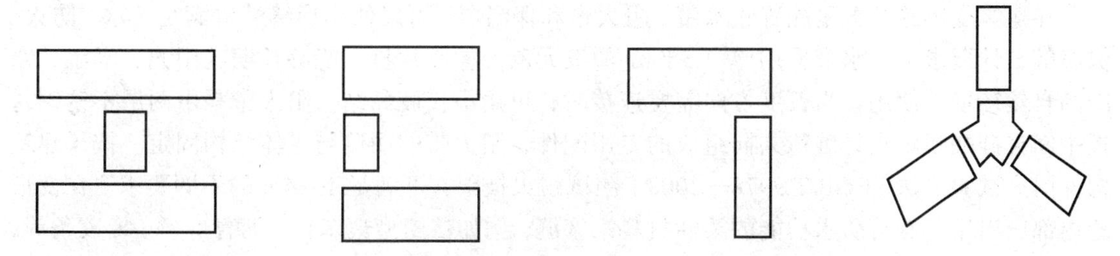

图 8-1　用防震缝将平面复杂的建筑分隔成独立建筑单元

2）构造要求

（1）设防震缝处基础可以断开，也可以不断开。

（2）缝的两侧设置墙体或双柱或一柱一墙，使各部分封闭并具有较好的刚度。

（3）防震缝应同伸缩缝和沉降缝协调布置，做到一缝多用。

3）缝　宽

根据《建筑抗震设计规范》（GB 50011—2010）（2016 年版）的规定，钢筋混凝土房屋设置防震缝时应符合下列要求：

（1）框架结构（包括设置少量抗震墙的框架结构）房屋的防震缝宽度，当高度不超过 15 m 时不应小于 100 mm；高度超过 15 m 时，6 度、7 度、8 度和 9 度分别每增加高度 5 m、4 m、3 m 和 2 m，宜加宽 20 mm。

（2）框架-抗震墙结构房屋的防震缝宽度不应小于（1）项规定数值的 70%，抗震墙结构房屋的防震缝宽度不应小于（1）项规定数值的 50%，且均不宜小于 100 mm。

（3）防震缝两侧结构类型不同时，宜按需要较宽防震缝的结构类型和较低房屋高度确定缝宽。

8、9度框架结构房屋防震缝两侧结构层高相差较大时，防震缝两侧框架柱的箍筋应沿房屋全高加密，并可根据需要在缝两侧沿房屋全高各设置不少于两道垂直于防震缝的抗撞墙。抗撞墙的布置宜避免加大扭转效应，其长度可不大于1/2层高，抗震等级可同框架结构；框架构件的内力应按设置和不设置抗撞墙两种计算模型的不利情况取值。

多层砌体房屋和底部框架砌体房屋缝宽应根据烈度和房屋高度确定，可采用70～100 mm。

8.2 变形缝的分类和构造特征

变形缝沿建筑物的全高断开，首先给屋面和墙面带来了防水、防风、保温等问题，同时造成了楼地面的不连续，给使用造成不便，在顶棚处也有观瞻上的问题。因此，变形缝处的盖缝处理，是处理变形缝的重要内容。盖缝节点往往需同时处理缝的两侧和中间部分，而且往往要与建筑的面装修结合起来一起考虑。所选择的盖缝板的形式必须能够符合所属变形缝类别的变形需要。

在建筑变形缝装置里配置止水带、阻火带和保温层，可以使变形缝装置满足防水、防火、保温等设计要求。止水带采用厚1.5 mm的三元乙丙橡胶片材，能够长期在阳光、潮湿、寒冷的自然环境下使用。当长度方向需要连接时，可用搭接胶黏结。阻火带是由两层不锈钢衬板中间夹硅酸铝耐火纤维毡共同组成的专用配件，阻火带的两侧与主体结构固定。按《建筑构件耐火试验方法》（GB/T 9978—2008）测试耐火极限，可满足1～4 h的不同要求。在变形缝内部应当用具有自防水功能的柔性材料来塞缝，例如挤塑型聚苯板、沥青麻丝、橡胶条等，以防止热桥的产生。变形缝装置的种类和构造特征见表8-3。

表8-3 变形缝装置的种类和构造特征

使用部位	构造特征							
	金属盖板型	金属卡锁型	橡胶嵌平型	防震型	承重型	阻火带	止水带	保温层
楼面	√	√	单列 双列	√	√	—	√	—
内墙、顶棚	√	√	—	√	—	√	—	—
外墙	√	√	橡胶	√	—	—	√	√
屋面	√	—	—	√	—	—	√	√

8.2.1 按变形缝装置的构造特征分

1. 金属盖板型（简称“盖板型”）

金属盖板型变形缝装置如图8-2所示，由基座、不锈钢或铝合金盖板和连接基座、盖板的滑竿组成，基座固定在建筑变形缝两侧，滑竿呈 45°安装，在地震力作用下滑动变形，使盖板保持在变形缝的中心位置。

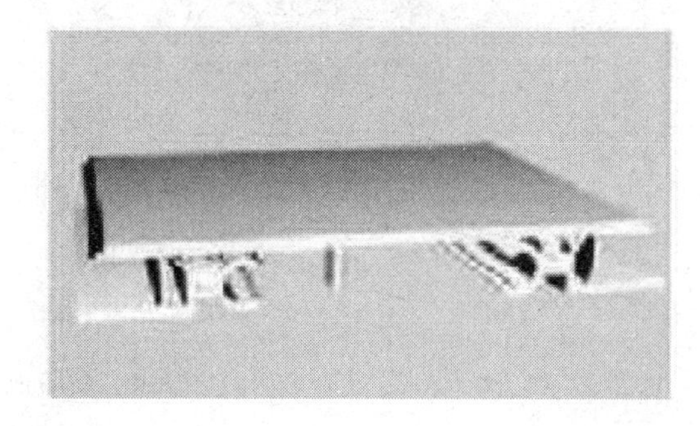

图 8-2　楼面盖板型变形缝装置

2. 金属卡锁型（简称“卡锁型”）

金属卡锁型变形缝装置如图 8-3 所示，盖板由两侧的基座卡住，在地震力作用下，盖板在卡槽内位移变形并复位。

（a）楼面卡锁型

（b）外墙卡锁型

图 8-3　金属卡锁型变形缝装置

3. 橡胶嵌平型（简称“嵌平型”）

橡胶嵌平型变形缝装置如图 8-4 所示，窄的变形缝用单根橡胶条嵌镶在两侧的基座上，称为“单列”；宽的变形缝用橡胶条+金属盖板+橡胶条的组合体嵌镶在两侧的基座上，称为“双列”。用于外墙时，橡胶条的形状可采用 WW 折线形。

（a）楼面单列嵌平型

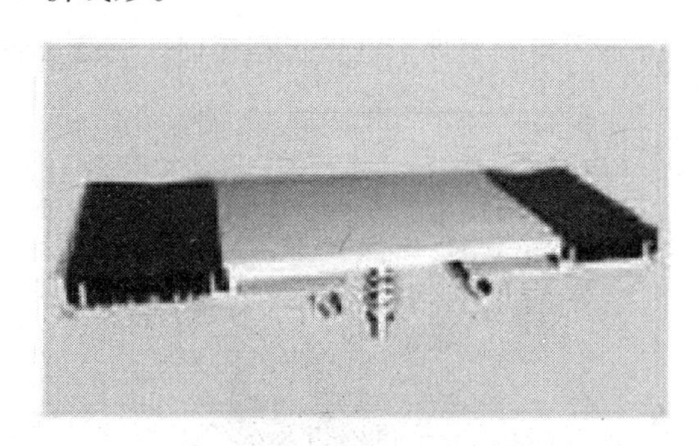

（b）楼面双列嵌平型

（c）外墙嵌平型

图 8-4　橡胶嵌平型变形缝装置

8.2.2　按使用功能的特殊要求分

1. 防震型

防震型变形缝装置的特点是连接基座和盖板的金属滑竿带有弹簧复位功能，楼面金属盖板两侧呈 45°盘形╲＿╱，基座也呈同角度的╱╲＿型，见图 8-5。在地震力作用下，盖板被挤出上移，但在弹簧作用下可恢复原位；内墙及顶棚可采用橡胶条盖板，同样设有弹簧复位功能。

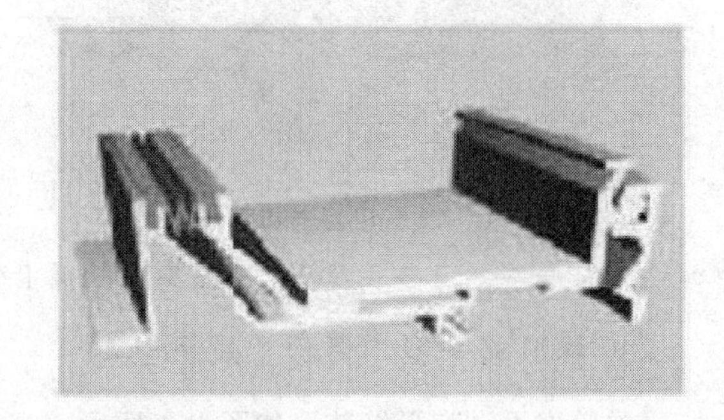

图 8-5　楼面防震型变形缝装置

2. 承重型

有一定荷载要求的盖板型楼面变形缝装置，其基座和盖板断面应加厚，见图 8-6。

图 8-6　楼面承重型变形缝装置

8.2.3　按建筑使用部位分

1. 墙体变形缝

1）外墙变形缝

外墙变形缝构造设计时应满足变形缝处的防水和保温节能的要求[图 8-7（a）]。

2）内墙变形缝

内墙变形缝构造设计时应考虑变形缝的防火封堵，以防止从变形缝处形成水平蹿火，通常在缝内设置阻火带[图 8-7（b）]，阻火带的耐火极限应不低于隔墙墙体。同时，变形缝盖板应选择与室内墙面效果比较匹配的颜色和形式。根据缝与墙的交接形式不同，内墙变形缝可分为平缝和转角缝，可用金属皮或木条作为盖缝材料。

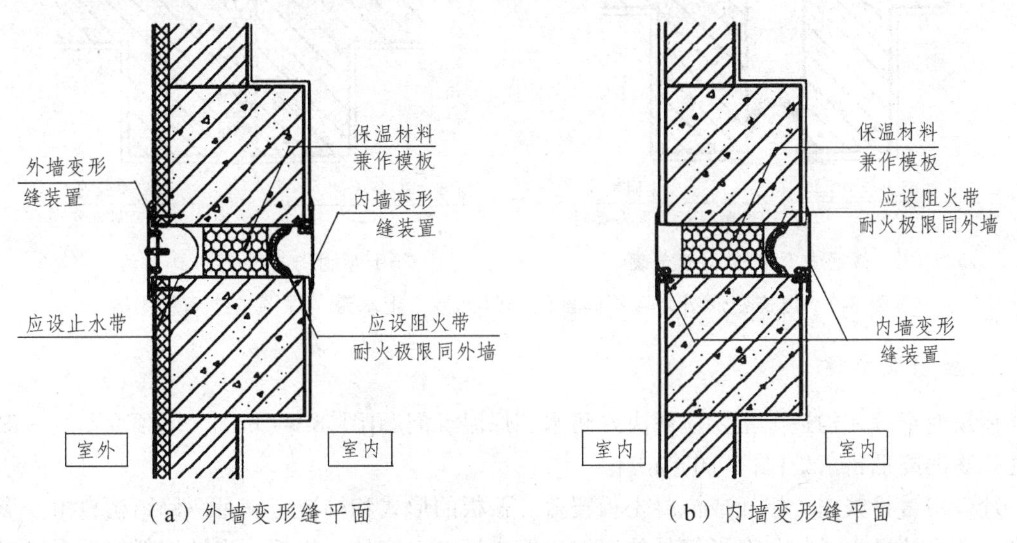

（a）外墙变形缝平面　　　　（b）内墙变形缝平面

图 8-7　墙体变形缝平面

砖墙变形缝一般做成平缝或错口缝，一砖半厚外墙应做成错口缝或企口缝，如图 8-8 所示。外墙外侧常用浸沥青的麻丝或木丝板及泡沫塑料条、油膏弹性防水材料塞缝，缝隙较宽时，可用镀锌铁皮、铝皮作盖缝处理。

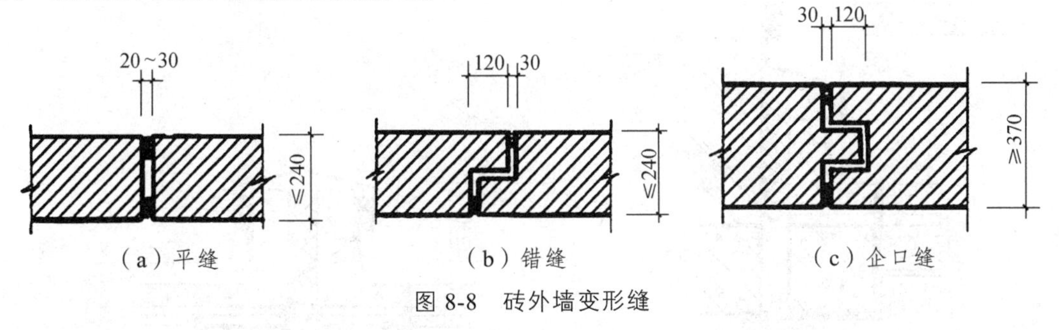

（a）平缝　　（b）错缝　　（c）企口缝

图 8-8　砖外墙变形缝

2. 楼地层变形缝

楼地层变形缝的位置和宽度应与墙体变形缝一致。其构造特点为方便行走、防火和防止灰尘下落，卫生间等有水环境的还应考虑防水处理[图 8-9（a）]。

楼地层的变形缝内常填塞具有弹性的油膏、沥青麻丝、金属或橡胶塑料类调节片，上铺与地面材料相同的活动盖板、金属板或橡胶片等。

顶棚变形缝可用木板、金属板或其他吊顶材料覆盖，但构造上应注意不能影响结构的变形；若是沉降缝，则应将盖板固定于沉降较大的一侧。

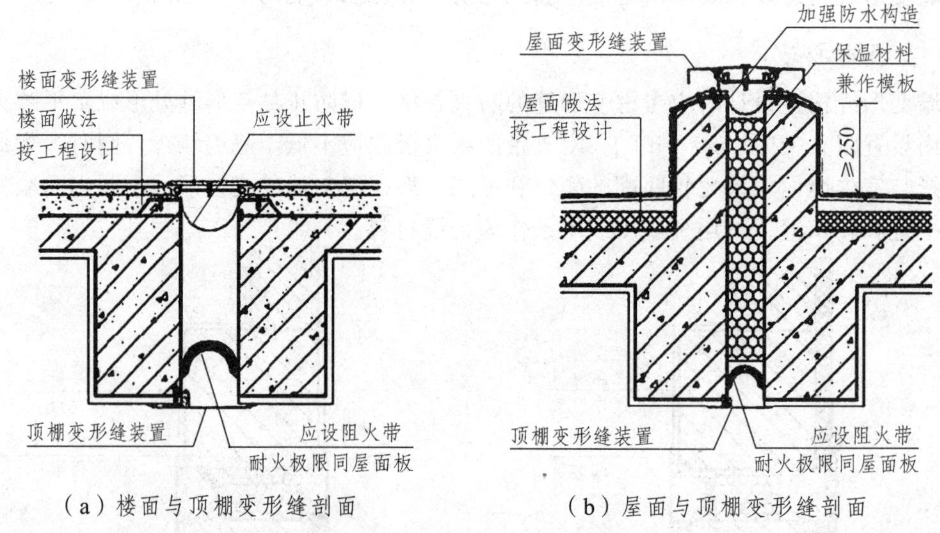

（a）楼面与顶棚变形缝剖面　　（b）屋面与顶棚变形缝剖面

图 8-9　建筑变形缝装置不同部位的阻火带、止水带、保温构造示意图

3. 屋顶变形缝

屋顶变形缝在构造上主要应解决好防水、保温等问题[图 8-9（b）]。屋顶变形缝一般设于建筑物的高低错落处[图 8-10（a）]。

缝口用镀锌铁皮、铝板或混凝土板覆盖。盖板的形式和构造应满足两侧结构自由变形的要求。寒冷地区为了加强变形缝处的保温，缝中填沥青麻丝、岩棉、泡沫塑料等保温材料，如图 8-10 所示。

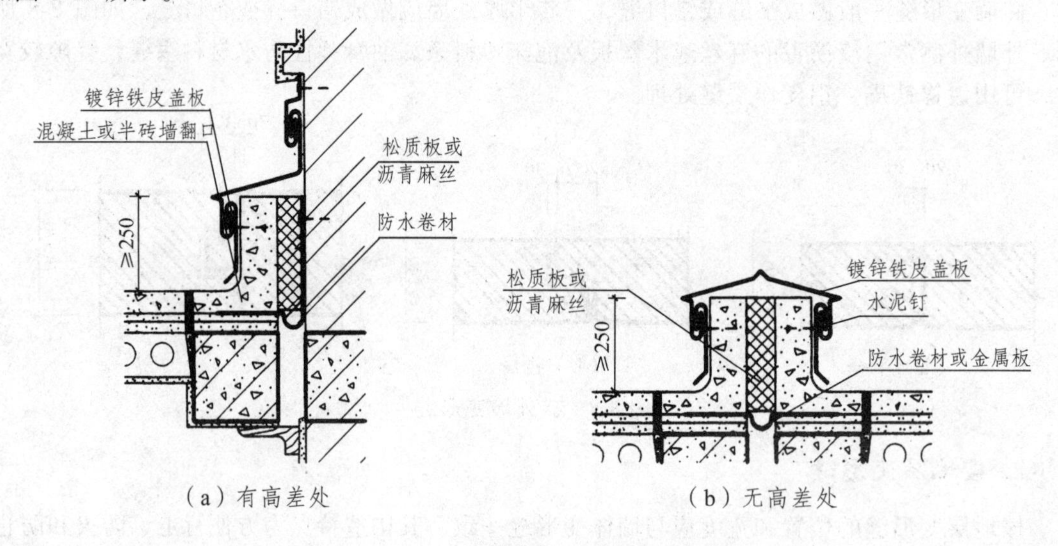

（a）有高差处　　（b）无高差处

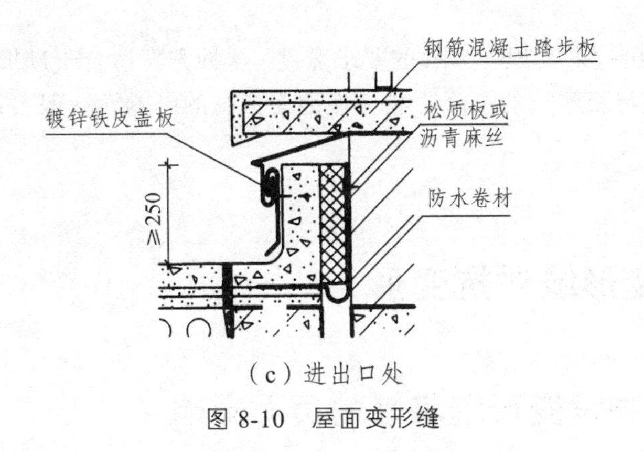

（c）进出口处

图 8-10　屋面变形缝

4. **基础变形缝**

常见的沉降缝处基础的处理方案有双墙基础方案、单墙基础方案、交叉式和悬挑式几种（图 8-11）。

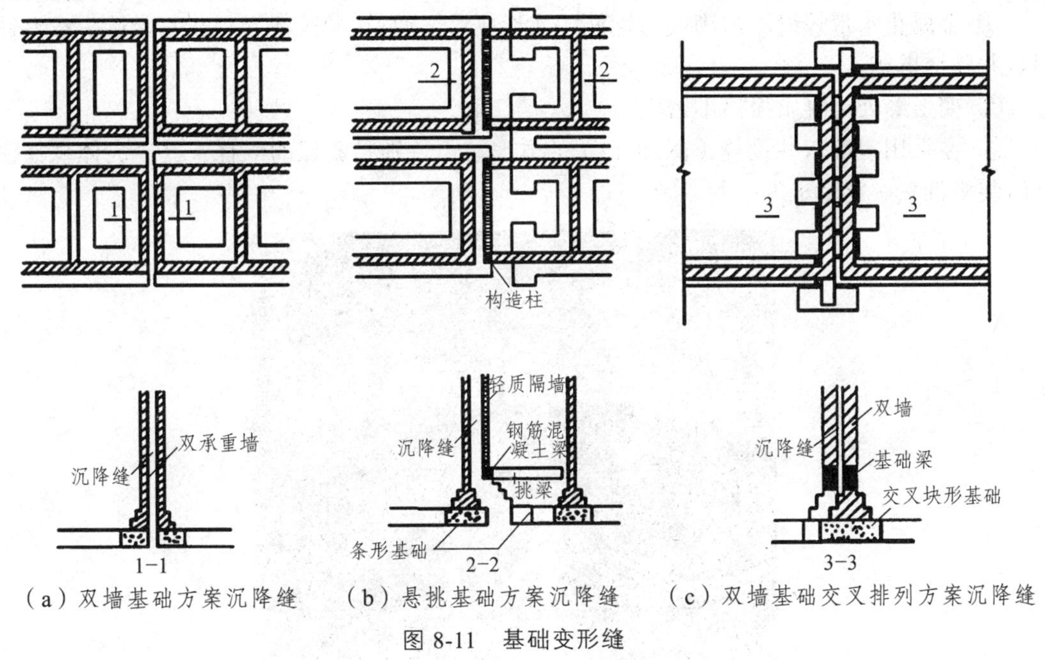

（a）双墙基础方案沉降缝　（b）悬挑基础方案沉降缝　（c）双墙基础交叉排列方案沉降缝

图 8-11　基础变形缝

1）双墙基础方案

双墙双条形基础方案地面以上独立的结构单元都有封闭连续的纵横墙，结构空间刚度大，但基础偏心受力，并在沉降时相互影响。

2）双墙挑梁基础方案

双墙挑梁基础方案的特点是保证一侧墙下条形基础正常受压，另一侧采用纵向墙悬挑梁，梁上架设横向托墙梁，再做横墙。

这种方案适合于基础埋深相差较大或新旧建筑相毗邻的情况。

3）单墙基础方案

单墙基础方案也叫挑梁式方案，即两侧墙体均为正常均匀受压条形基础。两基础之间互不影响，用上部结构出挑来实现变形缝的要求宽度。这种方案适合于新旧建筑相毗连的情况。处理时应注意旧建筑与新建筑的沉降不同对楼地面标高的影响，一般要计算新建筑的预计沉降量。

8.3 不设变形缝对抗变形

8.3.1 建筑物设变形缝带来的负面影响

（1）设变形缝必须做盖缝处理，盖缝板的材料及构造方式必须能够符合变形缝所在部位的其他功能需要，如防水、防火、美观。

（2）易发生渗漏。原因分析：

① 金属止水带焊缝不饱满或与钢筋相连形成渗漏通道，橡胶或塑料止水带接头没有锉成斜坡并黏结搭接。

② 变形缝处混凝土振捣不密实。

③ 在采用双墙双柱设缝（图 8-12）的方案时，特别是紧邻的双柱，其庞大体积往往还会给装修带来一定困难等。

图 8-12 双柱设缝

8.3.2 不设变形缝对抗变形的实例讨论

1. 整浇厚板基础

整浇厚板基础可加强基础部分，使得高层和其裙房能赖以均匀沉降（图 8-13）。

2. 悬挑基础梁

悬挑基础梁裙房部分不设基础，由高层部分基础上出悬臂梁来支承，以求得同步沉降（图 8-14）。

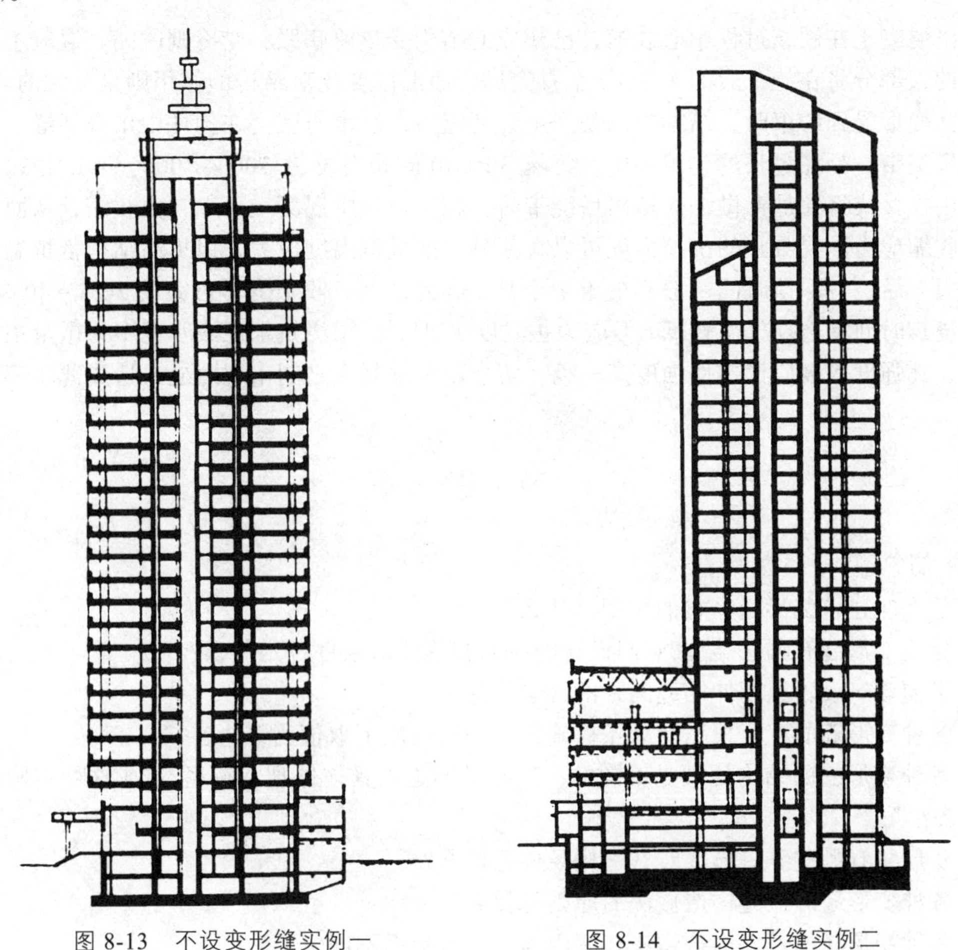

图 8-13　不设变形缝实例一　　　　图 8-14　不设变形缝实例二

3. 后浇板带法

施工后浇带分为后浇沉降带、后浇收缩带和后浇温度带，分别用于解决高层主楼与低层裙房间差异沉降、钢筋混凝土收缩变形和减小温度应力等问题。这种后浇带一般具有多种变形缝的功能，设计时应考虑以一种功能为主，其他功能为辅。施工后浇带是整个建筑物结构施工中的预留缝，“缝”很宽，故称为“带”，待主体结构完成，将后浇带混凝土补齐后，这种“缝”即不存在了。后浇带既在整个结构施工中解决了高层主楼与低居裙房的差异沉降，又达到了不设永久变形缝的目的。

1）解决沉降差

高层建筑和裙房的结构及基础设计成整体，但在施工时用后浇带把两部分暂时断开，待主体结构施工完毕，已完成大部分沉降量（50%以上）以后再浇灌连接部分的混凝土，将高低层连成整体。设计时基础应考虑两个阶段不同的受力状态，分别进行强度校核。连成整体后的计算应当考虑后期沉降差引起的附加内力。这种做法要求地基土较好，房屋的沉降能在施工期间内基本完成。

2）减小温度收缩影响

新浇混凝土在硬结过程中会收缩，已建成的结构受热要膨胀，受冷则收缩。混凝土硬结收缩量的大部分将在施工后的头 1 ~ 2 个月完成，而温度变化对结构的作用则是经常的。

当其变形受到约束时，结构内部就产生温度应力，严重时就会在构件中出现裂缝。在施工中设后浇带，是在过长的建筑物中，每隔 30 ~ 40 m 设宽度为 700 ~ 1 000 mm 的缝，缝内钢筋采用搭接或直通加弯做法。留出后浇带后，施工过程中混凝土可以自由收缩，从而大大减少了收缩应力。混凝土的抗拉强度可以大部分用来抵抗温度应力，以提高结构抵抗温度变化的能力。后浇带保留时间一般不少于 1 个月，在此期间，收缩变形可完成 30% ~ 40%。后浇带的浇筑时间宜选择气温较低（但应为正温度）时，可用浇筑水泥或水泥中掺微量铝粉的混凝土，其强度等级应比构件强度高一级，防止新老混凝土之间出现裂缝，造成薄弱部位。

习　题

一、简答题

1. 什么叫建筑变形缝？它的作用是什么？

2. 建筑变形缝有哪些类型?它们设置的原因和具体的条件各是什么？

3. 影响建筑设置温度伸缩缝间距的因素是什么？

4. 各种变形缝的宽度根据什么条件确定？一般情况下取值为多少？

5. 各种变形缝的结构处理是不同的，这些不同之处具体体现在哪里?造成这种不同的原因是什么？

6. 变形缝有哪些缝口形式？其适用条件是什么？

7. 各种变形缝的盖缝构造做法的原则是什么？

8. 各种变形缝的盖缝构造做法在室内和室外有什么不同？

9. 相同部位不同类型的变形缝有哪些构造做法上的差别？

10. 各种变形缝在屋顶、外墙、内墙、楼地面、顶棚等部位盖缝做法的构造原理、基本构造要求和具体构造做法是什么？

第9章　建筑节能

9.1　建筑节能概述

9.1.1　建筑节能的含义及其重要地位

建筑节能，是指在建筑物的规划、设计、新建（改建、扩建）、改造和使用过程中，执行建筑节能标准，采用节能型的建筑技术、工艺、设备、材料和产品，提高保温隔热性能和采暖供热、空调制冷制热系统效率，加强建筑物用能系统的运行管理，利用可再生能源的活动。建筑节能可保证绿色建筑的需要，在空调和照明的节能方面有实际意义。

我国的建筑能耗约占全国总用能量的1/4，高居能耗首位。近年来，建筑业的不断发展，使建造和运行使用的能源数量越来越大，尤其是建筑的采暖和空调耗能方面，因此必须大力推进建筑节能。发达国家从20世纪70年代的能源危机起就开始关注建筑节能。我国建筑节能的研究和实施起步较晚，开始于20世纪80年代后期。如今，面临全球性的能源短缺问题，建筑节能十分重要。作为全国节能工作的重要组成部分，建筑节能是改善和提高建筑节约能源、促进环境保护、减少温室气体排放量的重要措施之一，有很重要的意义。

建筑节能的重要作用：可以缓解能源的紧张局面，是社会经济发展的需要，是减轻大气污染的需要，可保护生态环境和提高建筑热环境的质量。

9.1.2　我国建筑节能中存在的问题分析

1. 法规政策、标准体系不完善

我国的建筑节能工作相对发达国家起步较晚，直到20世纪80年代初，才有一些建筑节能有关法律法规和节能标准陆续出台，而这些法律、法规、标准只有总的要求和使用的局限范围，缺少技术细节和可操作的标准，从而使各地执行不力，建筑节能仍然进展缓慢。

一方面，我国建筑节能标准与发达国家之间存在差距。发达国家每隔几年就修订一次标准，比如：法国曾在1974年、1982年、1989年、2001年4次修订建筑标准；德国从1977年第一部建筑节能法规“WSVO”开始实施起，至今也进行了4次修订，而且每次修订后的标准均比上次的标准节能25%以上。而从我国的围护结构传热系数与国外标准中围护结构传热系数限值进行对比可以看出，我国即使全面执行现行的建筑节能标准，与发达国家相比仍存在相当大的差距。

另一方面，节能标准不完善，实施不力。《中华人民共和国节约能源法》仅仅侧重于工业节能，建筑节能内容相对薄弱；《中华人民共和国建筑法》中对于节能仅仅为“支持、鼓励、提倡”，缺少强制性，且没有具体的有关建筑节能的法律条款约束。因此导致相当一部分地区对建筑节能标准无动于衷，有的工程甚至出现按节能标准设计和报批，却不按图施工，出现“阴阳图纸”的现象。

2. 缺乏有效的节能激励政策

据有关资料测算，当住宅建筑节能30%以上时，要增加造价3%～6%，当建筑节能50%时，造价增加为6%～11%。节能建筑造价增加了，却缺乏经济调控的激励措施，这就使得建设单位缺少了实施建筑节能的主动性和能动性。

3. 节能技术、节能服务体系不完善

我国的建筑节能市场，缺乏成熟、完善、经济、适用的节能技术以及质量合格、数量充足的节能产品，节能检测及评估的市场还不够完善。

4. 节能意识有待提高

在我国，目前大多数人对建筑节能事业比较陌生，这是因为政府对建筑节能工作的宣传不到位，大部分人对我国的能源供求现状不了解，缺乏节能方面的知识，不清楚节能是每个公民应尽的义务。开发商最关心的是怎样用最少的钱盖最多的房子，不会去考虑节能问题；而大多数消费者购房时也不会注意所购房子是否节能。社会各方面节能意识的淡薄削弱了公众对于建筑节能的积极性和自觉性。

5. 建筑节能缺乏全过程的监管

节能在宏观层面上涉及规划、设计、施工、监理、竣工验收、调试、运行管理等多个环节，而政府部门对于设计环节的监管较为重视，对于其他环节的监管却未引起足够的重视，而且在管理体制上，各级主管部门存在职责不清、沟通不畅的情况，最终导致节能流于形式。

9.1.3 当前我国发展建筑节能的主要途径分析

1. 健全法规和行业规范

虽然国家出台了很多的鼓励建筑节能的文件，但多为指导性文件，没有针对性很强的行业规范，当然这也和目前的建筑节能技术不够成熟有关。很多节能标准仅仅以部门的条例出现，如《民用建筑节能管理规定》，由于缺少法律约束和强有力的执行机制，从可行性上看比较弱，远远不能满足建筑节能工作开展的需要。

2. 发展新的高效节能材料

开发由新的节能材料做成的结构部件，以更好地满足保温、隔热、透光、通风等各种需求，甚至可根据变化了的外界条件随时改变其物理性能，在维护室内良好物理环境的同时降低能源消耗，这是实现建筑节能的基础技术和必需产品，比如基于相变材料的蓄热型围护结构、基于高分子吸湿材料的调湿型内饰面材料、电致变色玻璃窗等。

3. 优化节能建筑政策环境、经济环境和市场环境

我国现在要做的重要工作是：加快建筑节能政策法规体系建设，充实和完善建筑节能工作机制和建筑节能监管体系，强化以贯彻执行以建筑节能强制性标准为主要内容的工程全过程监管；加强监管力度，对建筑所使用的材料和设备均标明节能标准要求，使建筑节能专项检查制度化；把建筑节能情况作为工程评优的重要内容，并出台建筑节能经济激励政策和奖惩措施。

当然，把能耗降下来，除了政府引导，还应该遵循市场原则，依靠经济杠杆撬动。优化节能建筑经济环境的措施有：对新建建筑推广节能、节地、节水、节材和对既有建筑进行节能改造给予适当的税收优惠政策，对节能项目给予贴息优惠政策；鼓励社会资金和外资投资参与既有建筑改造等；充分发挥市场机制和经济杠杆的作用，注重运用价格、财税、金融手段和产业政策、消费政策、外贸政策，促进资源的节约和有效利用。

4. 进一步完善建筑节能技术体系

完善建筑节能技术体系的任务有：积极开展建筑节能技术和节能管理技术的研究、推广和应用；推广应用节约资源的新技术、新工艺、新设备和新材料；共享优势资源，对成熟的节能技术进行系统的整理，推广可循环利用的新型建筑材料，限制和淘汰耗能高的建筑产品和技术；重视新能源和可再生能源的利用，提高建筑品质，延长建筑物使用寿命。

完善建筑节能技术体系的措施有：在建筑物设计上，变革传统的设计模式；超前设计，使建筑物除满足基本使用需求外，预留一定的功能拓展空间，在使用一定年限后，经过小范围、局部的维修、改建、扩建和配件更换，不落后于时代发展要求；把绿色建筑、智能建筑的思想贯穿于建筑设计、施工、管理全过程；尽量采用新型节能墙体和屋面保温、隔热的技术与材料，使用高效的保暖层及双层、三层玻璃或低辐射玻璃；设置绿屋顶或者高反射率屋顶，降低保暖及空调设备的能源用量。利用自然能源来提供建筑物部分的供暖机制：合理利用太阳能，尽量采用自然光照明、利用太阳能加热水；在高层建筑上，可安装风力发电机。

9.2　墙体节能构造

我国政府近几年陆续出台了民用建筑节能设计标准和管理规定，各省、自治区和直辖市等也大力发展适应当地条件的节能住宅和墙体材料。由于外墙墙体面积约占总建筑面积的45%，因此，外墙保温材料的选用对节能降耗起着至关重要的作用。传统的用重质单一材料增加墙体厚度来达到保温的做法已不能适应节能和环保的要求，而复合墙体越来越成为墙体的主流。复合墙体一般用块体材料或钢筋混凝土作为承重结构，与保温隔热材料复合，或在框架结构中用薄壁材料加以保温隔热材料作为墙体。目前常用的保温隔热材料主要有岩棉、矿渣棉、玻璃棉、聚苯乙烯泡沫、膨胀珍珠岩、膨胀蛭石、加气混凝土及胶粉聚苯颗粒浆料等。

复合墙的做法多种多样，根据外墙保温材料与主体结构的关系，可分为内保温复合、外保温复合墙和夹芯复合墙三类。

9.2.1 内保温复合墙

内保温复合墙是指承重材料与高效保温材料进行复合使用的墙体,主要由以下层次组成。

（1）主体结构层：外围护结构的承重受力部分，可采用现浇或预制混凝土外墙、砖墙或砌块墙体。

（2）空气层：用胶结剂将保温板粘贴在基层墙体上时，形成空气层。其作用是切断水分的毛细渗透，防止保温材料受潮；同时，外墙结构层内表面由于温度低出现冷凝水，通过结构层的吸入而不断向室外转移、散发。另外，空气间层增加了一定的热阻，有利于保温。空气层厚度一般为 8 ~ 10 mm。

（3）保温层：可采用高效绝热材料，如岩棉、各种泡沫塑料板，也可采用加气混凝土块、膨胀珍珠岩制品等材料。

（4）覆面保护层：其作用是防止保温层受到破坏，阻止室内水蒸气渗入保温层，可选用纸面石膏板。

内保温复合墙构造示意见图 9-1。

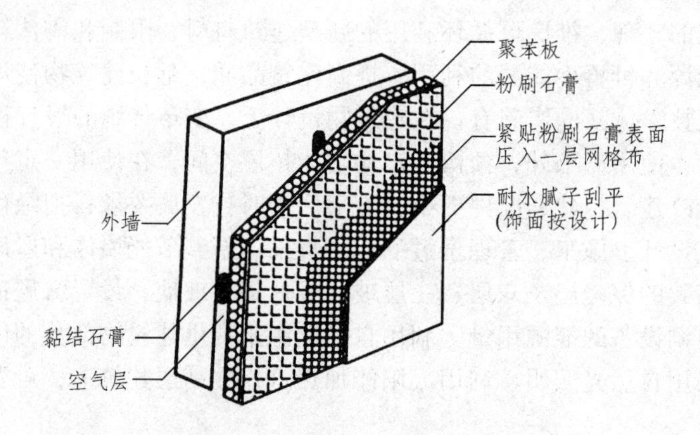

图 9-1 增强粉刷石膏聚苯板内保温复合墙构造示意

内保温复合墙在构造上不可避免地形成热工薄弱节点，如混凝土过梁、各层楼板与外墙交接处、内外墙相交处、窗台板、雨篷等一些保温层覆盖不到的部位，会产生冷桥，需采取必要的加强措施。

内保温复合墙施工方便，多为干作用施工，较为安全，施工效率高，而且不受室外气候的影响。但内墙保温由于保温层设在内侧，占据一定的使用面积，若用于旧房节能改造，施工时会影响住户的正常生活；即使是新房，装修时往往也会破坏内保温层，且内保温的墙面难以吊挂物件或安装窗帘盒、散热器等。另外，由于内侧的保温层密度小，蓄热能力小，因此会导致室内室温波动大，供暖时升温快，不供暖时降温也快。这种墙体适合于礼堂、俱乐部、会场等公共建筑，供暖时室温可以较快上升。

9.2.2　外保温复合墙

外保温复合墙是指在墙体基层的外侧粘贴或吊挂保温层，并覆以保护层的复合墙。这种保温做法，既可用于新建墙体，也可用于既有建筑外墙的改造。

1. 外保温复合墙的优点

与内保温复合墙相比，外保温复合墙具有以下七大优势：

（1）保护主体结构，延长建筑物使用寿命。保温层置于主体结构外侧，缓冲了因温度变化导致结构变形产生的应力，避免了雨雪冻融干湿循环造成的结构破坏，减少了空气中有害气体和紫外线对围护结构的侵蚀。保温层有效地提高了主体结构的使用寿命。

（2）基本消除热桥影响。外保温防止热桥部位产生结露，切断了热损失的渠道；而对于内保温和夹芯保温而言，热桥几乎难以避免。

（3）墙体潮湿情况得到改善。一般内保温需设置隔汽层，而采用外保温时，蒸汽透性高的主体处于保温层内侧，温度较高，在墙体内侧一般不会发生冷凝现象，故无须设置隔汽层。

（4）有利于保持室温稳定。由于将热容量大、蓄热能力好的结构层设置在保温层内侧，冬季，当室内受到不稳定热作用时，室内空气温度上升或下降，墙体结构层能够吸收和释放能量，有利于室温保持稳定；夏季，外保温能减少太阳辐射的进入和室外高气温的综合影响，使外墙内表面温度和室内空气温度得以降低。可见，外保温复合墙会使建筑物冬暖夏凉，居住舒适。

（5）便于旧建筑进行节能改造。对旧房进行节能改造时，采用外保温方式无须住户临时搬迁，基本不会影响用户的正常生活。

（6）可以避免装修对保温层的破坏。

（7）增加房屋的使用面积。因保温材料贴在墙体外侧，其保温、隔热效果优于内保温复合墙，主体结构墙体减薄，从而增加了使用面积。

2. 外保温复合墙的构造层次及做法

外墙外保温系统根据保温层所用材料的状态及施工方式的不同，有多种类型，如聚苯板薄抹灰外墙外保温系统、胶粉聚苯颗粒保温浆料外保温系统、模板内置聚苯板现浇混凝土外保温系统、喷涂硬质聚氨酯泡沫塑料外保温系统及复合装饰板外保温系统等。下面主要介绍聚苯板薄抹灰外保温复合墙的构造层次及其做法，如图 9-2 所示。

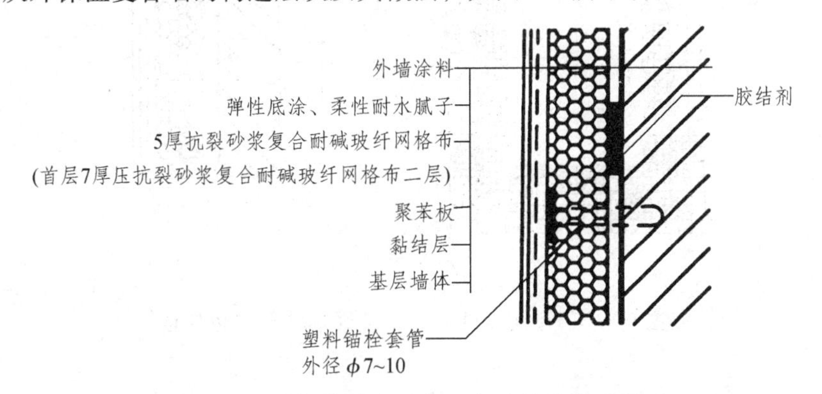

图 9-2　聚苯板薄抹灰外保温复合墙的构造层次

1）基层墙体

基层墙体可以是混凝土外墙，或是各种砌体墙。

2）黏结层

黏结层的作用是保证保温层与墙体基层黏结牢固。不同的外保温体系，黏结材料的状态也不同，保温板的固定方法各不相同，有的将保温板黏结或钉固在基层上，有的将二者结合。对于聚苯板或挤塑聚苯板，以粘贴为主，辅以锚栓固定，即粘贴聚苯板时，胶结剂应涂在聚苯板背面，布点要均匀，一般采用点框法粘贴；同时，为保证保温板在黏结剂固化期间的稳定性，一般用塑料钉钉牢。

3）保温层

外保温复合墙的保温材料可用膨胀型聚苯乙烯（EPS）板、挤塑型聚苯乙烯（XPS）板、岩棉板、玻璃棉毡及超轻保温浆料等。其中，阻燃膨胀型聚苯乙烯（EPS）板应用普遍。保温层的厚度应经过热工计算确定，以满足节能标准对该地区墙体的保温要求。聚苯板应按顺砌方式粘贴，竖缝应逐行错缝，墙角部位聚苯板应交错互锁，门窗洞口四角的聚苯板应用整块板切割成形，不得拼接。

4）防护层

防护层即在保温层的外表面涂抹聚合物抗裂砂浆，内部铺设一层耐碱玻纤维网格布增强，建筑物的首层应铺设双层网格布加强，作用是改善抹灰层的机械强度，保证其连续性，分散面层的收缩应力和温度应力，防止面层出现裂纹。网格布必须完全埋入底涂层内，既不应紧贴保温层，影响抗裂效果，也不应裸露于面层，避免受潮导致其极限强度下降。薄型抗裂砂浆的厚度一般为 5 ~ 7 mm。

在勒脚、变形缝、门窗洞口、阴阳角等部位应加设一层网格布，并在聚苯板的终端部位进行包边处理，如图 9-3 所示。

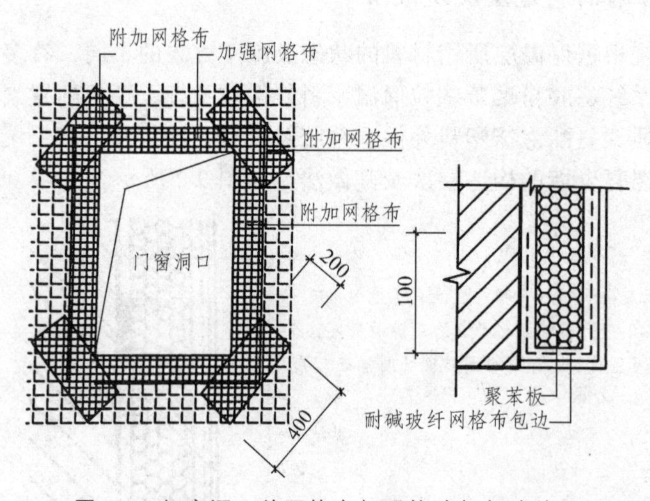

图 9-3　门窗洞口处网格布加强构造与包边处理

5）饰面层

不同的保温体系，面层厚度有所差别，但厚度要适当。过薄，结实程度不够，难以抗外力的撞击；太厚，增强网格布离外表面较远，难以起到抗裂的作用。一般薄型面层以在 10 mm 以内为宜。外保温系统优先选用涂料饰面。高层建筑和地震区、沿海台风区、严寒地区等应慎用面砖饰面。

采用涂料饰面时，应先压入网格布，再用抗裂砂浆找平，然后用刮柔性腻子，刷弹性涂料；如采用饰面砖，应先用抗裂砂浆压入金属热镀锌电焊网，再用抗裂砂浆找平，然后用胶结剂粘贴面砖，再用面砖勾缝胶浆勾缝。

3. 外保温复合墙细部构造

外墙在勒脚、底层地面、窗台、过梁、雨篷、阳台等处是传热敏感部位，应用保温材料加强处理，阻断热桥路径，具体细部构造如图 9-4 所示。

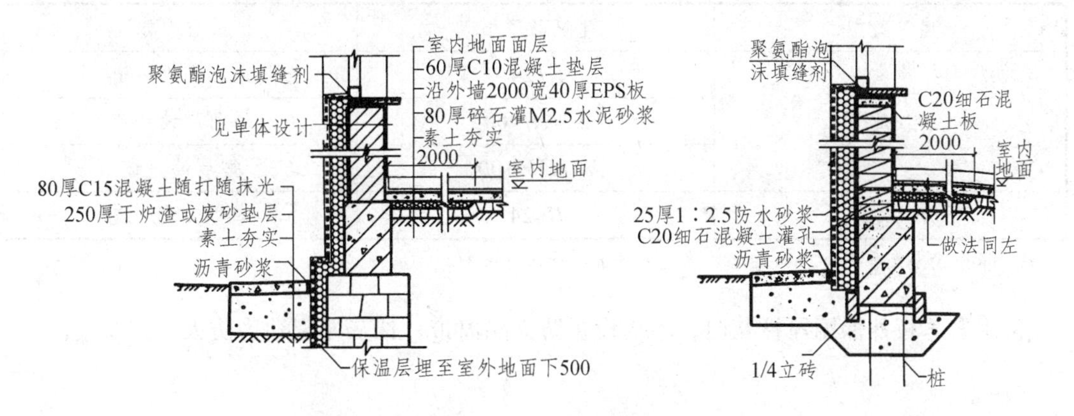

图 9-4 外保温复合墙根部至窗台保温构造

4. 外保温复合墙的防火要求

随着建筑节能工作的不断推进、外墙保温材料的广泛应用，保温材料的防火性能不达标或存在施工质量问题，都给建筑防火留下了极大的安全隐患。近年来，采用外保温系统的建筑物，尤其是高层建筑的火灾事例造成了极大的人员伤亡和财产损失。例如，2010 年 11 月 15 日，上海静安区高层住宅区发生大火，电焊工违章操作引起易燃物起火，外墙苯板着火造成火势迅速蔓延，导致 58 人死亡，教训非常惨痛。

国家要求保温材料的耐火性能达到 A 级。一般无机保温材料如岩棉、泡沫玻璃、珍珠岩等防火性能好，但保温性能稍差；有机保温材料如 EPS 板、XPS 板及 PP 板等虽保温性能好，但防火性能差，应采取一定措施。

采用聚苯板外保温薄抹灰时，应沿楼板位置设置宽度不小于 300 mm 的水平防火隔离带，避免火灾时火势蔓延，如图 9-5 所示。防火隔离带应采用耐火性能为 A 级的保温材料或与 A 级耐火性能等效的复合保温材料，如无空腔黏结的酚醛保温板复合无机保温浆料等，其设置要求以吉林省工程建设标准设计（吉 J2010-143）为例，如表 9-1 所示，设计中可参考使用。

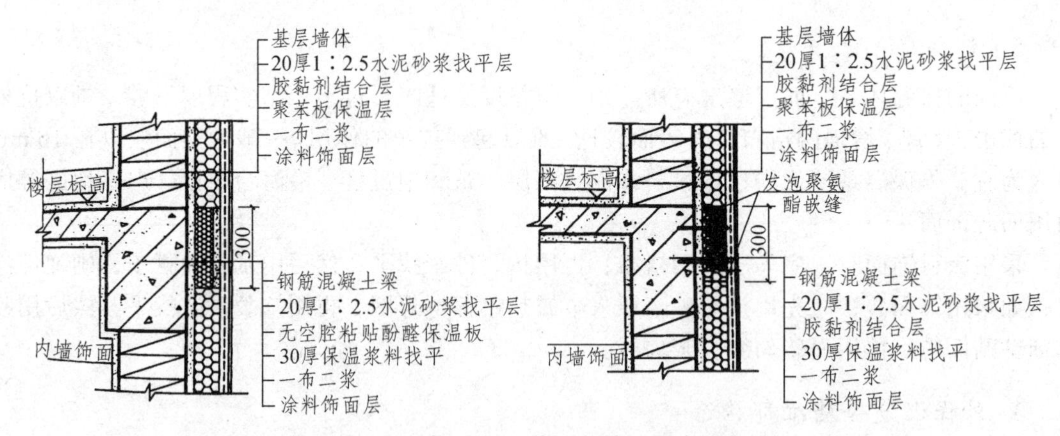

图 9-5　聚苯板外保温薄抹灰防火隔离带构造

表 9-1　聚苯板外保温薄抹灰构造水平防火隔离带设置要求

建筑类型	建筑高度/m	设置要求
居住建筑	H<24	每三层设一道
	24≤H<60	每两层设一道
	60≤H<100	每层设一道
公共建筑	H<24	每两层设一道

注：幕墙式建筑和 H≥24 m 的公共建筑不得采用薄抹灰系统。

采用聚苯板外保温厚抹灰时，不需设置防火隔离带，抹灰厚度即为防火保护厚度。

9.2.3　夹芯复合墙

夹芯复合墙是将保温层夹在墙体中间的复合墙，有两种做法：一种是双层砌块墙中间夹保温层；另一种是采用集承重、保温、装饰为一体的复合砌块直接砌筑。

双层砌块夹芯复合墙由结构层、保温层、保护层三层组成。结构层一般采用 190 mm 厚的主砌块；保温层一般采用聚苯板、岩棉板或聚氨酯现场分段发泡，其厚度应根据各地区的建筑节能标准确定；保护层一般采用 90 mm 厚劈裂装饰砌块。结构层与保护层砌体间采用镀锌钢丝网片或拉结钢筋连接，如图 9-6 所示。但是穿过保温层的拉结钢筋，会造成热桥而降低保温效果。

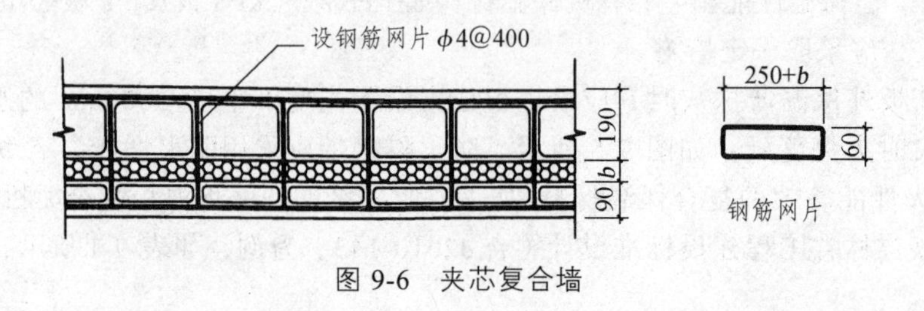

图 9-6　夹芯复合墙

9.3　屋面节能构造

中国建筑节能技术正处在发展的初期，建筑能耗很高，能源利用率还很低。我国南方地区在夏季太阳辐射和室外气温的综合作用下，从屋顶传入室内的热量要比从墙体传入室内的热量多得多，大于任何一面外墙或地面的耗热量，因此，建筑屋面的隔热节能尤为重要。

华中大部分地区属湿热性气候，全年气温变化幅度大，干湿交变频繁。如武汉市区年绝对最高与最低温差近 50 °C，有时日温差接近 20 °C，夏季日照时间长，而且太阳辐射强度大，通常水平屋面外表面的空气综合温度为 60 ~ 80 °C，顶层室内温度比其下层室内温度要高出 2 ~ 4 °C。因此，提高屋面的保温隔热性能，对提高抵抗夏季室外热作用的能力尤其重要，这也是减少空调耗能，改善室内热环境的一个重要措施。在多层建筑围护结构中，屋顶所占面积较小，能耗约占总能耗的 8% ~ 10%。室内气温每降低 1 °C，空调减少能耗 10%，而人体的舒适性会大大提高。因此，加强屋顶保温节能对建筑造价影响不大，节能效益却很明显。本节就屋面节能方面的技术进行了初步的理论探讨，期望能对工程设计起到某种参考作用。

9.3.1　倒置式屋面

倒置式屋面是与传统屋面相对而言的。所谓倒置式屋面，就是将传统屋面构造中的保温层与防水层颠倒，把保温层放在防水层的上面。首先，倒置式屋面的定义中，特别强调了“憎水性”保温材料，工程中常用的保温材料如水泥膨胀珍珠岩、水泥蛭石、矿棉、岩棉等都是非憎水性的，这类保温材料如果吸湿后，其导热系数将陡增，所以普通保温屋面中需在保温层上做防水层，在保温层下做隔汽层，从而增加了造价，使构造复杂化。其次，防水材料暴露于最上层，其老化加速，缩短了防水层的使用寿命，故应在防水层上加做保护层，这又将增加额外的投资。最后，对于封闭式保温层而言，施工中因受天气、工期等影响，很难做到其含水率相当于自然风干状态下的含水率：如因保温层和找平层干燥困难而采用排汽屋面的话，则由于屋面上伸出大量排汽孔，不仅影响屋面使用和观瞻，而且人为地破坏了防水层的整体性，排汽孔上的防雨盖又常常容易被碰踢脱落，反而使雨水灌入孔内。倒置式屋面与普通保温屋面的比较如表 9-2，由表 9-2 可知，倒置式屋面的优越性显而易见。

表 9-2　节能屋面优劣比较表

性能工法	USD 屋面（XPS）	BUR 屋面	水泥珍珠岩屋面
保温隔热性	极佳	视选用材料	高厚度才能达到 XPS 的标准
施工方便性	施工简易、质轻好搬易切割、施工期短、成本无形中降低	需考虑防水层的施工与防水材料的选用，要配合绝热材增加施工麻烦	施工困难、搬运慢且需要做隔汽层与排气孔，施工期长，成本无形中增加
屋顶结构负荷	极小（40 kg/m^3）	视选用材料	极大（400 kg/m^3）
老化性	几乎不老化，可以说与建筑物同寿，无翻修问题	防水层一旦破裂，绝热材可能也会老化分解	一旦受潮就开始有老化分解现象，时候一到就要翻修

续表

性能工法	USD 屋面（XPS）	BUR 屋面	水泥珍珠岩屋面
排气孔隔汽层	不需要	某些情况需要，如室内是潮湿环境	一旦受潮就开始有老化分解现象，时候一到就要翻修
屋顶使用性	屋顶可再利用，如花园	高	因有隔汽层，再利用性低与不便
施工气候性	无特别要求甚至雨天也可施工	需晴天	需好天气
施工队专业性	不需专业训练施工极为简易，人人都会	因在防水层下方，所以需先选用材料决定施工难易	施工人员需训练过
防水层日后维修性	方便只要移开 XPS 即可	一旦修补可能连绝热层都一起伤损	不易

注：USD 工法 ——将绝热层放在防水层上方的工法（UP—SIDEDOWN）。
BUR 工法 ——将绝热层放在防水层下方的传统工法。
XPS ——挤塑式聚苯乙烯保温板。

9.3.2 屋面绿化

随着我国城市化进程的高速发展和建筑面积的急剧增加，建筑能耗将更加巨大，“城市热岛”现象将更为严重。城市建筑实行屋面绿化，可以大幅度降低建筑能耗、减少温室气体的排放，同时可增加城市绿地面积、美化城市、改善城市气候环境。

1. 屋面绿化的保温隔热性能

若平屋面上的找坡层平均厚 100 mm，再加上覆土厚度为 80 mm 的屋面，则其传热系数 K<1.5 W/ (m^2 · K)；若覆土厚度大于 200 mm，则其传热系数 K<1.0 W/ (m^2 · K)。夏季绿化屋面与普通隔热屋面比较，表面温度平均要低 6.3 °C，屋面下的室内温度相比要低 2.6 °C。因此，屋顶绿化作为夏季隔热有着显著效果，可以节省大量空调用电量。例如，上海夏季空调的负荷最高值 1 048 万千瓦时（最高气温时），一般负荷 600 万千瓦时（11 月份），而上海的发电能力约为 800 万千瓦时，电力谷峰差的缺口要靠外地输入。

提高建筑物的隔热功能，可以节省电能耗 20%。对于屋面冬季保温，采用轻质种植土，如 80%的珍珠岩与 20%的原土，再掺入营养剂等，其密度小于 650 kg/m^3，导热系数取值为 0.24 W/ (m^2 ·K)，基本覆土厚度为 220 mm，可计算出 K<1.0 W/ (m^2 ·K)。由于我国地域广阔，冬季温度的差别很大，因此可结合各地的实际情况作不同的工艺处理。

2. 屋面绿化对周围环境的影响

建筑屋顶绿化可明显降低建筑物周围环境温度（0.5 ~ 4.0 °C），而建筑物周围环境的温度每降低 1 °C，建筑物内部空调的容量可降低 6%，对低层大面积的建筑物，由于屋面面积比墙面面积大，夏季从屋面进入室内的热量占总围护结构得热量的 70%以上，绿化的屋面外表面最高温度比不绿化的屋面外表面最高温度（可达 60 °C）可低 20 °C 以上。而且城市中心地区热气流上升时，能得到绿化地带比较凉爽空气流的自然补充，以调节城市气候。种植屋面保温效果很明显，不论北方或南方都有保温作用，特别干旱地区，入冬后草木枯死，土壤干燥，保温性能更佳。保温效果随土层厚增加而增加。

种植屋顶有很好的热惰性，不随大气气温骤然升高或骤然下降而大幅波动。冰岛和斯堪的纳维亚半岛的种植屋面，已有百年历史，证实了上述情况。绿色植物可吸收周围的热量，其中大部分用于蒸发作用和光合作用，所以绿地温度增加并不强烈，一般绿地中的地温要比空旷广场低 10 ~ 17.8 °C。另外，屋面绿化可使城市中的灰尘降低 40%左右；可吸收诸如 SO_2、HF、Cl_2、NH_3 等有害气体；对噪声有吸附作用，最大减噪量可达 10 dB；绿色植物可杀灭空气中散布着的各种细菌，使空气新鲜清洁，增进人体健康。

3. 绿化屋面的防水

不少人认为屋顶绿化对抗渗防漏不利，这是一种比较片面的看法。实际上，土壤在吸水饱和后会自然形成一层憎水膜，可起到滞阻水的作用，从这个角度看屋顶绿化对防水有利。并且覆土种植后，可以起到保护作用：使屋面免受夏季阳光的曝晒、烘烤而显著降低温度。这对刚性防水层避免干缩开裂、缓解屋面震动影响，柔性防水层和涂膜防水层减缓老化、延长寿命十分有利。

当然也有不利影响：当浇灌植物用的水肥呈一定的酸碱性时，会对屋面防水层产生腐蚀作用，从而降低屋面防水性能。克服的办法是：在原防水层上加抹一层厚 1.5 ~ 2.0 cm 的火山灰硅酸盐水泥砂浆后再覆土种植。同普通硅酸盐水泥砂浆相比，火山灰硅酸盐水泥砂浆具有耐水性、耐腐蚀性、抗渗性好及喜湿润等显著优点，平常多用于液体池壁的防水。将它用于屋顶覆土层下的防水处理，正好物尽其用，恰到好处。在它与覆土层的共同作用下，屋顶的防水效果将更加显著。

4. 绿化屋面的荷重及植被

屋顶绿化与地面绿化的一个重要区别就是种植层荷重限制。应根据屋顶的不同荷重以及植物配置要求，制定出种植层高度。种植土宜采用轻质材料（如珍珠岩、蛭石、草炭腐殖土等）。种植层容器材料也可采用竹、木、工程塑料、PVC 等以减轻荷重。屋顶覆土厚度若超过允许值，也会导致屋顶钢筋混凝土板产生塑性变形裂缝，从而造成渗漏。所以必须严格按照前面所述，确定覆土层厚度。由于屋顶绿化的特殊性、种植层厚度的限制，植物配植以浅根系的多年生草本、匍匐类、矮生灌木植物为宜，并要求耐热、抗风、耐旱、耐贫瘠，如彩叶草、三色堇、假连翘、鸭跖草、麦冬草等。

屋面绿化的造价为 70 ~ 120 元/m^2，与普通隔热屋面相似，从使用角度分析，改造一个上人活动的绿化屋面每平方米只需增加 100 元左右。总之，屋面绿化的普及和实施是有利于环境、有利于城市、有利于居民的综合性好事，应积极推广。

9.3.3　蓄水屋面

蓄水屋面就是在刚性防水屋面上蓄一层水，其目的是利用水蒸发时，带走大量水层中的热量，大量消耗晒到屋面的太阳辐射热，从而有效地减弱了屋面的传热量和降低屋面温度，是一种较好的隔热措施，是改善屋面热工性能的有效途径。

1. 蓄水屋面的隔热性能

在相同的条件下，蓄水屋面比非蓄水屋面使屋顶内表面的温度输出和热流响应要降低得更多，且受室外扰动的干扰较小，具有很好的隔热和节能效果。蓄水屋面由于一般是在混凝土刚性防水层上蓄水，所以既可利用水层隔热降温，又改善了混凝土的使用条件：避免了直接暴晒和冰雪雨水引起的急剧伸缩；长期浸泡在水中有利于混凝土后期强度的增长；又由于混凝土有的成分在水中继续水化产生湿胀，因而水中的混凝土有更好的防渗水性能。同时，蓄水的蒸发和流动能及时地将热量带走，减缓了整个屋面的温度变化；另外，由于在屋面上蓄上一定厚度的水，增大了整个屋面的热阻和温度的衰减倍数，从而降低了屋面内表面的最高温度。经实测，深蓄水屋面的顶层住户的夏日温度比普通屋面要低 2 ~ 5 °C。因此，由于上述优点，蓄水屋面现在已经被大面积推广应用于解决顶层保温、隔热问题的蓄水屋面和种植屋面。

2. 蓄水屋面的水深

要设计一个隔热性能好又节能的蓄水屋面，必须对它的传热特性进行动态分析和计算，以确定蓄水的深度究竟取为多大才比较合适。蓄水屋面有普通蓄水屋面和深蓄水屋面之分。普通蓄水屋面需定期向屋顶供水，以维持一定的水面高度。深蓄水屋面则可利用降雨量来补偿水面的蒸发，基本上不需要人为供水。气象资料表明，华中地区由于夏天天气炎热，蒸发量较大，日平均蒸发量在 9 mm 左右，若无降水期为 30 ~ 50 d，水太浅无人看管时，可蒸发掉水深 270 ~ 450 mm，一般说来水深 400 mm 较适宜。蓄水深度超过一定程度则降温效果不明显，且蓄水过深，使屋面静荷载增加，将会增加结构设计难度。

3. 蓄水屋面的防水

蓄水屋面除增加结构的荷载外，如果其防水处理不当，还可能漏水、渗水。因此，蓄水屋面既可用于刚性防水屋面，也可用于卷材防水屋面。采用刚性防水层时也应按规定做好分格缝，防水层做好后应及时养护，蓄水后不得断水。采用卷材防水层时，其做法与卷材防水屋面相同，应注意避免在潮湿条件下施工。例如，可设置一个细石混凝土防水层，但同时也可在细石混凝土中掺入占水泥重量 0.05%的三乙醇胺或 1%的氧化铁，使其成为防水混凝土，提高混凝土的抗渗能力，防止屋面渗漏。为了避免池壁裂缝，应采用钢筋混凝土池壁或半砖、半钢筋混凝土池壁。前者用于现浇钢筋混凝土屋面，后者适应于预制板屋面。采用砖砌池墙时，靠近池底应做 60 ~ 100 mm 高的混凝土反边，且砖池壁应适当配置水平钢筋。以上几种做法，均避免了池墙渗漏现象，不再出现池壁裂缝。池壁内抹灰可同池底。

9.3.4　浅色坡屋面

目前，大多数住宅仍采用平屋顶，在太阳辐射最强的中午时间，太阳光线对于坡屋面是斜射的，而对于平屋面是正射的，深暗色的平屋面仅反射不到 30%的日照，而非金属浅暗色的坡屋面至少能反射 65%的日照，反射率高的屋面能节省 20%～30%的能源消耗。美国环境保护署（U.S. Environmental Protection Agence，EPA）和佛罗里达太阳能中心（Florida Solar Energy Center）的研究表明：使用聚氯乙烯膜或其他单层材料制成的反光屋面，确实能减少至少 50% 的空调能源消耗，在夏季高温酷暑季能减少 10%～15% 的能源消耗。因此，其隔热效果不如坡屋面。而且平屋面的防水较为困难，且耗能较多。若将平屋面改为坡屋面，并内置保温隔热材料，不仅可提高屋面的热工性能，还有可能提供新的使用空间（面积可增加约 60%），也有利于防水，并有检修维护费用低、耐久之优点。特别是随着建筑材料技术的发展，用于坡屋面的坡瓦材料形式多，色彩选择广，对改变建筑千篇一律的平屋面单调风格，丰富建筑艺术造型，点缀建筑空间有很好的装饰作用，在中小型建筑如居住、别墅及城市大量平改坡屋面中被广泛应用。但坡屋面若设计构造不合理、施工质量不好，也可能出现渗漏现象。因此坡屋面的设计必须搞好屋面细部构造设计、保温层的热工设计，使其能真正达到防水、节能的要求。限于篇幅，本节对其细部构造及保温层热工设计不作探讨。

9.4　门窗节能

建筑节能目的在于在保证建筑使用功能和室内热环境质量的条件下，将采暖、制冷的能耗控制在规定水平。门窗的能耗占到建筑能耗的 50%，所以减少门窗的能耗是当前建筑节能的主要途径之一。北京市率先制定了针对住宅工程门窗的地方性标准 ——《住宅建筑门窗应用技术规范》，该标准从材料、设计、安装、检查、验收等方面全方位对建筑门窗的应用技术进行了规范，明确将门窗保温性能指标由原外窗传热系数 3.5 W/(m^2·K)限制到了 2.8 W/(m^2·K)以内，以确保住宅建筑节能水平达到 65%。

门窗保温、隔热性能的优劣直接影响到建筑能耗的大小。

9.4.1　门窗热损失途经

（1）门窗框扇与玻璃通过热传导的方式进行热能的传递。

（2）门窗框扇之间、门窗框扇的构件与玻璃之间、门窗框与墙体之间的各种缝隙形成空气渗透，随之带来热量交换及渗漏造成的热损失。

（3）窗用玻璃的热辐射进行的热传导。

因此，要使外门窗具备优良保温的性能，必须要从制作门窗所采用的材料、型材的断面腔型、窗型的构造设计、门窗玻璃的配置及玻璃的安装方法、门窗框与墙体安装等方面综合考虑，才能得到较好的保温节能的效果。

9.4.2　门窗节能的几项技术措施

影响门窗保温性能的因素主要是门窗框扇及玻璃。随着玻璃工业的发展，应用于门窗上的玻璃在热工、光学性能上有了显著的改善，这与门窗框扇导热系数过大而产生的热桥（冷桥）现象形成了很大的反差，从而促进了门窗设计、制造厂家在型材断面上不断改进和提高。

1. 门窗框扇断热型材

在铝合金型材断面之中，使用热桥（冷桥）技术使型材分为内、外两部分，目前有两种工艺：一种是注胶式断热技术（即浇注切桥技术）。这种技术既可以生产对称型断热型材，也可以生产非对称断热型材，由于利用浇注式处理、流体填补成型空间原理，其成品精度可以达到非常高的要求。另一种是断热条嵌入技术，就是采用由聚酰胺 66 加 25%玻璃纤维（PA66 GF25）合成断热条和铝合金型材在外力挤压下嵌合组成断热铝型材。这种型材不仅强度高（接近铝合金），而且具有良好的机械性能和隔热性能。隔热条的嵌入使型材形成多种断面形式，有较高的强度。另外，隔热条中的玻璃纤维排列有序，能够长时间承受高拉应力和高切应力。隔热条的线膨胀系数接近铝，有良好的加工性能，同时，内、外型材可以由不同颜色和表面处理方式的型材所组成，增强了装饰效果，并且可抗多种酸、碱化学物质的腐蚀，还可在 200 °C 的高温环境下接受表面处理。

2. 玻璃的选用

在采用大面积玻璃门窗的建筑中，门窗的节能性能应得到足够的重视。从节能的要求考虑，门窗玻璃应能够控制太阳辐射和黑体辐射。太阳辐射分为紫外光、可见光、近红外光，其能量主要集中于波长为 0.4 ~ 0.7 μm 的可见光和 0.7 ~ 2.5 μm 的近红外光，它们辐射的能量分别占总太阳辐射能量的 43%和 41%。太阳辐射一旦被物体吸收，就会改变辐射波长，变成热辐射，所以进入室内的太阳辐射会提高室温。黑体辐射是指温度较高的物体散发的热，如冬季暖气设备发出的热、温热的墙壁发出的热等。温度越高的物体发出的热量越大，也就是黑体辐射强度越高。

要使门窗玻璃达到最佳的节能效果，必须有效地控制太阳能辐射和热辐射，但是不同区域、不同的季节有着不同的要求。在炎热夏季的南方地区，门窗应有效地阻挡炽热的太阳辐射，以减少降温所消耗的空调费用，采用热反射隔膜玻璃能较好地满足这种情况。在寒冷冬季的北方地区，应有效地阻挡室内取暖设备发出的热量通过玻璃门窗向室外泄漏，同时还要求把太阳辐射能引入室内，采用低辐射镀膜玻璃（简称 LOW-E 玻璃）能较好地满足这种要求。对于中、低纬度地区，夏季要求有效地阻挡炽热的太阳辐射，冬季要求有效地阻挡室内取暖设备发出的热量，采用某些透过率较低的低辐射镀膜玻璃能较好地满足这种要求。

玻璃占门窗面积的 70% ~ 80%，因此控制热量和隔声便成为主要问题。中空玻璃相比单层玻璃具有明显的阻隔热量的功能，如果中空层充氧气和氟气隔热效果会更好。采用 LOW-E 中空玻璃将会大幅提高门窗的整体性能。中空玻璃还具有不结露和隔声等特点，一般情况下可降低噪声数十分贝。

推广应用保温节能门窗，能够节省大量的能源，并能推动建筑行业的技术进步；同时也能改善和提高人们居住的舒适度，具有较好的经济效益和社会效益。

习　题

一、选择题

1. 影响材料导热系数的两个主要参数是（　　）。

A. 密度和含水率　　B. 密度和厚度

C. 厚度和含水率　　D. 形状和含水率

2. 热传导是由（　　）引起的物体内部微粒运动产生的热量转移过程。

A. 加热　　B. 降温　　C. 温差　　D. 摩擦

3. 传热系数 K 与传热阻 R_0 的关系是（　　）。（d ——厚度；Δt ——表面温差）

A. $K=1/R_0$　　B. $K=d/R_0$　　C. $K=R_0/d$　　D. $K=\Delta t/R_0$

4. 夏热冬冷地区居住建筑要求节能 50%的外墙（热惰性指标 $D\geqslant 3.0$），传热系数 K 值应不大于（　　）。

A. 0.5　　B. 1.0　　C. 1.5　　D. 2.0

5. 评价建筑外窗保温性能及隔热性能的主要参数为（　　）、抗结露系数、传热系数、和太阳得热系数。

A. 辐射系数　　B. 遮阳系数　　C. 蓄热系数　　D. 导热系数

6. 下列不属于建筑节能措施的是（　　）。

A. 围护结构保温措施　　B. 围护结构隔热措施

C. 结构内侧采用重质材料　　D. 围护结构防潮措施

7. 热桥内表面温度，与室内空气露点温度比较，若低于室内空气露点温度，则有可能结露，应采取（　　）措施。

A. 加强保温　　B. 加强隔热措施　　C. 不采取　　D. 加中间保温

8. 墙面积比的确定要综合考虑以下哪方面的因素？（　　）

A. 日照时间长短、太阳总辐射强度、阳光入射角大小

B. 季风影响、室外空气温度、室内采光设计标准以及外窗开窗面积

C. 建筑能耗　　D. 以上所有

9. 哪些地区应对气密性、传热系数和露点进行复验？（　　）

A. 夏热冬冷地区　　B. 严寒、寒冷地区

C. 严寒地区　　D. 寒冷地区

10. 建筑物体型系数和耗能的关系是：（　　）

A. 体形系数越大能耗就越少

B. 体形系数越大能耗不变

C. 体形系数越大能耗可能多也可能少

D. 体形系数越大能耗就越多

二、简答题

1. 建筑节能的意义是什么？

2. 试分析墙体节能三种构造措施的区别？

3. 屋面节能的种类有哪几种？

4. 门窗节能的途径有哪些？

第10章 装饰装修

10.1 墙面装饰构造

10.1.1 墙面装修的作用

（1）保护作用：墙体暴露在大气中，会受到风、霜、雨、雪、太阳辐射等各种不利因素的作用。墙面装修可以防止墙体直接接触大气中的有害因素，还可以使墙体不直接受到外力的碰撞，延长墙体的使用寿命。

（2）改善墙体性能，满足房屋使用功能：墙面装修增加了墙体的厚度以及密封性，提高了墙体的保温性能，也能有效防止墙体缝隙引起的空气渗透；墙面装修能提高墙体的隔声能力，对有噪声的房间还可以通过饰面板吸声；光洁、平整、浅色的墙体可以增加对光线的反射，提高室内照度。同时，经过装修的墙面容易清洁，有助于改善室内的卫生环境。

（3）美化和装饰作用：进行墙面装修，可根据室内外环境的特点，合理运用不同建筑饰面材料的质地色彩，通过巧妙组合，创造出优美和谐的室内环境，给人以美的感受。

10.1.2 墙面装饰的构造

墙面装饰分类见表10-1。

表10-1 墙面装饰分类

类别	室外装修	室内装修
抹灰类	水泥砂浆、混合砂浆、聚合物水泥砂浆、拉毛、水刷石、干黏石、斩假石、假面砖、喷涂、滚涂等	纸筋灰粉面、麻刀灰粉面、石膏粉面、膨胀珍珠岩砂浆、混合砂浆、拉毛、拉条等
贴面类	外墙面砖、马赛克、水磨石板、天然石板	釉面砖、人造石板、天然石板等
涂料类	石灰浆、水泥浆、溶剂型涂料、乳液涂料、彩色胶砂涂料、彩色弹涂等	大白浆、石灰浆、油漆、乳胶漆、水溶性涂料、弹涂等
裱糊类	不宜使用	塑料墙纸、金属面墙纸、木纹壁纸、花纹玻璃纤维布、纺织面墙布及棉锻等
铺钉类	各种金属饰面板、石棉水泥板、玻璃	各种木夹板、木纤维板、石膏板及各种装饰面板等

1. 抹灰类墙面装修

抹灰又称粉刷，是我国传统的饰面做法，是由水泥、石灰膏为胶结材料加入砂或石渣与水拌和成砂浆或石渣浆，抹到墙面上的一种操作工艺，属湿作业。其材料来源广泛，施工操作简便，造价低廉，通过改变工艺可获得不同的装饰效果，因此在墙面装修中应用广泛。其缺点是耐久性低，易干裂、变色，多为手工湿作业施工，工效较低。

抹灰分为一般抹灰和装饰抹灰两类。一般抹灰有石灰砂浆抹灰、混合砂浆抹灰、水泥砂浆抹灰等。装饰抹灰有水刷石、干黏石等。

为避免出现裂缝，保证抹灰层牢固和表面平整，施工时须分层操作。抹灰层由底层、中层和面层三个层次组成，如图 10-1 所示。

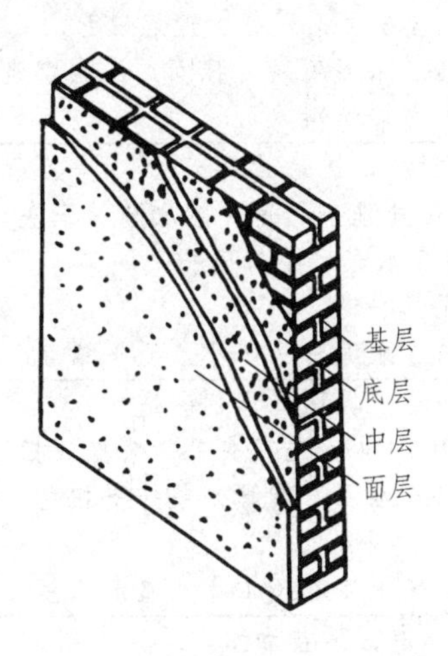

图 10-1　墙面抹灰分层构造

底灰又称“刮糙”，主要起与基层的黏结及初步找平的作用。底灰的选用与基层材料有关：对砖、石墙可采用水泥砂浆或石灰水泥混合砂浆打底；当基层为板条时，应采用石灰砂浆作底灰，并在砂浆中掺入麻刀或其他纤维。轻质混凝土砌块墙的底灰多用混合砂浆或聚合物砂浆。对混凝土墙或湿度大的房间或有防水、防潮要求的房间，底灰宜选用水泥砂浆。底灰厚 5 ~ 15 mm。

中层抹灰主要起找平作用，其所用材料与底层基本相同，也可以根据装修要求选用其他材料，厚度一般为 5 ~ 10 mm。

面层抹灰主要起装修作用，要求表面平整、色彩均匀、无裂缝，可以做成光滑、粗糙等不同质感的表面，厚度一般为 2 ~ 5 mm。

抹灰按质量要求和主要工序划分为三种标准:

普通抹灰：一层底灰，一层面灰，总厚度不大于 18 mm。

中级抹灰：一层底灰，一层中灰，一层面灰，总厚度不大于 20 mm。

高级抹灰：一层底灰，数层中灰，一层面灰，总厚度不大于 25 mm。

常见抹灰的具体构造做法见表 10-2。

表 10-2 墙面抹灰做法举例

抹灰名称	做法说明	适用范围
水泥砂浆抹灰	① a：清扫积灰，适量洒水 b：刷界面处理剂一道（随刷随抹底灰） ② 12 厚 1：3 水泥砂浆打底扫毛 ③ 8 厚 1：2.5 水泥砂浆抹面	a：砖石基层的墙面 b：混凝土基层的外墙
	① 13 厚 1：3 水泥砂浆打底 ② 5 厚 1：2.5 水泥砂浆抹面，压实赶光 ③ 刷（喷）内墙涂料	砖基层的内墙
	① 刷界面处理剂一道 ② 6 厚 1：0.5：4 水泥石灰膏砂浆打底扫毛 ③ 5 厚 1：1：6 水泥石灰膏砂浆扫毛 ④ 5 厚 1：2.5 水泥石灰膏抹面，压实感光 ⑤ 刷（喷）内墙涂料	加气混凝土等轻型材料内墙
水刷石	① a：清扫积灰，适量洒水 b：刷界面处理剂一道（随刷随抹底灰） ② 12 厚 1：3 水泥砂浆打底扫毛 ③ 刷素水泥浆一道 ④ 8 厚 1：1.5 水泥石子（小八厘）罩面，水刷露出石子	a：砖石基层的墙面 b：混凝土基层的外墙
	① 刷加气混凝土界面处理剂一道 ② 6 厚 1：0.5：4 水泥石灰膏砂浆打底扫毛 ③ 6 厚 1：1.6 水泥石灰膏砂浆抹平扫毛 ④ 刷素水泥浆一道 ⑤ 8 厚 1：1.5 水泥石子（小八厘）罩面，水刷露出石子	加气混凝土等轻型材料外墙
斩假石（剁斧石）	① a：清扫积灰，适量洒水 b：刷界面处理剂一道（随刷随抹底灰） ② 10 厚 1：3 水泥砂浆打底扫毛 ③ 刷素水泥浆一道 ④ 10 厚 1：1.25 水泥石子抹平（米粒石内掺 30%石屑）剁斧斩毛两遍成活	a：砖石基层的墙面 b：混凝土基层的外墙
纸筋（麻刀）抹灰	① 10 厚 1:3:9 水泥石灰膏砂浆打底 ② 6 厚 1:3 石灰膏砂浆 ③ 2 厚纸筋（麻刀）灰抹面 ④ 刷（喷）内墙涂料	砖基层的内墙
	① 刷加气混凝土界面处理剂一道 ② 5 厚 1：3：9 水泥石灰膏砂浆打底划出纹理 ③ 9 厚 1：3 石灰膏砂浆 ④ 2 厚纸筋（麻刀）灰抹面 ⑤ 刷（喷）内墙涂料	加气混凝土等轻型内墙
	① 刷混凝土界面处理剂一道 ② 10 厚 1：3：9 水泥石灰膏砂浆打底划出纹理 ③ 6 厚 1：3 石灰膏砂浆 ④ 2 厚纸筋（麻刀）灰抹面 ⑤ 刷（喷）内墙涂料	混凝土内墙

注：表中尺寸单位均为毫米。

在室内抹灰中，对人群活动频繁、易受碰撞的墙面，或有防水、防潮要求的墙身，如门厅、走廊、厨房、浴室、厕所等处的墙面，常做高 1.5 m 或 1.8 m 的墙裙。具体做法是用 1∶3 水泥砂浆打底，1∶2 水泥砂浆或水磨石罩面，也可贴面砖、刷油漆或铺钉胶合板等，如图 10-2 所示。

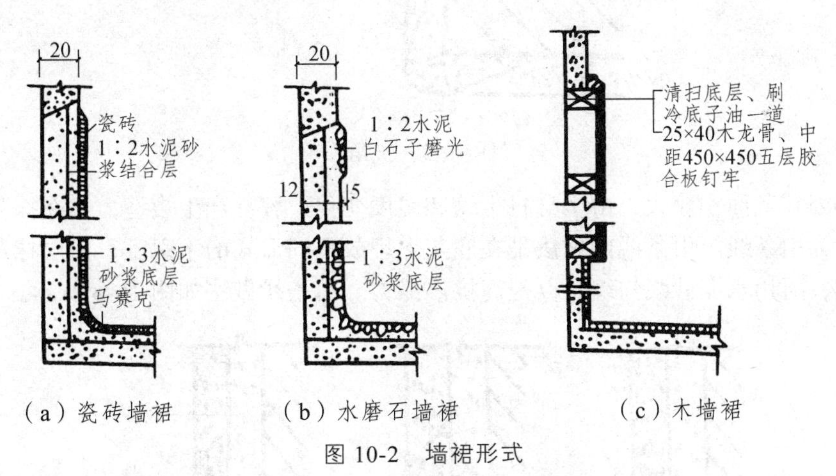

（a）瓷砖墙裙　（b）水磨石墙裙　（c）木墙裙

图 10-2 墙裙形式

在内墙面和楼地面的交接处，为了遮盖地面与墙面的接缝，保护墙身，以及防止擦洗地面时弄脏墙面，常做踢脚线。其材料与楼地面相同，常见形式有三种：与墙面粉刷相平、凸出墙面、凹进墙面，如图 10-3 所示。踢脚线高 120 ~ 150 m。

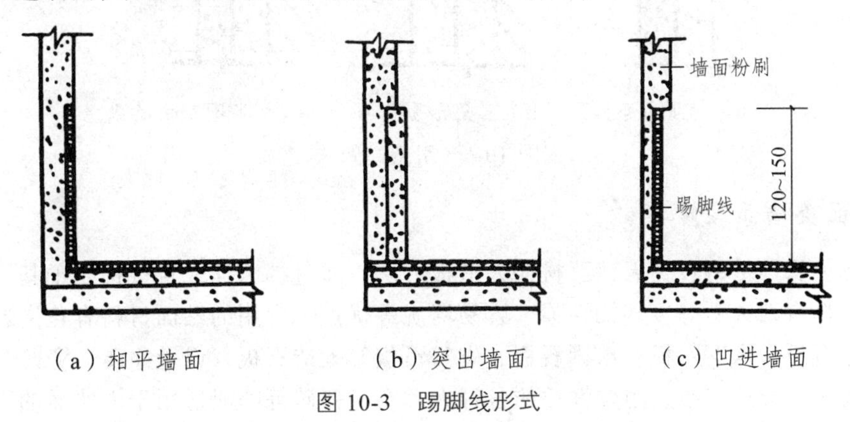

（a）相平墙面　（b）突出墙面　（c）凹进墙面

图 10-3 踢脚线形式

为了增加室内美观，在内墙面与顶棚的交接处可做各种装饰线，如图 10-4 所示。

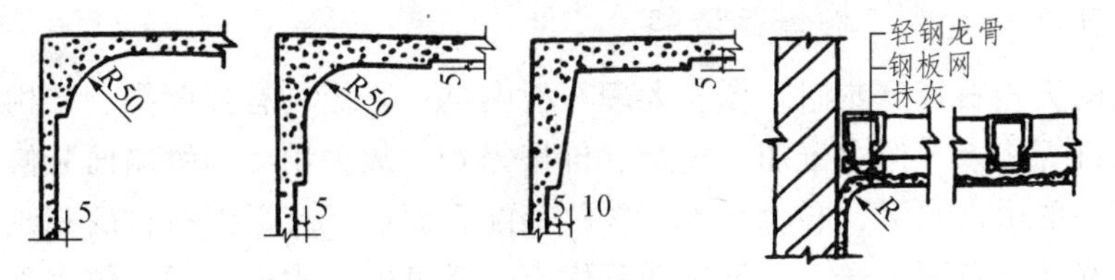

图 10-4 装饰凹线

对于易被碰撞的内墙阳角或门窗洞口，通常抹 1∶2 水泥砂浆做护角，并用素水泥浆抹成圆角，高度为 2 m，每侧宽度不应小于 50 mm，如图 10-5 所示。

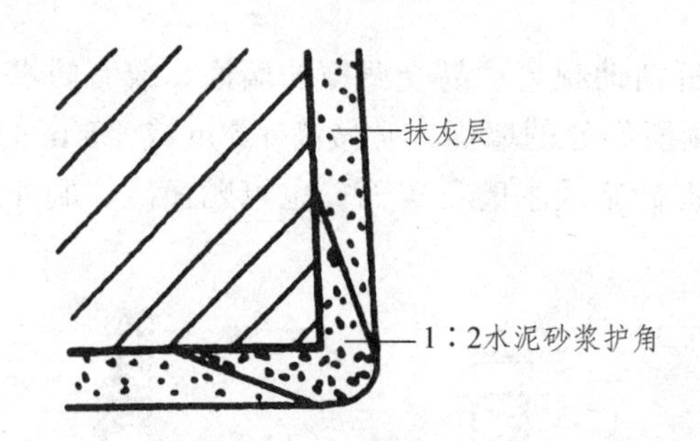

图 10-5　护角

外墙面因抹灰面积较大，由于材料干缩和温度变化，容易产生裂缝，常在抹灰面层做分格处理，称为引条线。引条线的做法是在底灰上埋放不同形式的木引条，面层抹灰完毕后及时取下引条，再用水泥砂浆勾缝，以提高抗渗能力。引条线做法如图 10-6 所示。

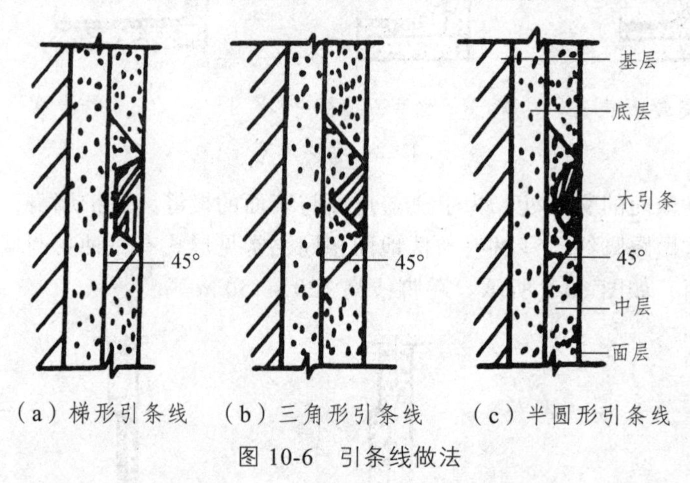

（a）梯形引条线　（b）三角形引条线　（c）半圆形引条线

图 10-6　引条线做法

2. 贴面类墙面装修

贴面类装修是指将各种天然石材或人造板、块，通过绑、挂或直接粘贴于基层表面的装修做法。它具有耐久性好、装饰性强、容易清洗等优点。常用的贴面材料有花岗岩板和大理石板等天然石板，水磨石板、水刷石板、剁斧石板等人造石板，以及面砖、瓷砖、锦砖等陶瓷和玻璃制品。质地细腻、耐候性差的各种大理石、瓷砖等一般适用于内墙面的装修；而质感粗犷、耐候性好的材料，如面砖、锦砖、花岗岩板等适用于外墙装修。

1）天然石板及人造石板墙面装修

通常使用的天然石板有花岗岩板、大理石板两类。它们具有强度高、结构密实、不易污染、装修效果好等优点，但由于加工复杂、价格昂贵，故多用于高级墙面装修。

人造石板一般由白水泥、彩色石子、颜料等配合而成，有天然石材的花纹和质感，具有重量轻、表面光洁、色彩多样、造价较低等优点，常见的有水磨石板、仿大理石板等。

（1）湿挂石材法：天然石板和人造石板的安装方法相同，由于石板面积大，重量大，为保证石板饰面的坚固和耐久，一般应先在墙身或柱内预埋ϕ6 铁箍，间距按石材的规格确定。在铁箍内立ϕ8 ~ ϕ10 竖筋和横筋，形成钢筋网，再用双股铜线或镀锌铅丝穿过事先在石板上钻好的孔眼（人造石板则利用预埋在板中的安装环），将石板绑扎在钢筋网上。上下两块石板用不锈钢卡销固定。石板与墙之间一般有 20 ~ 30 mm 的缝隙，上部用定位活动木楔做临时固定，校正无误后，在板与墙之间分层浇灌 1∶2.5 水泥砂浆，每次浇灌高度不应超过 200 mm。在砂浆初凝后，取掉定位活动木楔，继续上层石板的安装，如图 10-7 所示。

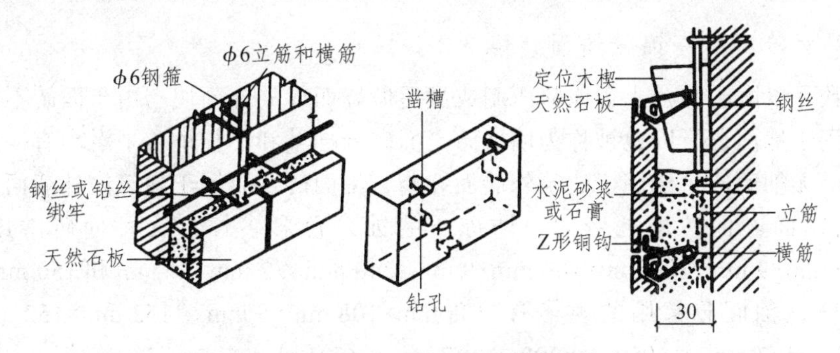

图 10-7　天然石板墙面装饰做法

（2）干挂石材法：又称连接件挂接法，是用一组高强耐腐蚀的金属连接件将饰面石材与结构可靠地连接，其间不做灌浆处理的连接方法。其主要优点是：装饰效果好，石材在使用过程中表面不会泛碱；施工不受季节限制，无湿作业，施工速度快，效率高，施工现场清洁；石材背面不灌浆，减轻了建筑物自重，有利于抗震；饰面石材与结构连接（或与预埋件焊接）构成有机整体，可用于地震区和大风地区。但采用干挂石材法造价比湿挂法高 15% ~ 25%。

根据干挂构造方案的不同，干挂石材可分为无龙骨体系和有龙骨体系。

① 无龙骨体系：根据立面石材设计要求，全部采用不锈钢的连接件，与墙体直接连接（焊接或栓接）。通常用于钢筋混凝土墙面，如图 10-8（a）所示。

② 有龙骨体系：板材固定在龙骨上，龙骨由竖向龙骨和横向龙骨组成。主龙骨可选用镀锌方钢、槽钢、角钢，其间距视石材大小、墙面大小、结构验算等因素考虑，该体系适于各种结构形式。用于连接件的舌板、销钉、螺栓一般均采用不锈钢，其他构件视具体情况而定。密封胶应具有耐水、耐溶剂和耐大气老化及低温弹性、低气孔率等特点，且密封胶应为中性材料，不会对连接件构成腐蚀，如图 10-8（b）所示。

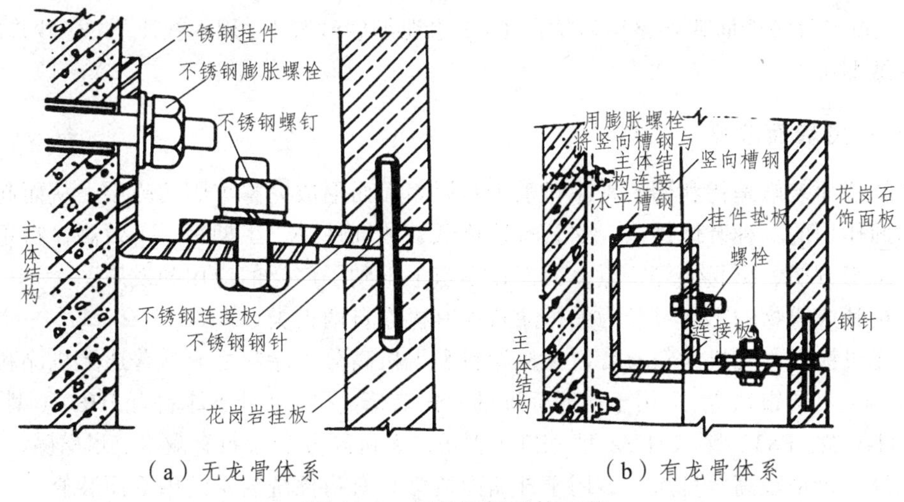

（a）无龙骨体系　　（b）有龙骨体系

图 10-8　天然石板干挂工艺

随着新材料的不断出现，安装石材饰面还可采用聚酯砂浆[胶砂比为 1∶(4.5 ~ 5.0)，固化剂掺量随要求而定]粘贴法和树脂胶粘贴法。施工时，应将板材就位、挤紧、找平、找正后立即进行顶、卡固定石材饰面，以防止脱落伤人。

2）陶瓷面砖、陶瓷锦砖墙面装修

面砖多数是以陶土和瓷土为原料压制成型后煅烧而成的饰面块。由于面砖不仅可以用于墙面，也可用于地面，所以也被称为墙地砖。面砖分挂釉和不挂釉、平滑和有一定纹理质感等不同类型。无釉面砖主要用于建筑外墙面装修，釉面砖主要用于建筑内外墙面及厨房、卫生间的墙裙贴面。面砖质地坚固、防冻、耐蚀、色彩多样。无釉面砖常用的规格有 300 mm×300 mm×9 mm、200 mm×100 mm×9 mm、240 mm×52 mm×11 mm 和 150 mm×150 mm×6 mm 等多种，釉面砖常用的规格有 108 mm×108 mm×5 mm、152 mm×152 mm×5 mm、100 mm×200 mm×7 mm.、200 mm×200 mm×7 mm、152 mm×75 mm×5 mm 等。

陶瓷锦砖又名马赛克，是以优质陶土烧制而成的小块瓷砖，有挂釉和不挂釉之分。常用规格有 18.5 mm×18.5 mm×5 mm、39 mm×39 mm×5 mm、39 mm×18.5 mm×5 mm 等，有方形、长方形和其他不规则形。锦砖一般用于内墙面，也可用于外墙面装修。锦砖与面砖相比，造价较低。与陶瓷锦砖相似的玻璃马赛克是透明的玻璃质饰面材料，它质地坚硬、色泽柔和，具有耐热、耐蚀、不龟裂、不褪色、造价低的特点。

而砖等类型贴面材料通常是直接用水泥砂浆粘于墙面。安装前先将面砖表面清洗干净，然后将面砖放入水中浸泡，贴前取出晾干或擦干。安装时先用 10 mm 厚 1∶3 水泥砂浆打底找平，再用 10 mm 厚 1∶0.3∶3 水泥石灰膏砂浆或用掺有 108 胶（水泥用量的 5% ~ 10%）的 1∶2.5 水泥砂浆满刮于面砖背面，然后将面砖贴于墙面。一般面砖背面有凸凹纹路，更有利于面砖粘贴牢固。对贴于外墙的面砖，常在面砖之间留出一定空隙，以利湿气排除。而内墙为便于擦洗，则要求铺贴紧密，不留缝隙。面砖如被污染，可用质量分数为 10%的盐酸洗刷，并用清水冲净。面砖的排列方式和接缝大小对立面效果有一定影响，通常有横铺、竖铺、错开排列等几种方式。

锦砖一般按设计图样要求，在工厂反贴在标准尺寸为 325 mm×325 mm 或 500×500 mm 的牛皮纸上，施工时将纸面朝外整块粘贴在 1∶1 水泥细砂砂浆上，用木板压平，待砂浆硬结后，洗去牛皮纸即可。

3. 涂料类墙面装修

涂料类墙面装修是指利用各种涂料敷于基层表面而形成完整牢固的膜层，从而起到保护和装饰墙面作用的一种装修做法。它具有造价低、装饰性好、工期短、工效高、自重轻、操作简单、维修方便、更新快等特点，因而在建筑上得到了广泛的应用和发展。

涂料按其成膜物的不同可分为无机涂料和有机涂料两大类。

（1）无机涂料：无机涂料有普通无机涂料和无机高分子涂料之分。普通无机涂料，如石灰浆、大白浆、可赛银浆等，多用于一般标准的室内装修。无机高分子涂料有 JH80-1 型、JH80-2 型、JHN84-1 型、F832 型、LH-82 型、HT-1 型等。无机高分子涂料有耐水、耐酸碱、耐冻融、装修效果好、价格较高等特点，多用于外墙面装修和有耐擦洗要求的内墙面装修。

（2）有机涂料：有机涂料依其主要成膜物质与稀释剂不同，有溶剂型涂料、水溶性涂料和乳液涂料三类。

溶剂型涂料有传统的油漆涂料、苯乙烯内墙涂料、聚乙烯醇缩丁醛内（外）墙涂料、过氯乙烯内墙涂料等。常见的水溶性涂料有聚乙烯醇水玻璃内墙涂料（即 106 涂料）、聚合物水泥砂浆饰面涂层、改性水玻璃内墙涂料、108 内墙涂料、ST-803 内墙涂料、JGY-821 内墙涂料等。乳液涂料又称乳胶漆，常见的有乙丙乳胶涂料、苯丙乳胶涂料等，多用于内墙装修。

建筑涂料的施涂方法，一般分刷涂、滚涂和喷涂 3 种。施涂溶剂型涂料时，后一遍涂料必须在前一遍涂料干燥后进行，否则易发生皱皮、开裂等质量问题。施涂水溶性涂料时，要求与做法同上。每遍涂料均应施涂均匀，各层应结合牢固。

在湿度较大，特别是遇明水部位的外墙和厨房、厕所、浴室等房间内施涂涂料时，为确保涂层质量，应选用耐洗刷性较好的涂料和耐水性能好的腻子材料（如聚醋酸乙烯乳液水泥腻子等）。涂料工程使用的腻子，应坚实牢固，不得粉化、起皮和裂纹。

用于外墙的涂料，考虑其长期直接暴露于自然界中，经受日晒雨淋的侵蚀，因此要求除应具有良好的耐水性、耐碱性外，还应具有良好的耐洗刷性、耐冻融循环性、耐久性和耐玷污性。当外墙施涂涂料面积过大时，可以外墙的分格缝、墙的阴角或落水管等处为分界线，在同一墙面应用同一批号的涂料，每遍涂料不宜施涂过厚，涂料要均匀，颜色应一致。

4. 裱糊类墙面装修

裱糊类墙面装修是将各种装饰性的墙纸、墙布、织锦等装饰材料裱糊在墙面上的一种装修做法。常用的装饰材料有 PVC 塑料壁纸、复合壁纸、玻璃纤维墙布等。裱糊类墙体饰面装饰性强、经济、施工方法简捷高效、材料更换方便，并且在曲面和墙面转折处粘贴时可以顺应基层，获得连续的饰面效果。

墙面应采用整幅裱糊，并统一预排对花拼缝。不足一幅的应裱糊在较暗或不明显的部位。裱糊的顺序为先上后下，应使饰面材料的长边对准基层上弹出的垂直准线，用刮板或胶辊赶平压实。阴阳转角应垂直，棱角分明。阴角处墙纸（布）搭接顺光，阳面处不得有接缝，并应包角压实。

5. 铺钉类墙面装修

铺钉类墙面装修是将各种天然或人造薄板镶钉在墙面上的装修做法，其构造与骨架隔墙相似，由骨架和面板两部分组成。施工时先在墙面上立骨架（墙筋），然后在骨架上铺钉装饰面板。

骨架分木骨架和金属骨架两种，采用木骨架时，为考虑防火安全，应在木骨架表面涂刷防火涂料。骨架间及横档的距离一般根据面板的尺寸而定。为防止因墙面受潮而损坏骨架和面板，常在立筋前先在墙面上抹一层 10 mm 厚的混合砂浆，并涂刷热沥青两遍，或粘贴油毡一层。

室内墙面装修用面板，一般采用硬木条板、胶合板、纤维板、石膏板及各种吸声板等。硬木条板装修是将各种截面形式的条板密排竖直成 W 形钉在横撑上，其构造如图 10-9 所示。胶合板、纤维板等人造薄板可用圆钉或木螺钉直接固定在木骨架上，板间留有 5 ~ 8 mm 缝隙，以保证面板有微量伸缩的可能，也可用木压条或铜、铝等金属压条盖缝，如图 10-10（a）所示。石膏板与金属骨架的连接一般用自攻螺钉或电钻钻孔后用镀锌螺钉连接，如图 10-10（b）所示。

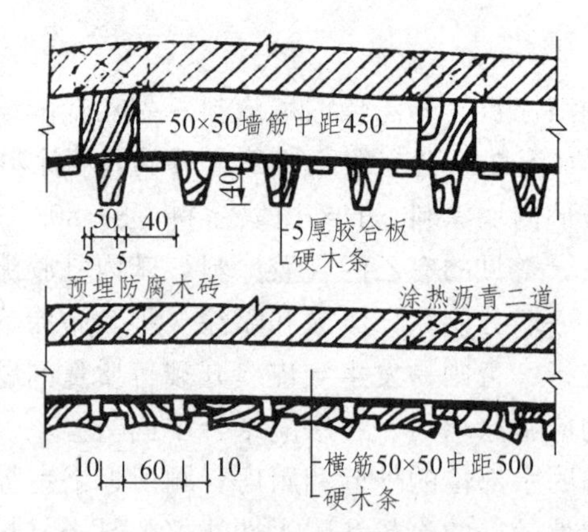

图 10-9 硬木条墙面装修构造

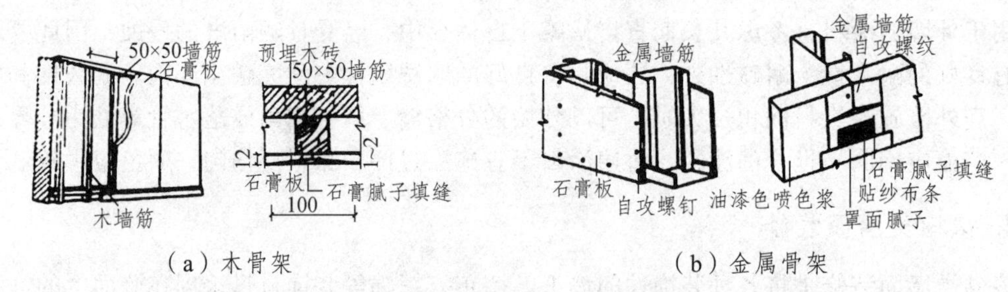

（a）木骨架　　（b）金属骨架

图 10-10 石膏板墙面装修构造

墙体是建筑物重要的组成部分，主要起承重、围护和分隔作用。墙体应具有足够的强度和稳定性，还应具有保温隔热、隔声、防火、防水、防潮等性能。按照墙体所处的位置和方向、墙体的受力情况、墙体类型、墙体材料、构造方式、施工方法等的不同，墙体有不同的类型。

叠砌墙体是由砂浆将砖或砌块等按一定规律和技术要求砌筑而成的墙体，承重砖墙的材料主要有各类砖、砌块以及砂浆。烧结黏土砖不利于建筑节能和环保，因此已逐步被禁止使用。隔墙是指采用多孔砖以及各种轻质砌块等砌筑的分隔建筑室内空间的非承重墙体，包括多孔砖砌隔墙和砌块隔墙。

墙体细部构造主要有墙身防潮、勒脚、散水和明沟、门窗过梁的构造，窗台、墙体的加固及抗震构造、变形缝构造等。

轻质隔墙是分隔建筑室内空间的非承重构件，主要有骨架隔墙、板材隔墙两种形式。

幕墙是以板材形式悬挂于主体结构上的外墙，按材料来分，有玻璃幕墙、铝合金幕墙等。

按照连接杆件系统的类型以及与幕墙面板的相对位置关系，幕墙可以分为有框式幕墙、全玻式幕墙和点式幕墙等。连接杆件系统的存在，会在建筑物的主体结构和幕墙面板之间留下空隙。幕墙应注意防火构造。

外墙是建筑围护结构中耗热量较大的构件，改善外墙保温隔热性能将明显提高建筑的节能效果。外墙保温主要有内保温、外保温、中保温三种形式。外墙外保温是目前应用广泛的一种墙体保温方法。

10.2　地面装修构造

10.2.1　地面装饰材料

地面装修是装饰装修的一大重要组成部分。它的作用是让整个装饰面更有整体感和提高美观效果。地面装修内容取决于选用的材料以及所需材料的样式。近年来，随着设计者设计要求的提高，各式各样的地砖和边砖大批量出现。

木地板（图 10-11）以其自然的纹理和调节室内湿度的特性而深受欢迎，被广泛运用在卧室、书房、餐厅、客厅的地面装饰上，它能给人以回归自然的感受。铺设实木地板，宜选择含水率为 12%～14%的产品，含水率过高和过低，对地板的保养都不利。实木地板施工复杂，不是专业施工人员一般无法施工。

图 10-11　木板块材料

复合地板（图 10-12）是最近几年才兴起的，它继承了实木地板纹理自然的优点，采取拼装式的施工办法，极为方便，不是专业人员也可施工，加之最近市场上又推出了彩色地板，在实用和装饰效果上相比实木地板较好。

图 10-12　复合地板板块材料

地砖也是家庭装饰中不可缺少的材料，被广泛运用在浴室、卫生间、厨房、阳台和客厅的装饰中。地砖比较耐用，也易于打理。

天然石材（图 10-13）是地面装饰材料中较为贵重的装饰材料，根据其属性不同，又可分为大理石和花岗石。大理石是脆性材料，石材中天然缝隙所形成的自然纹理有极高的装饰性和欣赏价值，在搬运过程中容易破碎。大理石属中硬石材，其表面受大气中二氧化碳、水汽的作用后容易风化和溶蚀，表面光泽很难长久保持。大理石除少数品种，如汉白玉等杂质少的比较稳定耐久可用于室外装修外，其他品种一般不宜用于室外，只用于室内的装饰，比如用于室内地面、墙面、吧台面、暖气台面等。花岗石则质地坚硬，属硬石材，岩质坚硬密实，不易风化变质，外观色泽可保持百年以上。由于花岗石坚硬度高，所以常用在大堂的地面，在住宅装饰中更适用于室外阳台、客厅、餐厅的地面等。用大理石或花岗石装饰墙面或地面，装饰效果好、耐久，但造价太高，一般用在档次较高的工程装饰中。随着生活水平的提高，近几年来这种材料也开始进入家庭，成了居家装饰新的选择。

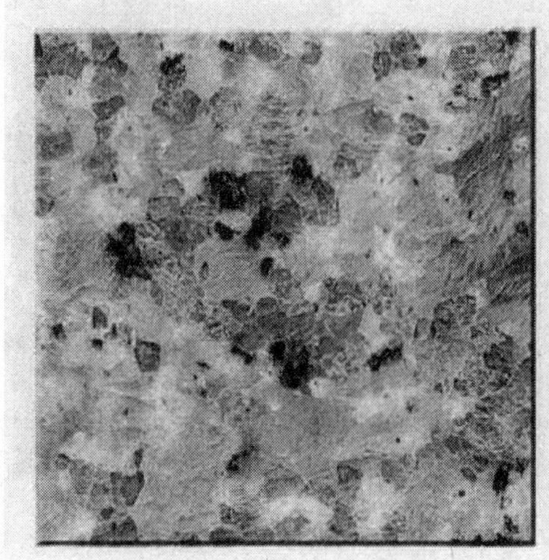

图 10-13　天然石材材料

地毯也是室内地面铺设的常用材料之一。地毯多用毛、植物纤维、麻、化纤等织物交织或混纺而成。铺设地毯的房间，使人有温馨感，但缺点是不易清洗，容易生虫子，所以它不太适合在公共场合和人流过大的地方铺设。

地板革（图 10-14）是一种塑料地板，其优点是花色品种多、成本低，比较适合临时用房地面的铺设。其缺点是不耐用，档次太低，对地面没有校平作用，往往是随地走。

图 10-14　地板革材料

10.2.2　地　面

单层工业厂房地面的基础构造一般为面层、垫层和基层。当它们不能充分满足使用要求和构造时，可增设其他构造层，如结合层、隔离层、找平层等。

1. 面　层

地面构造设计应根据生产特征、使用要求和技术经济条件来选择面层。地面的种类和厚度可查阅《建筑地面设计规范》（GB 50037—2013）来确定。面层最小厚度要求见表 10-3。

表 10-3　面层厚度

面层	材料强度等级	厚度/mm	面层	材料强度等级	厚度/mm
混凝土（垫层兼面层）	≥C15	按垫层确定	防油渗混凝土	≥C20	60～70
细石混凝土	≥C20	10～30	防油渗涂料		5～7
聚合物水泥砂浆	≥M15	5～10	耐火混凝土	≥C20	≥60
水泥砂浆	≥M20	20	沥青混凝土	≥C15	30～50
铁屑水泥	M40	30～35（含结合层）	沥青砂浆		20～30
水泥石屑	≥M30	20			

2. 垫　层

按材料性质不同，垫层可分为刚性垫层、半刚性垫层和柔性垫层三种类型。刚性垫层是指用混凝土、沥青混凝土和钢筋混凝土等材料做成的垫层，它整体性好、不透水、强度大、变形小。半刚性垫层是指用灰土、三合土、四合土等材料做成的垫层，它整体性稍差，受力后有一定的塑性变形。柔性垫层是用砂、碎石、矿渣等材料做成的垫层，它造价低，施工方便。垫层最小厚度见表 10-4。

表 10-4　垫层最小厚度

垫层	材料强度等级或配合比	厚度/mm
混凝土	≥C10	60
四合土	1∶1∶6∶12（水泥∶石灰膏∶砂∶碎砖）	80
三合土	1∶3∶6（熟化石灰∶砂∶碎砖）	200
灰土	3∶7 或 2∶8（熟化石灰∶黏性土）	200
砂、炉渣、碎（卵）石		60
矿渣		80

注：表中比例均为质量比。

3. 基　层

基层通常采用素土夯实。

4. 结合层

结合层常用厚度见表 10-5。

表 10-5 结合层厚度

面层	结合层材料	厚度/mm
预制混凝土板	砂、炉渣	20～30
陶瓷锦砖（马赛克）	1∶1 水泥砂浆	5
	或 1∶4 干硬性水泥砂浆	20～30
普通黏土砖、煤矸石砖、耐火砖	砂、炉渣	20～30
水泥花砖	1∶2 水泥砂浆	15～20
	或 1∶4 干硬性水泥砂浆	20～30
块石	砂、炉渣	20～50
花岗岩条石	1∶2 水泥砂浆	15～20
大理石、花岗石、预制水磨石板	1∶2 水泥砂浆	20～30
地面陶瓷砖（板）	1∶2 水泥砂浆	10～15
铸铁板	1∶2 水泥砂浆	45
	砂、炉渣	≥60
塑料、塑胶、聚氯塑料等板材	黏结剂	
木地板	黏结剂、模板小钉	
导静电塑料板	配套导静电黏结剂	

找平层（找坡层）常用材料为 1∶3 水泥砂浆或 C7.5、C10 混凝土。找平层厚度见表 10-6。

表 10-6 找平层厚度

找平层材料	强度等级或配合比	厚度/mm
水泥砂浆	1∶3	≥15
混凝土	C15～C19	≥30

5. 隔离层

常用的隔离层有石油沥青油毡、热沥青等。隔离层的层数见表 10-7。

表 10-7 隔离层的层数

隔离层材料	层数（或道数）	隔离层材料	层数（或道数）
石油沥青油毛	1～2 层	防水冷胶剂	一布三胶
沥青玻璃布油毛	1 层	防水涂膜（聚氯酯类涂料）	2 道-3 道
再生胶油毛	1 层	热沥青	2 道
软聚氯乙烯卷材	1 层	防油渗胶泥玻璃纤维布	一布二胶

10.2.3　地面的基本构造形式类型

地面，是建筑物底层地面（地面）和楼层地面（楼面）的总称。

底层地面（图 10-15）：基本构造层次为面层、垫层和基层（地基）。

楼层地面（图 10-16）：基本构造层次为面层、基层（楼板）。

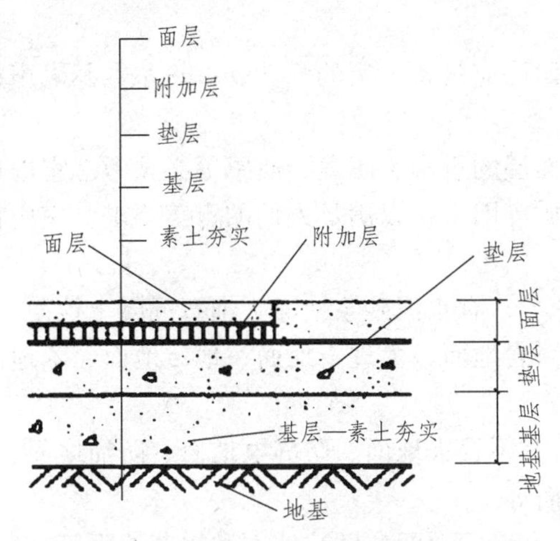

图 10-15　底层地面构造

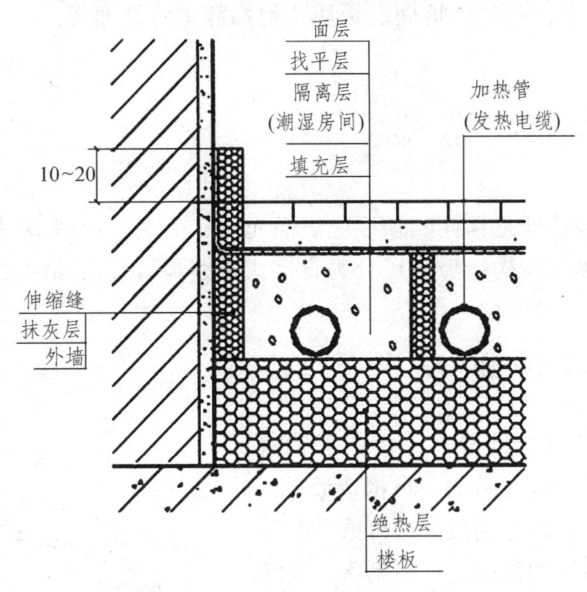

图 10-16　楼层地面构造

面层的主要作用是满足使用要求，基层的主要作用是承担面层传来的荷载。中间层的主要作用是：满足找平、防水、防潮、隔声、弹性、保温、隔热、管线敷设等功能的要求。

楼层地面在建筑中主要有分隔空间、加强和保护结构层、满足人们的使用要求以及隔声、保温、找坡、防水、防潮、防渗等作用。楼层地面与人、家具、设备等直接接触，承受各种荷载以及物理、化学作用，并且在人的视线范围内所占比例比较大，因此必须满足以下要求：

（1）满足坚固性和耐久性要求。

楼层地面面层的坚固性和耐久性由室内使用状况和材料特性来决定。楼层地面面层应当不易被磨损、被破坏，且表面平整、不起尘。国际通用标准中楼地层地面的耐久性一般为10年。

（2）满足安全性要求。

安全性是指楼层地面面层使用时应防滑、防火、防潮、耐腐蚀、电绝缘性好等。

（3）满足舒适感要求。

舒适感是指楼层地面面层应具备一定的弹性、蓄热系数及隔声性。

（4）满足装饰性要求。

装饰性是指楼层地面面层的色彩、图案、质感等必须考虑室内空间的形态、家具陈设、交通流线及建筑的使用性质等因素，以满足人们的审美要求。室内楼层地面的种类很多，可以从不同的角度进行分类。

① 按面层材料进行分类，有水泥砂浆地面、细石混凝土地面、水磨石地面、涂料地面、塑料地面、橡胶地面、花岗岩地面、大理石地面、地砖地面、木地面、复合材料地面及地毯地面等。

② 按使用功能分类，有不发火地面、防静电地面、防油地面、防腐蚀地面、采暖地面、种植土地面及综合布线地面等。

③ 按装饰效果分类，有美术地面、席纹地面和拼花地面等。

④ 按构造方法分类，有整体地面、板块式地面和木竹地面等。

10.3 顶棚装修构造

楼板层的最底部构造即是顶棚。顶棚应表面光洁、美观，特殊房间还要求顶棚有隔声、保温、隔热等功能。顶棚按构造做法可分为直接式顶棚和吊式顶棚两种。

10.3.1 直接式顶棚

直接式顶棚是直接在钢筋混凝土楼板下表面喷刷涂料、抹灰或粘贴装修材料的一种构造形式。直接式顶棚不占据房间的净空高度、造价低、效果好，但不适于需布置管网的顶棚，且易剥落、维修周期短。采用大规格模板的现浇混凝土楼板，板底平整，可直接喷刷大白浆或乳胶漆等，不平整时可在板底抹灰后装修。有时为使室内美观，在顶棚与墙面交接处通常做木制、金属、塑料、石膏线脚加以装饰。有特殊要求的房，可在板底粘贴墙纸、吸声板、泡沫塑料板等装饰材料。直接式顶棚构造如图10-17所示。

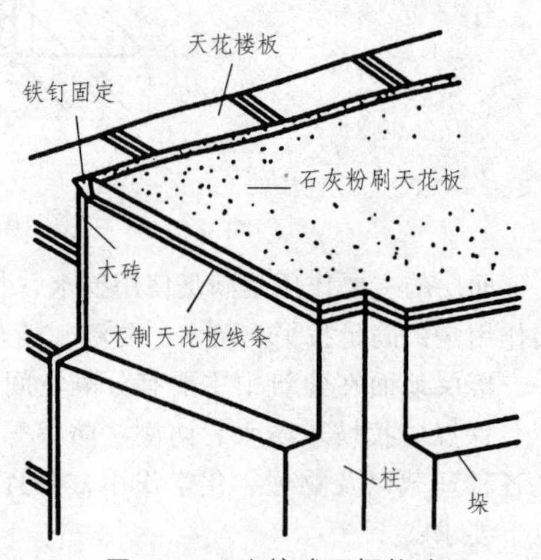

图10-17 直接式顶棚构造

10.3.2　吊式顶棚

当房间顶部不平整或楼板底部需敷设导线、管线、其他设备或建筑本身要求平整、美观时，在屋面板（或楼板）下，通过设吊杆将主、次龙骨所形成的构架固定，在构架下固定各类装饰面板组成吊式顶棚，是一种广泛采用的中、高等顶棚形式，具体选材应依据装修标准及防火要求设计而定。其构造如图 10-18 所示。

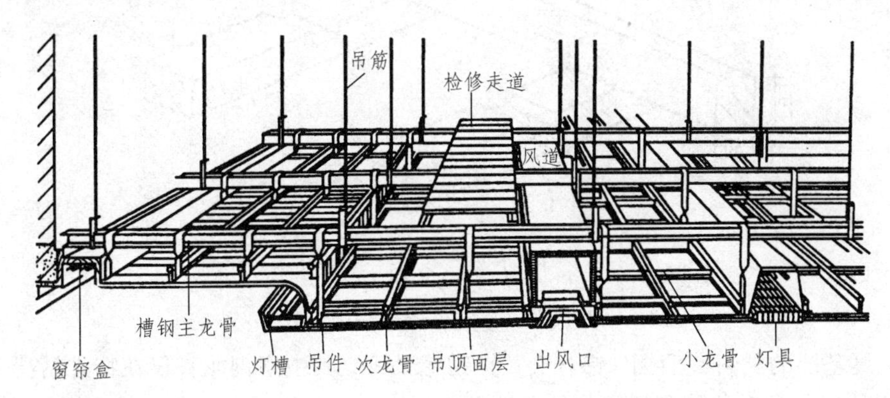

图 10-18　吊式顶棚的构造组成

吊式顶棚一般由吊杆、基层、面层三个基本部分组成。

1. 吊杆（吊筋）

吊杆是顶棚基层与承重结构之间的连接传力构件，它可以将顶棚的重量传给楼板（屋面板）、屋架等结构构件，还可以调整、确定吊式顶棚的空间高度，适应各种装饰要求。吊杆通常有方木、钢筋、型钢、轻钢型材等，具体选择应考虑基层骨架的类型、顶棚及其附属物件（如灯具、附设的轻型管件等）的重量等因素。

方木吊杆可采用 40 mm×40 mm 断面的方木，与水龙骨、木梁（用钢钉或膨胀螺栓固定在结构构件上的方木）的钉接处每处不少于 2 个铁钉；钢筋吊杆一般选中ϕ6 或ϕ8 的钢筋，通常与固定在结构构件上的连接角钢焊接或穿孔缠绕；型钢、轻钢型材吊杆其规格要通过具体结构计算来确定。

吊杆距承载龙骨端部距离不应超过 300 mm，否则，必须增设吊杆，以免龙骨下坠；吊杆长度大于 1.5 m 时，应设置反支撑。

2. 基层（顶棚骨架）

基层是由主龙骨、次龙骨（或称主搁栅、次搁栅）所形成的网格骨架体系，主要用于承受饰面面层重量并连同自重通过吊杆传到结构层上。基层可分为木制基层和金属基层两种。

（1）木制基层的主龙骨断面尺寸一般采用 50 mm× 70 mm（图 10-19），钉接或栓接在吊杆上间距为 0.9 ~ 1.2 m，次龙骨断面尺寸一般为 50 mm×50 mm 或 40 mm×40 mm，其间距由面层板材规格及板材间隙大小而定，多用于造型复杂的吊式顶棚。

主龙骨在上层，次龙骨在下层用 40 mm×40 mm 的方木吊挂钉牢在主龙骨底部，也可以主、次龙骨同层布置，并依其间距开槽，凹槽对凹槽钉接牢固，如图 10-20 所示。木龙骨必须进行防腐、防火处理，涂刷防腐剂、防火涂料。

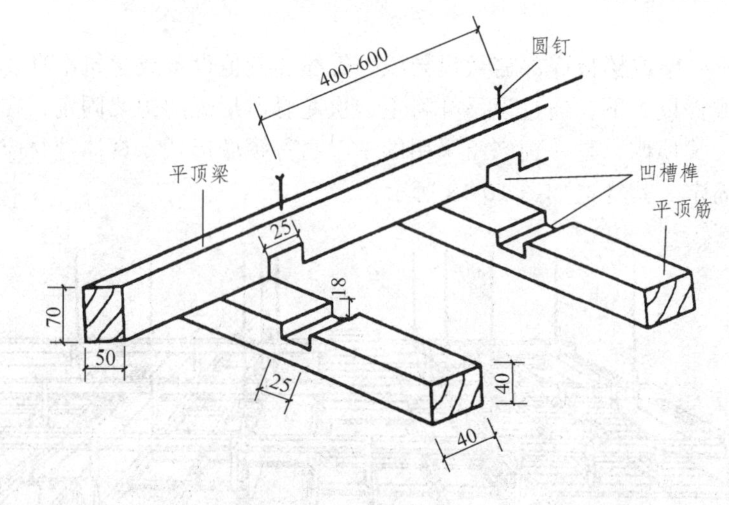

图 10-19 木龙骨的连接

（2）金属基层的材料有型钢、铝合金、轻钢龙骨等，其中型钢龙骨仅在特殊情况下采用，目前较常用的有铝合金龙骨和轻钢龙骨两种。

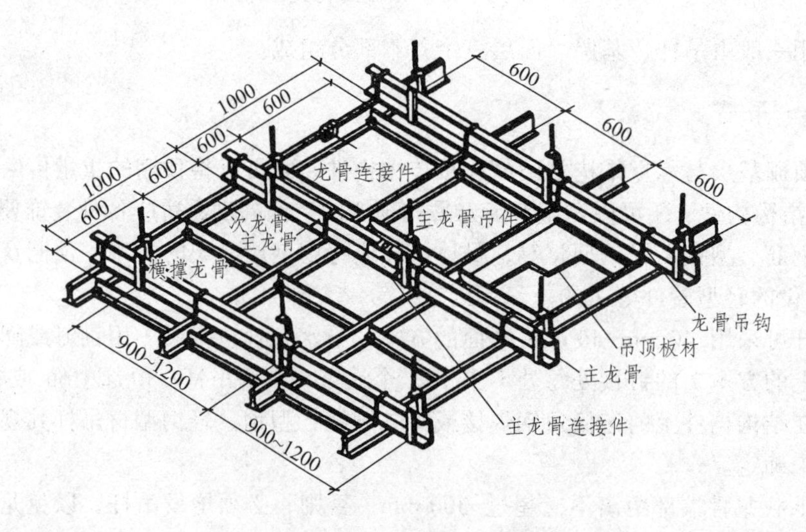

图 10-20 铝合金龙骨吊式顶棚构造

① 铝合金龙骨常用的有 T 形、U 形、LT 形及其他各种特制龙骨。其中应用最多的是 LT 形龙骨。主龙骨依其吊点间距、顶棚荷载大小的不同，采用各系列的 U 形端面铝合金型材；次龙骨、横撑龙骨（垂直搭于次龙骨两翼上），用于中部其断面为 T 形，用于边部其断面为 L 形。吊杆与主龙骨、主龙骨与次龙骨之间的连接构造，如图 10-20 所示。

② 轻钢龙骨的断面有 U 形、T 形，一般 U 形较为常用。其构造设计依其吊点间距、顶棚荷载大小选用不同系列的 U 形、T 形轻钢。主、次龙骨在同一水平面的吊挂方式为单层构造，仅适用于不上人吊式顶棚，主、次龙骨不在同一水平面的吊挂方式为双层构造。吊杆与主龙骨、主龙骨与次龙骨之间的连接构造，如图 10-21、图 10-22 所示。

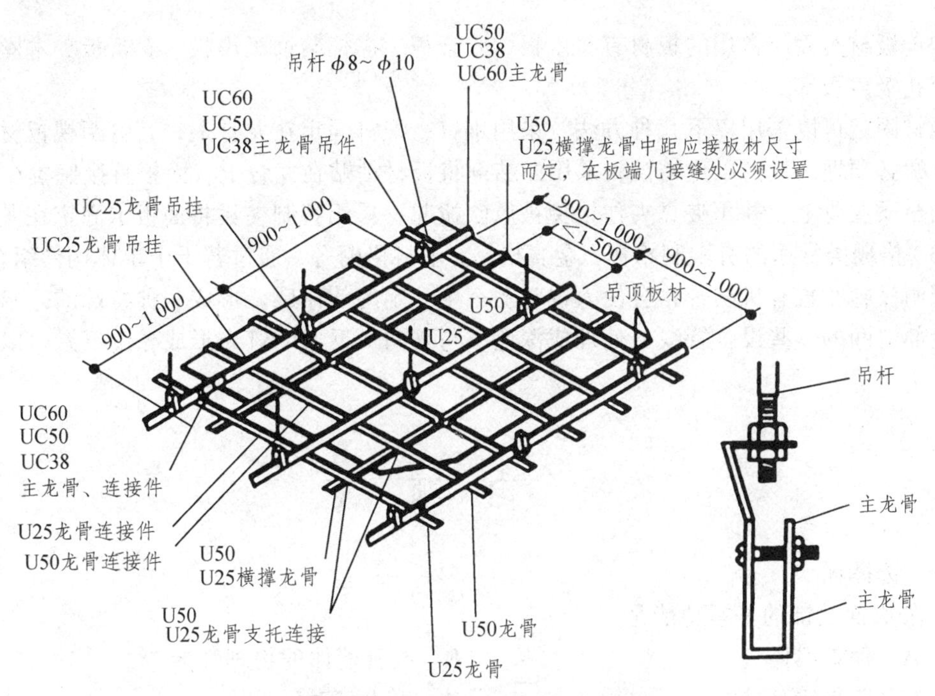

图 10-21　U 形轻钢龙骨吊式顶棚构造

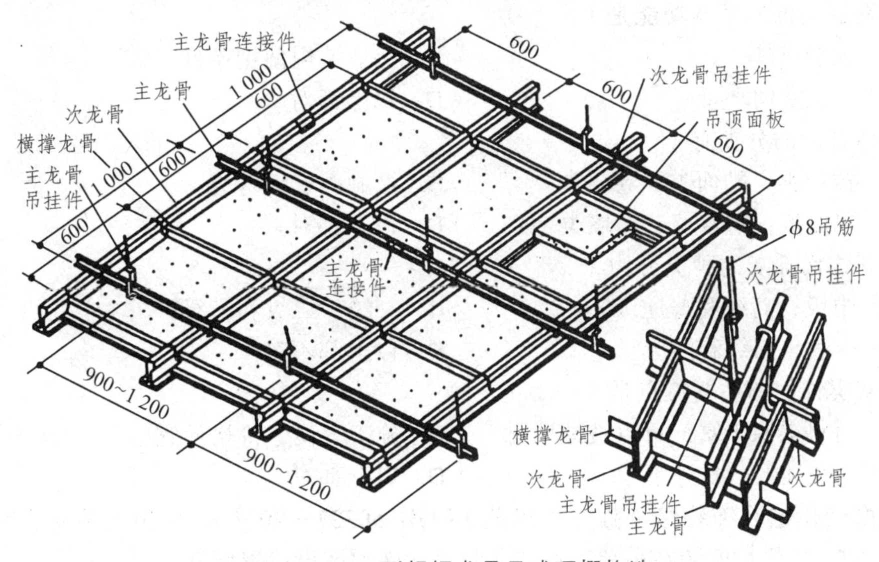

图 10-22　T 形轻钢龙骨吊式顶棚构造

轻钢龙骨吊式顶棚面积不大于 120 m² 或长边尺寸不大于 12 m 时，必须设置控制缝。

3. 面　层

顶棚饰面面层不仅用于装饰室内空间，而且有时还要兼有吸声、反射、隔热等特定功能，一般有抹灰类、板材类、格栅类面层。

（1）抹灰类面层在木制龙骨上铺钉木板条、钢丝网或钢板网，再进行抹灰，这种面层做法目前已很少采用。

（2）板材类面层常用的板材有实木板、胶合板、矿棉装饰吸声板、石膏板、木丝板、金属微穿孔吸声板等。

板材固定可以采用以下几种方法：采用钢钉、螺钉固定在龙骨上，其钉距视板材材质而定，钉帽必须埋入板内以免锈蚀；采用黏结剂将板材粘贴在龙骨上；面板直接搁置在倒T形断面的金属龙骨上，并用夹具夹住以免被风吹掀起；采用特制夹具将面板卡固定在龙骨上。

（3）格栅类常用的有木制格栅、金属格栅、塑料格栅等，通过若干个单体构件组合而成，应与照明设施布置有机结合，会使人视觉上产生一定的韵律感，形成一种特殊的艺术效果。但其上部空间的一些设备管线要处理成深色，与其向下反射的灯光形成亮度反差，以免影响观瞻。

习　题

一、选择题

1. 外墙面装饰的基本功能是（　　）。
   A. 保护墙体　　B. 改善墙体的物理性能
   C. 美化建筑立面　　D. 以上都对
2. 内墙面装饰的基本功能是（　　）。
   A. 保护墙体　　B. 保证室内使用条件
   C. 美化室内环境　　D. 以上都对
3. 墙体饰面的分类有（　　）。
   A. 抹灰类、贴面类、卷材类　　B. 涂刷类、板材类
   C. 罩面板；清水墙、幕墙类　　D. 以上都对
4. 一般饰面抹灰的种类分为（　　）。
   A. 中级、高级和普通级　　B. 一级、二级和三级
   C. 甲级、乙级和丙级　　D. 以上都不对
5. 抹灰类饰面的主要特点是（　　）。
   A. 材料来源丰富，可以就地取材　　B. 施工方便，价格便宜
   C. 耐久性低，易开裂　　D. 以上都对
6. 根据《住宅装饰装修工程施工规范》（GB 50327—2001），吊顶安装时，自重大于（　　）kg的吊灯严禁安装在吊顶工程的龙骨上，必须增设后置埋件。
   A. 1　　B. 3　　C. 5　　D. 7
7. 饰面板安装工程后置埋件的现场（　　）强度必须符合设计要求。
   A. 拉拔　　B. 拉伸　　C. 抗压　　D. 抗弯
8. 抹灰墙体的构造层次分为（　　）。
   A. 底层、中间层和饰面层　　B. 基层、面层和外层
   C. 中间层和结构层　　D. 结构层和面层
9. 抹灰墙饰面的要求是（　　）。
   A. 光滑、粗糙不同质感　　B. 光滑的质感

C. 粗糙的质感　　D. 以上都对

10. 抹灰层底层砂浆一般为（　　）。

A. 水泥：砂=1：3　　B. 水泥：砂=1：5

C. 水泥：砂=1：1　　D. 水泥：砂=1：1.5

二、简答题

1. 简述墙面装修的作用。

2. 简述地面装修的基层处理原则。

3. 简述地面装修的类型。

4. 简述墙面装修的种类及特点。

5. 简述直接抹灰顶棚的类型及适应范围。

6. 设计吊顶应满足哪些要求？吊顶由哪几部分组成？试简述主、次龙骨和吊筋的布置方法及其尺寸要求（跨度、间距等）。

参考文献

[1] 中国建筑科学研究院. 建筑桩基技术规范：JGJ 94—2008. 北京：中国建筑工业出版社，2008.
[2] 中国建筑科学研究院. 建筑地基基础设计规范：GB 50007—2011. 北京：中国建筑工业出版社，2012.
[3] 总参工程兵科研三所. 地下工程防水技术规范：GB 50108—2008. 北京：中国计划出版社，2008.
[4] 中国建筑科学研究院. 建筑抗震设计规范：GB 50011—2010. 2016年版. 北京：中国建筑工业出版社，2016.
[5] 公安部天津消防研究所. 建筑设计防火规范：GB 50016—2014. 2018年版. 北京：中国计划出版社，2018.
[6] 中国建筑设计研究院，中国建筑标准设计研究院. 民用建筑设计通则：GB 50352—2005. 北京：中国建筑工业出版社，2005.
[7] 中国建筑东北设计研究院有限公司.砌体结构设计规范：GB 50003—2011. 北京：中国建筑工业出版社，2011.
[8] 中国建筑东北设计研究院有限公司，广厦建设集团有限责任公司. 墙体材料应用统一技术规范：GB 50574—2010. 北京：中国建筑工业出版社，2010.
[9] 苏州海德工程材料科技有限公司. 建筑变形缝装置：JG/T 372—2012. 北京：中国标准出版社，2013.
[10] 中国建筑标准设计研究院有限公司. 装配式混凝土建筑技术标准：GB/T 51231—2016. 北京：中国建筑工业出版社，2017.
[11] 中国建筑标准设计研究院有限公司. 装配式住宅建筑设计标准：JGJ/T 398—2017. 北京：中国建筑工业出版社，2018.
[12] 中国建筑标准设计研究院有限公司. 装配式建筑评价标准：GB/T 51129—2017. 北京：中国建筑工业出版社，2018.
[13] 《建筑设计资料集》编委会. 建筑设计资料集. 2版. 北京：中国建筑工业出版社，1994.
[14] 李国豪，等. 中国土木建筑百科辞典. 北京：中国建筑工业出版社，2006.
[15] 樊振和. 建筑构造原理与设计. 5版. 天津：天津大学出版社，2011.
[16] 曹纬浚. 一级注册建筑师考试教材：第四分册　建筑材料与构造. 北京：中国建筑工业出版社，2013.

附　录

附表 1　常用砖的尺寸规格标准

简图	名称	规格（长×宽×厚）/mm×mm×mm	备注
实心砖	烧结普通砖	主砖规格：240×115×53	
		配砖规格：175×115×53	
	蒸压粉煤灰砖	240×115×53	
	蒸压灰砂砖	实心砖：240×115×53	
空心砖		空心砖：240×115×(53、90、115、175)	只是目前生产的产品规格，没有相应的规定标准；孔洞率≥15%
	烧结空心砖	290×190(140)×90	孔洞冲≥35%
		240×180(175)×115	
多孔砖	烧结多孔砖	P 型：240×115×53	孔洞率为 15%~30%；砖型、外形尺寸寸、孔型、空洞尺寸详见国家建筑标准图集《多孔砖墙建筑、结构构造》（15J 101、15G612）
		M 型:190×190×90	

附表 2　小型空心砌块系列组成

系列	长×宽×高 /mm×mm×mm	外形示意	用途	系列	长×宽×高 /mm×mm×mm	外形示意	用途
90系列	400×90×200		主规格块	150系列	400×150×200		主规格块
	230×90×200		辅助块		230×150×200		辅助块
	200×90×200		辅助块		200×150×200		辅助块
	200×90×100		辅助块		200×150×200		辅助块
	400×90×200		洞口块		400×150×200		洞口块
	290×90×200		转角块		290×150×200		转角块
	200×90×100		过梁块		200×150×200		过梁块
	200×90×200		调整块		200×150×200		调整块

附表3 常用砌块的尺寸规格与特点

名称	规格（长×宽×厚）/mm×mm×mm		备注	适用范围及特点
普通混凝土与装饰混凝土小型空心砌块	190系列	390(290、190)×190×190	括号内尺寸为辅助块尺寸	分为承重和非承重砌块
	90系列	390(290、190)×190×190		
轻骨料混凝土小型空心砌块	主规格	390×190×190	其他规格尺寸可由供需双方商定	用于建筑内隔墙和框架填充墙
粉煤灰小型空心砌块	主规格	390×190×190		应用范围可参照普通混凝土小型空心砌块，强度较低的用于非承重结构和非承重保温结构
蒸压加气混凝土砌块	600×100(125、150、175、200、250、300、120、180、240)×200(250、300)			质轻、保温、防火；可锯、可刨、加工性能好。主要用于外填充墙和非承重内墙，可与其他材料组合成为具有保温隔热功能的复合墙体，但不宜用于最外层
石膏砌块	600(800)×500×60(80、90、100、110、120、150)			